国家示范性高职院校建设项目成果
高等职业教育教学改革系列规划教材

电 工 技 术

程 军 主 编

电子工业出版社
Publishing House of Electronics Industry
北京 · BEIJING

内 容 简 介

全书分为电路基础和电工技能两个独立的篇章，各自突出重点不同，方便读者根据自身需求自行选取。

电路基础篇以"必需、够用、普及"为原则，为工科各专业建立电学通识基础平台，同时提供基础技能训练。该篇包含电路的基础知识、直流电路的分析方法、正弦交流电、一阶动态电路的分析、三相交流电路五个模块。电工技能篇突出岗位需求、实操技能，包含变压器、常用低压电器、三相异步电动机其控制电路、安全用电知识四个模块。

本书可作为高等职业院校电类专业教学用书，也可作为其他培训机构及有关工程技术人员参考用书。

未经许可，不得以任何方式复制或抄袭本书之部分或全部内容。

版权所有，侵权必究。

图书在版编目（CIP）数据

电工技术/程军主编. —北京：电子工业出版社，2017.1

ISBN 978-7-121-30519-1

Ⅰ. ①电…　Ⅱ. ①程…　Ⅲ. ①电工技术－高等职业教育－教材　Ⅳ. ①TM

中国版本图书馆 CIP 数据核字（2016）第 289978 号

策划编辑：王艳萍

责任编辑：王艳萍

印　　刷：北京虎彩文化传播有限公司

装　　订：北京虎彩文化传播有限公司

出版发行：电子工业出版社

　　　　　北京市海淀区万寿路 173 信箱　邮编　100036

开　　本：787×1 092　1/16　印张：15.25　字数：390.4 千字

版　　次：2017 年 1 月第 1 版

印　　次：2020 年 9 月第 5 次印刷

定　　价：35.00 元

凡所购买电子工业出版社图书有缺损问题，请向购买书店调换。若书店售缺，请与本社发行部联系，联系及邮购电话：（010）88254888，88258888。

质量投诉请发邮件至 zlts@phei.com.cn，盗版侵权举报请发邮件至 dbqq@phei.com.cn。

本书咨询联系方式：wangyp@phei.com.cn。

前　言

在教材编写初始，编写人员就明确要摒弃虚浮理念，回归"电路"作为第一门专业基础理论课程的本质，思考本课程应该担负的责任。

首先，明确本书的读者对象，基本上都是各专业的初学者。基于这个目标人群，我们确定三个编写的思想，并贯彻始终。一是结构安排、内容选择都应该符合初学者的认知心理规律，循序渐进、有的放矢、立足基础、启发思考；二是作为"第一门专业基础课"，构架"必需、够用、普及"的专业基础知识；三是深入感知作为"第一门专业理论课"的责任，创建"基于实际任务的综合技能训练"环节，引导初学者建立"工科"思维方式，培养解决实际问题的应对思路和能力，开阔学术视野，鼓励创新设计，为学生"授之以渔"，使有更高学习愿望的学生获得可持续发展的能力，获得更高的上升空间。

其次，本书编写中也强调服务于教师，方便教学的设计很重要。因此结构设计上有两个特点：

（1）全书分为上、下两篇，主要考虑不同专业人群、学时、内容等因素，方便教师取舍、自由组合。例如电子信息技术专业，建议讲授"电路基础篇"，"电工技能篇"则以自学或者作为知识拓展辅助教学；机电一体化专业或者电气自动化专业，可以作为两门课程的内容讲授。

（2）每个模块分为两部分：一部分为专业基础知识，面对所有学生必需的教学内容；一部分为综合技能训练，这一部分的内容主要体现在"思维训练"、"解决实际问题能力"、"知识拓展"三方面，教师可以根据实际需求选择教学内容和方式。

本书在训练题的选取、设计上独具匠心。电路课程的特点决定了教学思维、教学内容、教学检测都要具化在训练题上，因此我们在编写中控制题量，却花了大量时间和精力进行训练题的设计。本书训练题主要由三部分组成：

一是例题。每个"例题"都明确标注"测评目标"，使学习目标清晰；每个"例题"都明确编号，如"例 A13"代表基础内容的第 13 个例题，"例 B1"代表综合技能训练内容的第 1 个例题，编号的目的是和后续习题一一对应，便于查找；每个例题在形式设计上用虚框与正文区别，便于识别且突出重点。

二是课堂练习。每个"课堂练习"在内容设计上都是"例题"知识点的深入理解、讨论、起举一反三的应用，且每个"课堂练习"的编号与例题编号一一对应，如"A13-2"代表与例题"例 A13"相关知识点的第 2 个练习题，这样设计是基于学生的认知规律，引导学生对照学习。

三是复习题。一部分是填空、简答形式，主要是对每个模块基础知识点的梳理、强化记忆积累；一部分是计算题，通常只一二个题，却将整个模块知识融合在一起，以解题思维逻辑顺序分解成若干小问题，引导学生在不知不觉中自我完成复杂电路的分析。这三部分的训练题题量不大，但相互之间都环环相套、前后呼应，逻辑清晰，便于学生自学，更便于教师讲授。

本书配有免费的电子教学课件及按知识点检索的习题库、答案，请有需要的教师登录华信教育资源网（www.hxedu.com.cn）免费注册后进行下载，如有问题请在网站留言或与电子工业出版社联系（E-mail:hxedu@phei.com.cn）。如有需要习题库的教师可与作者直接联系，邮箱：3328593751@qq.com。

本书由武汉职业技术学院程军主编，陈昌松、张春霞任副主编。其中程军老师负责教材编写思路和结构设计，编写第 1 篇的模块 1、2、4、5，并进行统稿；张春霞老师编写第 1 篇的模块 3；陈昌松老师编写了第 2 篇。

由于编者时间有限和能力的局限性，难免存在某些缺点和错误，敬请读者批评指正！

编　者

目　　录

第1篇　电路基础篇

第2篇　电工技能篇

第1篇 电路基础篇

模块1 电路的基础知识

课题1 电路的基本描述

任务1 认识电路

1. 何谓电路

顾名思义，"电路"就是电子移动的通路。

电子又是如何运动的呢？初中物理已经阐述过："力"是物体产生运动的根本原因。

如图 1-1 所示，如果电子需要非电场力（局外力）拉动，就是局外力做功的过程，也是产生电能的过程，这一类供电设备称为电源，为电子移动的动力源泉。

电子在电场中受到电场力的牵引而运动起来，就是电场力做功的过程，从而消耗电能，这一类用电设备称为负载。

因此，实际电路其实就是由供电设备和用电设备按预期目的连接构成的集合，是一个电系统。其间电荷的分散产生电压，电荷的移动形成电流，伴随着能量的传输、分配和转换。

图 1-1 电子移动的路径

2. 电路的基本功能

那么实际的电路系统是怎样的呢？

实际电路可以很简单，如手电筒电路（见图 1-2），它只涉及一个简单回路；也可以很复杂，如电视机电路（见图 1-3），它包含许多回路，成为电网络。

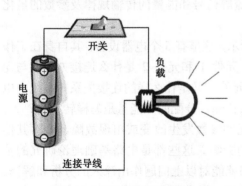

图 1-2 手电筒电路示意图

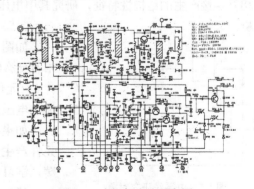

图 1-3 电视机电路示意图

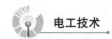

我们观察手电筒电路，当开关合上，灯泡马上亮且有微热感；电视机一旦接通电源，就能接收到电信号，工作一段时间后，电视机外壳有明显的热感。这就是电流流过电路中产生的热效应。

实际电路的形式和作用是多种多样的。但不论哪一种实际电路，随着电流的通过，电路的功能无外乎两大类：

（1）能量的传输、分配与转换

直流小功率的手电筒电路，主要实现将电能转化为光能和热能，达到照明的目的。

电力系统等"强电"电路，特点是大功率、大电流，如图1-4（a）中，发电厂的发电机将热能、水能或原子能等转换成电能，通过变压器、输电线路等中间设备输送至各用电设备。

（2）电信号的传递与处理

电视机电路，主要实现无线电信号的接收、解码、输出。这一类电子系统习惯称为"弱电"电路，特点是小功率、小电流，图1-4（b）中扩音机电路将所接收的信号经过变换（放大、整形等）和传递，再由扬声器输出。

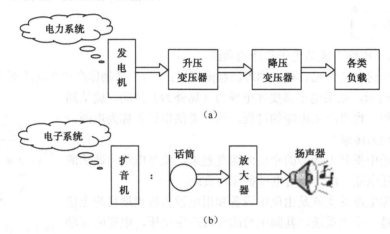

图1-4　电路在两种典型场合作用示意图

3. 学习电路基础理论的意义

（1）具体地说，学会具象电路的分析

通过前面介绍，可引出本课程的研究对象：电系统中各个电器设备（元件）的自身特性及相互连接产生的结构性特征，研究其中电压、电流等信号和能量的传输规律及参数的量化分析。

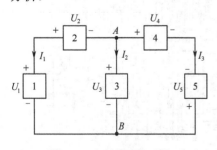

图1-5　电系统研究对象

如图1-5所示，这里有5个电器设备，其自身在工作中有什么特征？元件1和元件2是什么连接方式？与元件3、元件4、元件5又是什么样的连接关系？系统中电流、电压是怎么传输、分配的？能量是怎样转换的？

如果某个元件参数发生改变或出现故障，会对其他元件产生怎样的影响？这些都是电路基础理论研究的范畴，学习完本书就能对以上问题作出深入的分析和解释。

（2）抽象地说，学会建立"工科"思维方式

简单来说，任何理论研究都是为了解决实际问题，

这就是"工科"思维。

① 抽象思维。如图1-5中,如果实际的电器设备1为"电炉"、电器设备3为"电水壶",它们为不同的电器设备,但在电路理论研究中却认为是同一元件"电阻"。这是为什么呢?这里就需要应用抽象思维能力,并且能抓住事物的主因,忽略次因,才能顺利解决问题。

② 科学实验。例如,迈克尔·法拉第(Michael Faraday,英国人,公元1791~1867年),世界著名的物理学家、化学家、发明家,发电机和电动机的发明者。这样的成就从何而来?科学实验!

③ 逻辑思维。如图1-6为直流稳压电源图,图(a)为电路图,图(b)为原理框图。显然图(b)以简洁的符号表达出复杂的问题,且逻辑清晰、因果关系明了。

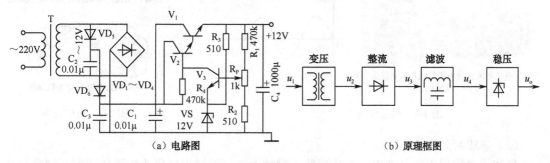

图1-6 直流稳压电源电路图

以上说到的抽象思维、科学实验、逻辑思维等,这些都是"工科"思维的重要特征,而这样的思维模式一旦建立,将受用终生,也是可持续学习能力的基础,而这种思维方式需要有意识地训练、培养。本书后续将涉及相关内容。

4. 电路的基本组件

下面对电路的组成结构进行分析。选择手电筒照明电路作为切入点,是因为手电筒是每个人都可以接触到的电器设备,也是最典型的电路单元,所谓"麻雀虽小,五脏俱全"。

如图1-7所示,如果仅仅把手电筒看成一个电系统,我们主要关心的组件包括:电池、灯泡、连接器和开关。

从对手电筒组件功能的分析,可以抽象出电路系统是由电源、负载、连接导线和开关等组成的,见图1-2。

(1)电源是向电路提供电能的装置

电源为电路提供电压,使导线中的自由电子移动,在移动中将电能传送出去。

常用的电源分为两种:直流电源(DC)和交流电源(AC),如图1-8所示。

电源的极性决定了电路中电流的方向,同时电源提供的电压大小决定了电路中电流的大小。由于电子永远从电源的负极流出,所以只要电源的极性不变,电路中的电流总是保持相同的方向。这种类型的电流称为直流电,电源称为直流电源,如图1-8(a)中各种蓄电池、干电池。任何使用直流电源(DC)的电路都是直流电路,其相关知识将在模块二中详细学习。

当电源的电压极性改变或交替变化时,电路中电流的方向也将交替变化。这种类型的电流称为交流电,电源称为交流电源,如图1-8(b)中的汽轮发电机和风力发电机。任何使用交流电源(AC)的电路都是交流电路,其相关知识将在模块三中详细学习。

（2）负载是取用电能的装置

负载是电路的一部分，实现了电能的转换。负载可以将电能转换为用户所期望的功能或电路的有用功。为了实现其功能，需要将电能转换为其他形式的能。常见的负载设备包括灯、电视机、电动机等，如图1-9所示。

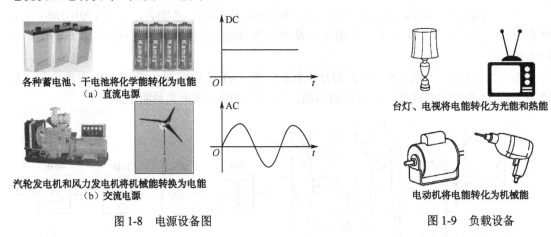

各种蓄电池、干电池将化学能转化为电能
（a）直流电源

汽轮发电机和风力发电机将机械能转换为电能
（b）交流电源

图1-8　电源设备图

台灯、电视将电能转化为光能和热能

电动机将电能转化为机械能

图1-9　负载设备

（3）导线起到连接作用

导体或导线用于在各部件间形成通路。导体为电子通过提供极小电阻的通路。通常导体都经过绝缘处理，这样可以保证电流在正确的通路流动。最常用的电导体是带有塑料绝缘层的铜导线。

（4）开关起到保护和控制作用

开关种类繁多，按其作用主要分为两大类：

① 主动式控制开关。这一类一般在主回路中由人主动控制电路中简单地开始、停止或改变电流的工作状态等。

例如，手电筒开关，接通灯亮、断开灯灭；图1-10（a）中为普通开关，主要实现通、断功能；还有一类集启停、调节电流功能于一体，称为调节器，如图1-10（b）、（c）为台灯的调光器，调光器主要用于开通或断开电流，它可以通过改变电流的大小来控制灯的照明程度。类似的还有温控器、调速器、调压器等。

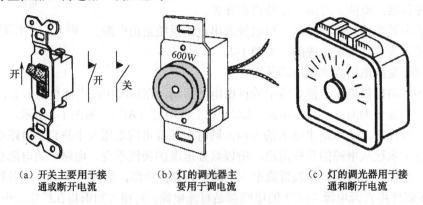

（a）开关主要用于接
通或断开电流

（b）灯的调光器主
要用于调电流

（c）灯的调光器用于接
通和断开电流

图1-10　控制开关设备

② 被动式保护开关。这一类种类也很多，称为保护装置，目的是保护电路配线和仪器。保护设备只允许安全限制内的电流通过。当有超过额定电量的电流（过载电流）通过时，保

护设备会自动切断电路直到过载问题得到解决。常用的两种保护设备为熔断器和断路器（断路开关），如图 1-11 所示，当然，断路开关也可以人为控制启停。

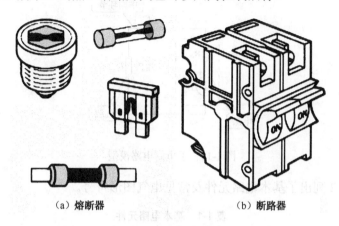

（a）熔断器　　　　　　　　　　　　　　（b）断路器

图 1-11　熔断器和断路器

保护设备必须具备的功能：

（a）当发生过载电流现象时，迅速感应。

（b）当发生过载电流情况时，在产生事故前切断电路。

（c）正常操作中不影响电路工作。

如图 1-12 所示为包含保护和控制装置的实际电路。

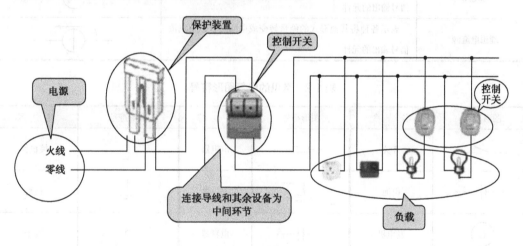

图 1-12　含保护和控制装置的实际电路

5. 电路模型及符号

任何一个实际系统在做理论研究前，必须建立系统模型，然后用符号的形式记录下来。电系统研究也如此，称为电路模型。

电路模型由电气设备及元件的符号及连接符号组成。这使记载、研究电路图更为简单、迅速、有效。下面就列举一些本书和国际常用的电气符号（并非所有符号都是一样的，可能会因为制造商不同而不同）。

如图 1-13 所示为手电筒照明系统的电路模型，应用到电压源符号、电阻符号、开关符号

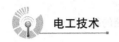

和导线符号。

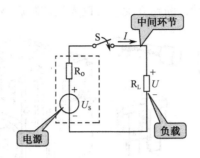

图 1-13　手电筒电路模型

表 1-1 和表 1-2 列出了基本电路元件及常见电气图形符号。

表 1-1　基本电路元件

名　　称	电 磁 特 性	图 形 符 号
电阻元件	表示只能消耗电能的元件	R
电感元件	表示只能储存磁场能量的元件	L
电容元件	表示只能储存电场能量的元件	C
理想电压源	表示各种将其他形式的能量转变成电能且以恒定电压信号输出的元件	U_S
理想电流源	表示各种将其他形式的能量转变成电能且以恒定电流信号输出的元件	I_S

表 1-2　常见的电气图形符号

图形符号	名　　称	图形符号	名　　称	图形符号	名　　称
	开关		电阻器		接机壳
	电池		电位器		接地
G	发电机		电容器	○	端子
	线圈	A	电流表		连接导线不连接导线
	铁芯线圈	V	电压表		熔断器
	抽头线圈		二极管		灯

【提示】　电路模型建立的思路将在后面作为综合技能训练实例内容介绍。

任务2 电路的基本物理量及测量

电荷的概念是一切电现象的基础。电荷是离散的，有正电荷与负电荷之分，正负电荷的分散形成电压，如图1-14所示。电荷的运动形成电流，如图1-15所示。电荷运动做的功就是电能。下面将对电压与电流、电能与功率进行阐述。

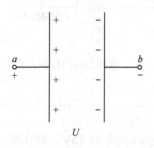

图1-14 电荷的分散形成电压

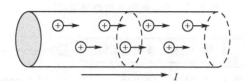

图1-15 电荷的运动产生电流

1. 电压

（1）电压的描述

电压是衡量电场力做功能力大小的物理量。

如图1-14所示，a、b两点间的电压定义为在电场力作用下单位正电荷由a点移至b点所做的功W_{ab}，即

$$U_{ab} = \frac{W_{ab}}{q} \tag{1-1}$$

其中　W_{ab}——电场力将正电荷从a点移动到b点所做的功，单位是焦耳（J）；

q——从a点移动到b点的电荷量，单位是库仑（C）；

U_{ab}——a、b两点间电压，单位是伏特（V）。

【提示】 两点间电压与路径无关。

做功描述的是起点a与终点b之间的势能差，而与两点间路径无关。因此，两点之间的电压也具备这种特性。

如图1-16所示，从a点到b点的路径有acb、ab、adb三条，但无论怎么求解电压都是一样的，标注为U_{ab}。

（2）电压的真实方向及标示

图1-14中电压的真实方向就是正电荷指向负电荷方向，正电荷a点称为高电位，用"+"标示，负电荷b点称为低电位，用"−"标示，故电压实际方向也定义为高电位指向低电位，即电位降落的方向。

图1-17说明，元件电压有三种表达方式：

● 下标以两端点字母标注的U_{ab}（前a为高电位、后b为低电位）。

● 直接以"+""−"标注的U。

● 以"箭头"标注的U（代表电位降落的方向）。

电工技术

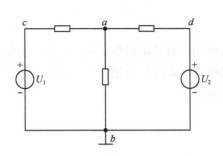

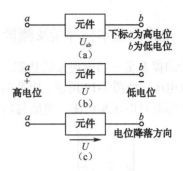

图 1-16 两点间电压与路径无关　　　　图 1-17 电压方向的标注方式

例 A1　测评目标：掌握电压标注。

如图 1-17 所示，假设该元件电压实际方向如图中所示，大小为 15V。则在图（a）中可以直接表达为 U_{ab}=15V；在图（b）中，在"+""–"电位标注下，可以表达为 U=15V；在图（c）中，在电位降落箭头的指示下，可以表达为 U=15V。

可见，一个完整的电压表达式是方向的标注和大小的统一。

（3）电压的测量

电路中任意两点间电压都可以用电压表（伏特表）测量，如图 1-18 所示。

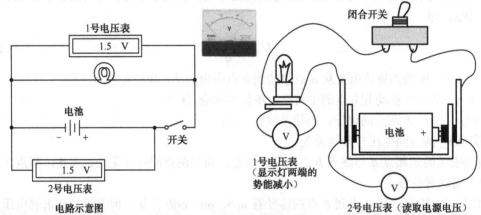

图 1-18 电压的测量及换算单位

电压	基本单位	极小电压单位		极大电压单位	
符号	V	μV	mV	kV	MV
表示	伏特	微伏	毫伏	千伏	兆伏
换算	1	0.000004	0.004	1000	1000000

电压表在使用中必须注意：
- 电压表必须并联在被测两点之间。
- 交、直流的挡位切换：直流挡测直流，交流挡测交流。
- 直流挡时，注意"+""–"极性与表笔对应。
- 合理选择量程。用小量程测大电压，会烧坏电压表；用大量程测小电压，会影响测量准确度。在无法估计电压范围时，必须从高挡位开始测量，再逐步向真值挡位调节。

8

2. 电流

（1）电流的描述

带电粒子有规则的定向运动形成电流，见图1-15。

在导体中带电粒子是电子，在半导体中是载流子，在电解液中是离子。想要获得持续的电流，有两个必要条件：导体两端存在电位差（电压）拉动电子动起来；在封闭回路中电子才能持续流动，见图1-1。

电流的大小以电流强度表示，定义为单位时间内通过导体横截面S的电荷电量，用于衡量电流的强弱，简称电流，用符号I表示。

$$I = \frac{Q}{t} \tag{1-2}$$

其中　Q——时间t内横截面通过的电荷量，单位为库仑（C）；

　　　t——时间，单位为秒（s）；

　　　I——电流，单位为安培（A）。

常用的电流单位有千安（kA）、毫安（mA）、微安（μA）等。在电力系统中电流极少以kA为单位，在电子线路弱电电路中出现A数量级的就是大电流了，通常以mA为单位。$1A=10^3mA=10^6\mu A$。

（2）电流的真实方向及标注

① 将正电荷运动的方向规定为电流实际方向，即从电源的正极流向负极。

如图1-19所示电路中，可以明确判定电流的真实方向。图（a）中，由电压源两端的高、低电位信息，可以确定电流从电源正极流出，流进负极，如图示电流为逆时针方向。图（b）中，电流源的电流流经该元件，即元件与电流源电流方向相同。

② 电流标注方法有2种，如图1-20所示。

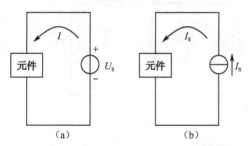

图1-19　由电源极性判定电流方向

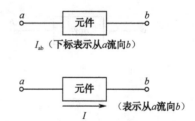

图1-20　电流方向的标注方法

（3）电流的测量

电流的大小可以用电流表（安培表）直接测量，如图1-21所示。

电流表有指针式的模拟电流表，也有液晶显示的数字电流表。用这类电流表测量某器件或支路电流必须将其串接在该支路中，需要将电路切断停机后才能将电流表接入进行测量，这是很麻烦的，有时正常运行的电动机不允许这样做。而利用电磁转换原理制成的钳形电流表，直接将所测支路钳住，即可显示电流大小，可以在不切断电路的情况下来测量电流，比使用电流表就显得方便多了。

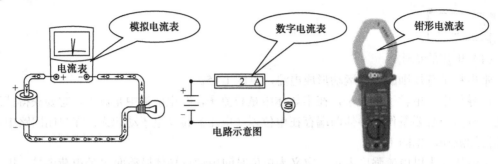

图 1-21　电流的测量

电流表使用中必须注意：

● 交、直流的挡位切换：直流挡测直流，交流挡测交流。
● 直流挡时，注意"+""−"极性与表笔对应。
● 合理选择量程。一般选择的量程应该为实际的电流值的 1.5～2 倍。

3. 参考方向的引入

（1）提出问题

上面介绍了电压、电流在简单情况下真实方向的判定与标注。下面来看几种较复杂情形下，电压、电流真实方向又如何描述呢？

图 1-22（a）为一个未知抽象的元件，要研究其两端电压、电流关系，应怎么办？

图 1-22（b）中，电阻 R 有两个电源同时对其作用，作用方向相反，那么在 R 上究竟产生的是哪个方向的电流呢？

显然，在量化分析前我们都无法预知电压、电流真实方向。如何解决呢？

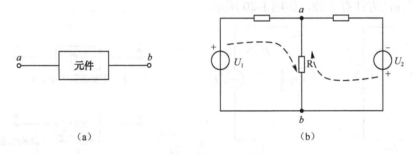

（a）　　　　　　　　　　　　（b）

图 1-22　参考方向的引入

（2）应用辩证思维解决问题

从辩证的角度分析，我们知道如果一个事件整体仅由非此即彼的对立面组成，也就具备了矛盾的统一性原则。也就是说如果已知"此"，一定可知"彼"。它的应用自古有之，如中国太极的"阴、阳"、人类性别划分"男、女"等。

在电路理论研究之初，人们不了解电的本质特性之前，设定"+"正电荷的移动产生电流。随着科技发展，我们发现正电荷是原子质量重心，不能移动，是外围电子"−"负电荷在自由移动，形成电流。我们完全可以纠正这个错误，但直到现在我们仍然沿用"正电荷运动方向为电流方向"，原因就是电流方向有且只有两种可能，因此即便假设前提错误，但也能通过正电荷的反方向知道电子的真实的移动方向。

现在就可以以同样思路解决电压、电流方向问题。

（3）电压参考方向的引入

由于电压方向由两点之间的电位高低决定，有且只有两种可能："+"指向"−"或者"−"指向"+"。因此，可以人为引入一个假定方向（参考方向），最后以该方向下电压值的正负来判定真实方向。

如图1-22所示，R元件电压方向有且只有两种可能，a指向b或者b指向a。如果在未知实际方向前提下，我们任意选定其中一种，这就称为电压的"参考方向"。

如图1-23（a）：假设元件电压参考方向选择为"a指向b"，且分析后元件真实电压方向也为a高电位（φ_a）"+"指向b低电位（φ_b）"−"，则一定有$U_{ab}=\varphi_a-\varphi_b>0$，反过来理解，只要电压值为"正值"，就表明标示参考方向即为真实方向。

如图1-23（b）：如果元件电压参考方向选择为"b指向a"，而真实方向还是a高电位、b低电位，那么一定有$U_{ba}=\varphi_b-\varphi_a<0$，反过来理解，只要电压值为"负值"，就表明标示的参考方向即为真实方向的反方向。

图1-23所示清晰表明了电压参考方向与真实方向的关系。

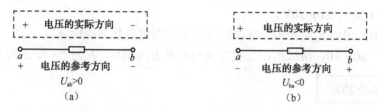

图1-23　电压参考方向与实际方向关系示意图

（4）电流参考方向

同理，电流也可以引入参考方向，如图1-24所示。

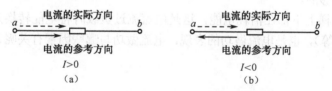

图1-24　电流参考方向与实际方向关系示意图

任意假定某一个方向作为电流的参考方向。当所假定的电流方向与实际方向一致时，则电流为正值（$I>0$）；所假定的电流方向与实际方向相反时，则电流为负值（$I<0$）。可见，只有参考方向被假定后，电流的值才有正负之分。

（5）关联参考方向

同一个元件，如果选择电流的参考方向与电压的参考方向一致，称为关联参考方向；如果选择电流的参考方向与电压的参考方向不一致，称为非关联参考方向，如图1-25所示。

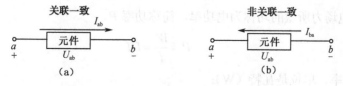

图1-25　电压与电流参考方向的选择关系

通常在电路分析中，第一步就是要明确各个元件的电压、电流的参考方向，在这个前提下的数据分析才有意义。

原则上每一个元件电压和电流参考方向都可以任意选择，但如果元件是负载，简单有效的选择是把电压和电流参考方向设定为关联一致；如果元件是电源就选择电压和电流参考方向非关联。这样设定条件相对简单，更重要的是和电阻负载、电源上的电压和电流的实际方向关系吻合。这一点将在后续元件篇详细学习。

例 A2　　测评目标：深入理解电压与电流参考方向。

如图 1-25（a）中电流、电压参数分别为 2A、-20V，说明电压、电流真实方向；如果是图（b），电压、电流数据仍然不变，则其真实方向又如何？

【分析】　不论电压还是电流，只要其参数为正值，就表明参考方向与真实方向相同；只要其参数为负值，就表明参考方向与真实方向相反。

【解】　图（a）中，因为 $I_{ab}=2A>0$，所以电流真实方向也是从 a 流向 b。

因为 $U_{ab}=-20V<0$，所以电压真实方向与参考方向相反，b 为高电位 "+"、a 为低电位 "-"，即 $U_{ba}=-U_{ab}=-(-20)=20V$。

图（b）中，因为 $I_{ba}=2A>0$，所以电流真实方向也是从 b 流向 a。

因为 $U_{ab}=-20V<0$，所以电压真实方向与参考方向相反，b 为 "+"、a 为 "-"。

4. 电能和电功率

在电路分析中电能和功率参数计算也是非常重要的。尽管基于系统的电量分析设计中，电压和电流是有用的变量，但系统有效的输出经常是非电气的，这样的输出以功率和能量参数表示比较合适。另外，所有实际电器设备对功率大小都有限制。所以，设计中仅仅考虑电压和电流参数是不够的。

灯泡发光、电梯上下都在消耗电能，这是电流流过负载时将电能转换为其他能量（如光能、热能、机械能等），也是电流做功的表现，电流做功与哪些因素有关呢？电能消耗的快慢又怎样描述呢？

（1）电能

电能即电场力所做的功，简称电功，记为 W。

$$W=Uq=UIt \tag{1-3}$$

其中　W——电功，单位是焦耳（J）；

　　　U——导体端电压，单位是伏特（V）；

　　　I——导体中流过的电流，单位是安培（A）；

　　　t——用电时间，单位是秒（s）。

显然，电功的大小不仅与电压、电流的大小有关，还取决于用电时间的长短。

（2）电功率

单位时间内电场力所做的功称为电功率，简称功率 P。

$$P=\frac{W}{t}=UI \tag{1-4}$$

其中　P——电功率，单位是瓦特（W）；

　　　W——电功，单位是焦耳（J）；

t——用电时间，单位是秒（s）。

因此，电能 $W=Pt$。在日常生活中，电能计量单位为"度"，其定义为功率为1千瓦的用电器1小时所消耗电能，即"千瓦时"。1度电=1kW·h=1000W×3600s=3.6×10⁶J。

而功率的计算往往通过流过元件的电压和电流来计算。

在关联参考方向下（如图1-26（a）所示），$P=UI$。

在非关联参考方向下（如图1-26（b）所示），$P=-UI$。

无论哪种情况，$P>0$：元件吸收功率，将电能转化为其他形式的能即耗能，在电路中起负载作用；$P<0$：元件输出功率，将其他形式的能转换为电能即供能，在电路中起电源作用。

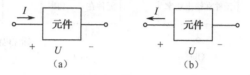

图1-26 元件的功率

例 A3 测评目标：已知电压、电流，计算功率。

如图1-27所示，分别说明元件功率大小及性质。

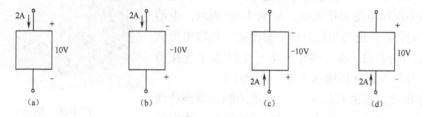

图1-27 例A3图

【分析】（1）首先确定电压与电流关联性，如果元件上电流参考方向与电压方向非关联，则 $P=-UI$；如果元件上电流参考方向与电压方向一致，则 $P=UI$。

（2）再代入电压、电流参数求出 P。

（3）如果 $P>0$，元件此时在吸收功率；如果 $P<0$，元件此时在发出功率。

【解】（1）电压与电流参考方向关联一致，故 $P=IU=2×10=20W>0$，元件吸收功率。

（2）电压与电流参考方向非关联一致，故 $P=-IU=-2×(-10)=20W>0$，元件吸收功率。

（3）电压与电流参考方向关联一致，故 $P=IU=2×(-10)=-20W<0$，元件发出功率。

（4）电压与电流参考方向非关联一致，故 $P=-IU=-2×10=-20W<0$，元件发出功率。

例 A4 测评目标：掌握电能的计算。

每个教室配备"220V 40W"日光灯15个，每天共使用12小时，一学年9个月（30天/月），要消耗多少度电？

【解】$W=Pt=40×10^{-3}×12×30×9×15=1944$ 度。

【课堂练习】

A1-1 课堂讨论：进一步理解电压、电流表达式中参数值与标注的参考方向的关联性、重

要性，养成标注参考方向再分析的研究习惯。

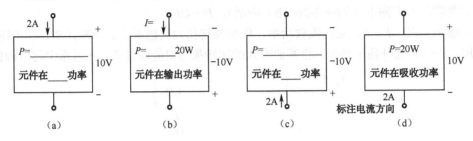

图 1-28 题 A2-1 图

A2-1 某同学计算出图 1-28 中元件电流为 0.5A、电压为 10V，请相互讨论可能的状况，并以图及表达式描述。

A2-2 请说明图 1-27 中各元件电压、电流的真实方向。

A3-1 根据图 1-29 中给出条件，补充其他参数。

图 1-29 题 A3-1 图

A4-1 仍然是例 A4 描述情况下，如果同学们在午休、晚饭时间养成随手关灯的习惯，每天可以节省 2 小时，一学年节能多少？如果每度电 0.5 元，学校拥有 500 间同样的教室，一年节约多少费用？你能给节约用电支出什么妙招？

A4-2 当遇到小汽车电瓶没电情况时，通常可以通过与附近其他小汽车电池对接充电。如图 1-30 所示，电池正极与正极对接，负极与负极对接。假设图中传输电流测量值为 30A，请问（1）哪一辆车没电？（2）如果连接持续 2 分钟，有多少能量传输到没电的电池中？

A4-3 手电筒配备的某品牌 1.5V 电池的制造商声称能够持续 40 小时释放 9mA 电流，经过测试这段时间内电池电压降到 1V。假定电池电压随时间线性降低，电池在这段时间释放了多少能量？

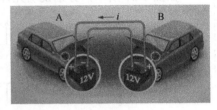

图 1-30 题 A4-2 图

A4-4 使用一个 1kW 的吹风机 5 分钟，是否比使用一个 40W 台灯 1 小时的能耗更大？

课题 2 电路元件及基本定律

前面提到对电路的研究是建立在电路模型基础上的，而电路模型包含电路元件和元件之间的连接方式，研究的就是电压、电流信号在元件上的约束规律（即伏安特性）以及在元件之间传递的规律（即基尔荷夫定律），如图 1-31 所示，也是本课题阐述的主要内容。

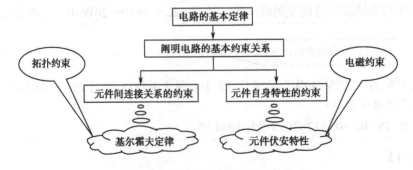

图 1-31 电路基本定律的解读

电路的基本元件有 5 种：电压源、电流源、电阻、电感和电容。电感和电容元件将在交流电路部分讲述，这是因为涉及微积分知识，对它们的理解是个循序渐进的过程，这里主要介绍电源元件和电阻元件。

基本定律部分介绍欧姆定律和基尔霍夫电压定律、电流定律的内容和应用。

任务1 电路元件

1. 从哪些方面了解新元件

（1）元件模型符号：便于描述，理论研究的基础。

（2）元件内部特性：了解其材料特性、结构特点、功能特征等。

（3）元件外特性（伏安特性）：掌握其工作特性是应用的基础。

（4）元件的典型应用。

任何一个电路元件的两端电压和流过电流之间的量化关系，称为元件的伏安特性，又称为外特性，是因为该元件与其自身以外电路连接才具有对应的电压和电流。学习和应用一个新元件最重要的就是掌握其伏安特性。

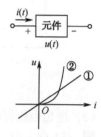

如图 1-32 所示，元件①的伏安特性呈现直线关系，该元件称为线性元件，说明该元件在工作中电流与电压时刻成比例变化；元件②的伏安特性呈现非直线关系，该元件称为非线性元件。本书电路分析建立在由线性元件组成的电路基础上。

图 1-32 伏安特性曲线

2. 理想电压源

（1）理想电压源模型及符号

一个完整的理想电压源模型描述包含三部分：符号、极性和参数，如图 1-33（a）所示。u_s 既代表电压源符号，又表示参数值；其极性（方向）用"+、−"表示。

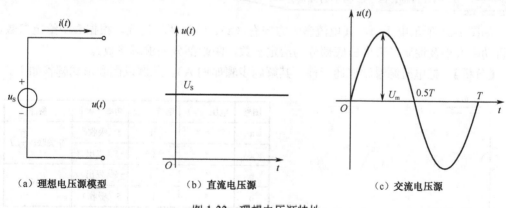

（a）理想电压源模型　　　　（b）直流电压源　　　　　　（c）交流电压源

图 1-33 理想电压源特性

（2）理想电压源特性

理想电压源也称恒压源，是一个二端元件。

① 与时间关系（内特性）：恒压源对外提供的电压 $u(t)$ 是某种确定的时间函数，不会因所接的外电路不同而改变，常见的恒压源有直流电压源和正弦交流电压源。

图 1-33（b）所示为直流电压源，即 $u(t)=U_S$，这是本书模块 2 的研究内容。

图 1-33（c）所示为正弦交流电压源，即 $u(t)=U_m\sin\omega t$，这是本书模块 3 的研究内容。

② 与电流关系（伏安特性）：通过恒压源的电流 $i(t)$ 随外接电路不同而不同，如图 1-34 所示。

图（a）中恒压源电压与其电流真实方向是相反的，即非关联的。

图（b）中列出了电压源在开路时，电压不变，电流为 0；在正常工作时，其电压仍然不变，电流大小由负载决定。

图（c）中，$u_s(i)=U_s$，即无论电流怎样变化，电压源电压恒定，所以也称为恒压源。

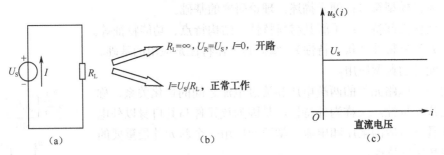

图 1-34　理想电压源伏安特性

（3）理想电压源的功率

图 1-34（a）中，当恒压源向外输出功率时，流过电流与其电压真实方向是非关联的，此时 $P<0$。

图 1-22（b）中，电路中存在多个电源，那么就有可能其中某一个电压源中流过的电流真实方向与其电压一致，此时 $P>0$，电压源相当于负载，吸收来自外电路的功率。

那么实际电路分析中如何计算判定呢？把恒压源看成普通元件，普通元件的功率判定方法完全适用。

例 A5　测评目标：恒压源功率的分析计算。

如图 1-35 所示电压源，其电流参考方向有（a）、（b）两种情况，根据表中给定参数，分析功率大小及性质（表中白底部分为给定参数，阴影部分为求解参数）。

【分析】　把电压源看做普通元件，其解题步骤如例 A3。此题以图表形式解答如下。

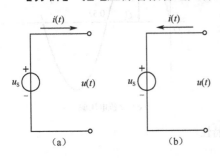

图号	电压（V）	电流（A）	功率（W）	备注
a	5	−1	5（吸收）	非关联 $P=-UI$
a	5	1	−5（发出）	
b	5	−1	−5（发出）	关联 $P=UI$
b	5	1	5（吸收）	

图 1-35　例 A5 图

【提示】　电源电压和电流方向一致，还在吸收功率，这种情况称为"反电动势"，这个提法此处不做详细表述，希望降低难度，将在后续电路中遇到时再分析。

（4）多个恒压源串联的化简

例 A6　测评目标：多个恒压源串联的化简。

如图 1-36 所示，3 个恒压源串联连接，可以合并为一个恒压源，其值为各个恒压源的代数和。

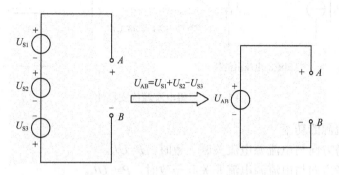

图 1-36　恒压源串联的化简

【小结】　（1）恒压源串接的顺序与化简无关。

（2）两个恒压源异性相连，彼此为相加关系，如图中 U_{S1} 和 U_{S2}；如果同性相连，彼此为相减关系，如图中 U_{S3} 和 U_{S2}。

3. 理想电流源

（1）理想电流源模型及符号

一个完整的理想电流源模型描述包含三部分：符号、方向和参数，如图 1-37（a）所示。i_s 既代表电流源符号，又表示参数值；其方向用箭头表示。

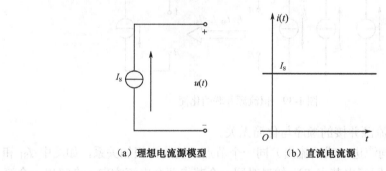

（a）理想电流源模型　　　　（b）直流电流源

图 1-37　理想电流源

（2）理想电流源特性

理想电流源也称恒流源，是一个二端元件，理想电流源如图 1-37 所示。它有以下两个特点：

① 与时间关系：电流源向外电路提供的电流 $i(t)$ 是某种确定的时间函数，不会因外电路不同而改变，即 $i(t)=I_s$，如图 1-37（b）所示。

② 与电压关系（伏安特性）：恒流源的端电压 $u(t)$ 随外接的电路不同而不同，如图 1-38 所示。

首先必须明确指出：恒流源电流与其电压真实方向是相反的，如图 1-37（a）所示。

图 1-38 中列出了恒流源在短路时，电流不变，电压为 0；在正常工作时，其电流仍然不变，电压大小由负载决定。

图 1-38 可见，$i_s(u)=I_s$，即无论电压怎样变化，电流源电流恒定，故也称为恒流源。

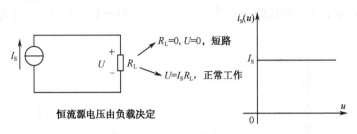

图 1-38　理想电流源伏安特性

（3）理想电流源的功率

当其电压参考方向与电流源电流关联一致时，$P=UI_s$。

当其电压参考方向与电流源电流非关联一致时，$P=-UI_s$。

当 $P>0$ 时，恒流源实际上吸收功率，此时相当于负载；$P<0$ 时，恒流源实际上输出功率，起到电源作用。

恒流源功率的计算方法和恒压源完全一样，见例 A5。

（4）多个恒流源并联的化简

例 A7　测评目标：多个恒流源并联的化简。

如图 1-39 所示，3 个恒流源并联连接，可以合并为一个恒流源，其值为各个恒流源的代数和。

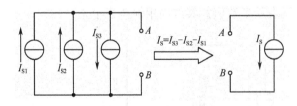

图 1-39　恒流源并联的化简

【小结】（1）恒流源并接的顺序与化简无关。

（2）两个恒流源同流进（或同流出）同一个节点，彼此为相加关系，如图中 I_{S1} 和 I_{S2} 同流入节点 A（或者说同流出节点 B）；如果对同一个节点两个电流方向一个流出一个流入，则彼此为相减关系，如图中 I_{S3} 和 I_{S2} 对节点 A 而言，I_{S3} 流出、I_{S2} 流入。

【课堂练习】

A5-1　如图 1-39 中，已知 $U_{AB}=25V$、$I_{S1}=2A$、$I_{S2}=-5A$、$I_{S3}=8A$，分析各电流源功率大小和性质。

A6-1　讨论：恒压源能开路吗，为什么？恒压源之间能并联吗，为什么？

A6-2　例 A6 中，$U_{BA}=?$

A6-3　图 1-40 中，$U_1=5V$、$U_2=-10V$、$U_3=25V$、$U_4=-15V$，化简分别求 U_s。

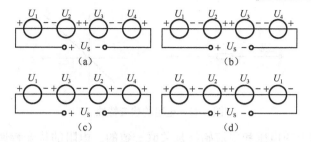

图1-40 题A6-2图

A7-1 讨论：恒流源能串联吗，为什么？

A7-2 在例A7中，如果I_s参考方向为B流向A，则I_s=？

A7-3 在【课堂练习】A5-1中，I_s为多少？

4. 电阻元件

（1）电阻元件模型及符号

在电路中对电流呈现阻力的元件，称为电阻，如图1-41所示，电阻元件是一个二端元件，R既为电阻元件标识符号又是其参数的代数符号，单位为欧姆（Ω）。

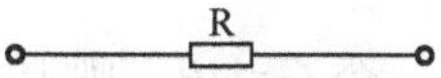

（2）电阻定律

电阻的大小与导体的几何形状及材料的导电性能有关：

图1-41 电阻模型符号

$$R = \rho \frac{l}{S} \qquad (1-5)$$

式中　R——导体的电阻，单位为欧姆（Ω）；

　　　ρ——电阻率，反映材料导电性能，单位为欧姆·米（Ω·m）；

　　　l——导体的长度，单位为米（m）；

　　　S——导体的截面积，单位为平方米（m^2）。

所有的物质都存在电阻率，也就表现出电阻特性。电阻的大小由电阻内部材料和结构决定，与外电路无关。

常用导体中，银的电阻率（$1.6 \times 10^{-8} \Omega \cdot m$）最小，但价格较贵，只用在有特殊要求的地方，而铜是常温下性价比最高的材料，其电阻率为$1.7 \times 10^{-8} \Omega \cdot m$。

例A8　测评目标：利用电阻定律求阻值。

家用电线通常是单芯铜线，100m一卷。如果某家装修选用BV1.5（mm^2）（横截面积）型号此电线1卷，求其电阻大约为多少？

【解】解读给出条件整理，$\rho = 1.7 \times 10^{-8} \Omega \cdot m$、$S = 1.5 \times 10^{-6} m^2$、$L = 100m$。

故由电阻定律可得：$R = \rho \dfrac{l}{S} = 1.7 \times 10^{-8} \times \dfrac{100}{1.5 \times 10^{-6}} \approx 1\Omega$。

而家用灯泡电阻一般在1kΩ左右，所以在实际电路分析中不做特别要求时，可以忽略电线电阻阻值。

（3）欧姆定律（伏安特性）

电阻元件在工作状态下，会有电流I通过，两端有电压U，其电压、电流与电阻大小的关系表现出电阻元件的外部特性，也称伏安特性，如图1-42所示，常简称为VCR。

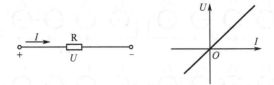

图 1-42 电阻的伏安特性

由图可见，电阻上的电压和电流始终是关联一致的。电阻的伏安特性表现为一条通过原点的直线，所以电阻是一种线性元件，其斜率就是电阻的大小，即

$$R = \frac{U}{I} \tag{1-6}$$

其中，R 的单位是欧姆（Ω），即 V/A。

欧姆定律是德国物理学家欧姆于 1826 年采用实验的方法得到的。欧姆定律是电路分析中最基本、最重要的定律之一。

在电流和电压的关联参考方向下，线性电阻元件的电压等于该电阻与通过的电流之积。我们将电阻元件的这种约束关系称为欧姆定律。

$$u = Ri \tag{1-7}$$

令 $G = 1/R$，则上式变为

$$i = Gu$$

式中，G 称为电阻元件的电导，表征电流通过的能力，其单位是西［门子］，符号为 S。

如果线性电阻元件的电流和电压的参考方向不关联，则欧姆定律的表达式为

$$u = -Ri \quad 或 \quad i = -Gu$$

注意，R、G 是与电压和电流无关的常量。

例 A9　测评目标：利用欧姆定律求阻值。

如图 1-42 所示，如果测得 $U=120$V，$I=8$A，则该电阻大小是多少？

【解】 $R = \dfrac{U}{I} = \dfrac{120}{8} = 15\Omega$。

例 A10　测评目标：利用欧姆定律求电流。

例 A9 中电阻元件不变，当降低电压至 45V 时，其流过电流应该是多少？

【解】 $I = \dfrac{U}{R} = \dfrac{45}{15} = 3$A。

例 A11　测评目标：利用欧姆定律求电压。

例 A9 中电阻元件不变，当测得通过电流为 5A 时，其两端电压应该是多少？

【解】 $U = RI = 15 \times 5 = 75$V。

如果电阻 R 为 0 或 ∞ 两种理想状态，由欧姆定律分析其外特性，如图 1-43（b）、（c）所示。

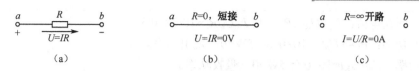

图 1-43　电阻阻值状态

一种情况是电阻值为零，电流为任何有限值时，其电压总是零，这时将它称为"短路"，也称"短接"。电路中的连接导线通常电阻阻值很小可以忽略，视为理想零值状态。

一种情况是电阻值 R 为无限大，电压为任何有限值时，其电流总是零，这时将它称为"开路"。这有两种可能情况：电阻支路被断开；两个电阻并联且两者阻值相差很大时阻值大的电阻可以忽略，视为开路（这点的理解将在后续并联电路特征中详细学习）。

（4）电阻元件的功率和能耗

在电流和电压关联参考方向下，任何瞬时线性电阻元件接收的功率为

$$P = ui = Ri^2 = \frac{u^2}{R} = Gu^2 \geq 0 \tag{1-8}$$

可见，电阻功率永远非负，为吸收功率。表示只要电阻中通过电流，它就在消耗电能。所以，电阻是反映能量损耗的参数。

以直流电路为例，电阻消耗的电能与各个物理量的关系如下：

$$W = Pt = UIt = RI^2 t = \frac{U^2}{R} \cdot t$$

例 A12　测评目标：应用欧姆定律深入分析电阻元件的功率。

分析电阻元件上电压和电流参考方向关联和非关联情况的功率。

【解】　如图 1-44（a）、（b）所示两种情况，分别列出欧姆定律和功率计算公式。再次证明无论哪一种情况，电阻功率总是非负值，电阻元件总是在消耗着能量。这可以作为确立电阻元件模型的依据。

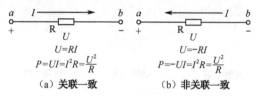

（a）关联一致　　　　（b）非关联一致

图 1-44　例 A12 图

例 A13　测评目标：理解电路功率平衡。

如图 1-45 所示，已知 $U_s=10V$，$R_L=20\Omega$，分别求恒压源功率及电阻功率，并验证电路系统功率是否平衡。

【分析】　由于电路系统能量守恒，所以发出功率与吸收功率代数和一定为零，这就是系统功率平衡。

如图所示，显然回路电流从恒压源正极出发回到负极；电阻两端电压就是恒压源电压，因此，电阻上电压和电流是关联参考方向，恒压源上电压与电流为非关联方向。

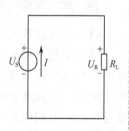

图 1-45　例 A13 图

【解】 回路电流：$U_\text{s}=U_R=IR_\text{L}$，则 $I=U_\text{s}/R_\text{L}=10/20=0.5A$。

恒压源功率：$P_U=-U_\text{s}I=-10\times0.5=-5W<0$，发出功率。

电阻功率：$P_R=U_RI=10\times0.5=5W>0$，吸收功率。

故 $P_U+P_R=-5+5=0$，该电路功率平衡。

例 A14 测评目标：电阻能耗的计算。

有一条输电电线，来、回总长度 $L=100km$，线路电阻 $R_\text{o}=0.17\Omega/km$，现在需要计算当这段输电线通过电流 $I=260A$ 的时候，线路上的电功率 P 和在一个月内线路上的电能 W。

【解】 线路总电阻：$R=R_\text{o}\times L=0.17\times100=17\Omega$。

电功率：$P=I^2R=260^2\times17=67600\times17=1149kW$。

电能损耗：$W=Pt=1149\times30\times24=827280kW\cdot h$，即 827280 度电。

（5）电阻元件的分类

电阻按不同切入点分，种类很多，如图 1-46 所示。

① 按电阻性质来分，伏安特性是线性的，为线性电阻，本书涉及对象均为线性电阻；伏安特性是曲线的为非线性电阻。

② 按电阻值是否固定，可分为固定电阻和可调电阻（电位器）。

③ 按电阻的结构来分，通常有金属电阻、绕线电阻及贴片电阻等。

④ 按电阻的功能来分，常见的有能测温度的热敏电阻、能测光信息的光敏电阻等。

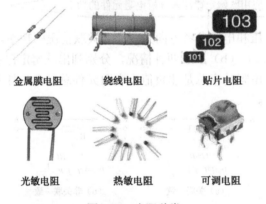

| 金属膜电阻 | 绕线电阻 | 贴片电阻 |

| 光敏电阻 | 热敏电阻 | 可调电阻 |

图 1-46　电阻种类

普通金属膜电阻的阻值可以从其外部色环来区分，如图 1-47 所示。

5. 电气设备的额定值和工作状态

（1）电气设备的额定值

通常负载（如电灯、电动机等用电设备）都是并联运行的。由于电源的端电压是基本不变的，所以负载两端的电压也是基本不变的。电源带负载运行，总希望整个电路运行正常、安全可靠，然而随着电源所带负载的增加，负载吸收电源的功率增大，即电源输出的总功率和总电流就会相应增加。这说明电源输出的功率和电流决定于其所带负载的大小。从电路可靠正常运行角度讲，电气设备也不是在任何电压、电流下均可正常工作，它们要受绝缘强度和耐热性能等自身因素决定。那么有没有一个最合适的数值呢？要回答这个问题，必须了解电气设备的额定值的意义。

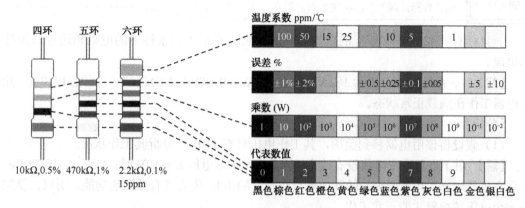

图 1-47 电阻色环对应图

到商店去买白炽灯，我们会告诉售货员这盏灯是多少瓦（功率），是照明用、冰箱用还是其他场合用的（电压等级）。每一个电气设备都有一个正常条件下运行而规定的正常允许值，是由电气设备生产厂家根据其使用寿命与所用材料的耐热性能、绝缘强度等而标注的，这就是该设备的额定值。电气设备的额定值指用电器长期、安全工作条件下的最高限值，一般在出厂时标定，常标注在铭牌上或写在说明书中，在使用中要充分考虑额定数据。

如一只白炽灯，标有电压 220V、功率 100W，这是它的额定值，表示这只白炽灯的额定电压是 220V、额定功率是 100W，在使用时就不能接到 380V 的电源上。

电气设备的额定值常有额定电压、额定电流和额定功率等，分别用 U_N、I_N 和 P_N 表示。

不能将额定值与实际值等同，例如前面所说的额定电压为 220V、额定功率为 100W 的白炽灯，在使用时，接到了 220V 的电源上，但电源电压经常波动，稍高于或低于 220V，这样白炽灯的实际功率就不会等于其额定值 100W 了。所以，电气设备在使用时，电压、电流和功率的实际值不一定等于它们的额定值。额定电功率反映了设备能量转换的本领。例如额定值为“220V、1000W”的电动机，是指该电动机运行在 220V 电压时、1s 内可将 1000J 的电能转换成机械能和热能；“220V、40W”的电灯，表明该灯在 220V 电压下工作时，1s 内可将 40J 的电能转换成光能和热能。

（2）电气设备的工作状态

电气设备工作电压在额定值，称为额定（满载）工作状态。在此工作状态下设备的安全性、可靠性及寿命周期都是最佳的。

电气设备工作电压小于额定值，称为欠压（欠载）状态。此时设备的工作效率低下。

电气设备工作电压高于额定值，称为过压（过载）状态。在此工作状态下设备极易发生故障或烧毁，是需要严格制约的。

下面通过例题来进一步了解电气设备的工作状态的分析。

例 A15　测评目标：由铭牌参数计算元件阻值。

一个电吹风铭牌标注为“220V、1800W”，其加热丝阻值为多少？

【解】$R_N = U_N^2 / P_N = 220^2 / 1800 = 27\Omega$。

例 **A16**　测评目标：深入分析额定参数对设备工作状态的影响。

一只标有"220V、40W"的白炽灯，试求它在正常工作条件下的电阻和通过白炽灯的电流。

【解】　$I_N=P_N/U_N=40/220=0.182A$，$R=U_N/I_N=220/0.182=1210\Omega$或 $R=U_N^2/P_N=1210\Omega$，此时电器工作在满载正常状态。

【分析】

（1）假设将该用电器移到美国，其工作电压只有110V，分析其工作状况。

【解】　由于电器本身阻值没有改变，因此，在实际电压 $U=110V$ 时，$P=U^2/R=10W<P_N$。工作在欠载状态，其光能热能转换效率只有正常的1/4，失去其有效照明功能。所以，要配备一个电压转换器才能正常工作。

（2）假设该用电器工作在300V，其工作状态又是怎样的呢？

【解】　由于其电阻不变，故 $I=U/R=0.25A$，超过原设计额定电流（0.18A）的40%，工作在过载状态。电灯可能马上烧毁，即使瞬间不烧毁，长期工作在此状态其使用寿命必然不长。所以，过载是电路事故的根源，通常配备一个限流电阻，就可以很好控制其工作电流。

（3）实际选择电器时，我们不仅要参考铭牌上额定值，还要进行能量转换效率的考量。例如，一个白炽灯90%的能量以热能浪费了，其过热的外壁还极其不安全，而日光灯就更节能。比如，40W的日光灯产生的光能是白炽灯的6倍。而电热开水壶，利用的就是电阻热效应，所以转换效率就很高。同样，电动机将电能转换为机械能的效率达到90%。

【课堂练习】

A9-1　通过例A9、例A10、例A11的3个例题可知，电阻元件上的三个参数 R、U 与 I，任意知道其中两个，就可以求出第三个未知量。分别求解图1-48中的未知参数。

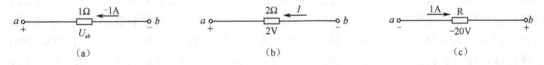

图1-48　题A9-1图

A9-2　深入思考理解欧姆定律的意义。

仔细研究欧姆定律及例A9、例A10、例A11，有同学提出下列问题：

例A9中 $R=\dfrac{U}{I}$，所以 R 与 U 成正比，可以理解为减小电压，电阻阻值随之减小；同时 R 与 I 成反比，可以理解为流过电流减小，电阻阻值随之增加。

可是例A10中 U 降低了，例A11中 I 减少了，电阻阻值却不变。

请大家参入讨论：他们的理解对吗？到底电阻阻值由什么决定？与电压、电流是什么关系？

A12-1　例A12中，图1-44（a）、（b）为同一元件，已知参数如下表，请计算其他参数。

元件 $R=10\Omega$	电压（V）	电流（A）	功率（W）
图（a）		1	
图（b）			10

A14-1　比较例 A8 与 A14，同为电线为什么前者电线电阻可以忽略，后者中不仅不能忽略其阻值还相当耗电？说明影响电阻大小的因素，讨论减少传输线能耗可能的思路。

A15-1　有一只额定值为 5 W、500Ω 的线绕电阻，求其额定电流 I_N 和额定电压 U_N。

A15-2　某电水壶标牌"220V、1000W"，其电阻为多少？估算其烧开 1 升水（常温 25℃）要花多少时间？如果把该水壶带到美国，同样要求又要花多少时间？反之，如果在美国生产的电水壶"110V、1000W"，能带回中国使用吗？

任务2　基尔霍夫定律

基尔霍夫定律揭示了电路结构的自我约束关系。一方面是以节点为对象描述电流之间约束关系的基尔霍夫电流定律，另一方面是以回路为对象描述电压之间约束关系的基尔霍夫电压定律。所以，学好该定律，首先要了解电路的构架关系。

1. 描述电路结构的专业术语

任何一个电路都包含若干节点、支路、回路，如图 1-49 所示。

支路（m）：两个节点之间的路径就是支路。其特点是支路中各个二端元件首尾相接中间无分岔地连接，流过的电流处处相等。图中支路数 $m=3$，为 acb、adb 和 ab。

节点（n）：三条或三条以上支路的汇集点。独立节点数=$n-1$。图中节点数 $n=2$，即 a、b 两点。c、d 不是节点仅仅是器件连接点。其独立节点数为 1。

回路（l）：电路中的任意闭合路径，由若干支路组成。如图所示，回路数 $l=3$，为 $abca$、$adba$、$acbda$。

网孔：内部不包含支路的回路。网孔数=独立回路数=$m-(n-1)$。图中网孔数=2，为 $acbda$、$adba$。

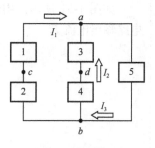

图 1-49　识别电路的支路、节点与回路

2. 基尔荷夫电流定律

（1）基尔霍夫电流定律 KCL 的描述

任何时刻，流出（或流入）同一个节点的所有支路电流的代数和恒等于零，这就是基尔霍夫电流定律，简写为 KCL。

KCL 电流定律的列写形式有两种。第一种表达形式为

$$\Sigma I_j = 0 \qquad (1-9)$$

式中，I_j 为连接于该节点的各条支路电流，j=1，2，…，n（设有 n 条支路汇集于该节点）。

书写前必须标注各条支路电流的参考方向，且式中电流的正负号通常规定：参考方向指向节点的电流取正号，背离节点的电流取负号。

如图 1-50 电路中流经节点 a 的电流可以表示为

$$I_1 - I_2 + I_3 - I_4 + I_5 = 0$$

第二种表达形式为

$$\Sigma I_\lambda = \Sigma I_出 \qquad (1-10)$$

公式描述：任何时刻流入某节点的各支路电流之和等于流出该节点的各支路电流之和。

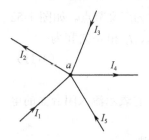

图 1-50　节点 KCL 定律

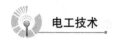

如图 1-50 电路中节点 a 流经的电流还可以表达为

$$I_1+I_3+I_5=I_2+I_4$$

例 A17 测评目标：理解独立节点与 KCL 方程数的关系，求电流。

如图 1-49 所示，列出节点处 KCL 方程。

【解】 在图示电流参考方向下，则

节点 a 处 KCL 方程：$I_1+I_2-I_3=0$。

节点 b 处 KCL 方程：$I_3=I_1+I_2$。

可见两个方程是一样的。该例题充分说明了有效（独立）KCL 方程个数 = $n-1$。

如果 $I_1=2A$，$I_2=3A$，则 $I_3=I_1+I_2=5A$。

如果 $I_1=-2A$，$I_3=13A$，则 $I_2=I_3-I_1=13-(-2)=15A$。

例 A18 测评目标：应用欧姆定律和 KCL 分析实际电流源电路。

如图 1-51 所示，由理想电流源 I_s 和内阻 R_0 组成的实际电流源电路，如何描述其向外电路输出电流 I？

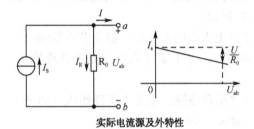

实际电流源及外特性

图 1-51　例 A18 图

【分析】 （1）由于电阻上电压与电流实际方向是关联一致的，所以该图中 R 的电压方向也由上至下，就是 ab 间电压，由欧姆定律直接得到大小为 $U_{ab}=R_0I_R$。

（2）在节点 a 处，三个电流应该满足 KCL 方程。

【解】

$$I=I_s-I_R=I_s-U_{ab}/R_0$$

可见实际电流源向外输出的电流 I 小于理想电流源 I_s，损失的部分由内阻 R_0 产生。端电压与电流的伏安特性称为实际电流源的"外特性"。

（2）广义节点的 KCL 方程

基尔霍夫电流定律也可推广应用于包围几个节点的闭合面，也称为广义节点。如图 1-52 所示电路中，将闭合面 S 看成一个节点，则三个流入该节点的电流 I_A、I_B 和 I_C 之和为

$$\Sigma I=0 \quad 即 \quad I_A+I_B+I_C=0 \tag{1-11}$$

可见：（1）闭合面内电流与节点电流方程列写没有关系。

（2）在任一时刻，通过任何一个闭合面的电流代数和也恒为零。它表示流入闭合面的电流和流出闭合面的电流是相等的。

① KCL 是电荷守恒和电流连续性原理在电路中任意节点处的反映。

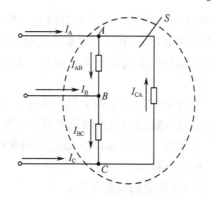

图 1-52　广义节点的 KCL

② KCL 是对节点处支路电流间的约束，与支路上接的是什么元件无关，与电路是线性还是非线性无关的。

③ KCL 方程是按电流参考方向列写的，与电流实际方向无关。

例 A19　测评目标：应用广义节点，分析基础电路。

如图 1-53 所示，分析 I_1、I_2 关系。证明每条支路电流的唯一性。

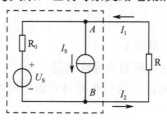

图 1-53　例 A19 图

【解】　应用广义节点思路，把虚线框内看成一个节点，则 I_1 流进、I_2 流出，即 $I_2=I_1$。所以每一条支路的电流有且只有一个，与支路元件个数无关。

【课堂练习】

A17-1　说明图 1-54（d）中电路的支路数、节点数、回路数、独立节点数、网孔数。

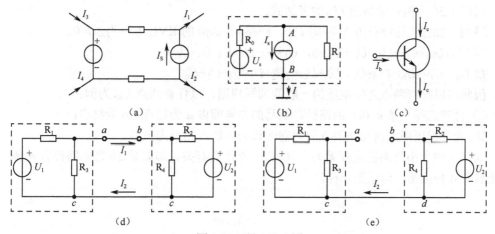

（a）　　　　　　　　（b）　　　　　　　　（c）

（d）　　　　　　　　　　　　　　（e）

图 1-54　题 A19-1 图

A17-2 比较 KCL 方程的两种列写形式，说说你习惯哪一种？

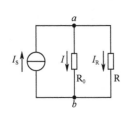

图 1-55　题 A18-2 图

A17-3 例 A19 中电路，如果已知恒流源为 5A，R 中电流为 3A，那么流过恒压源的电流为多少？方向呢？并定性分析电流源是发出功率还是吸收功率。

A18-1 讨论实际电流源中电阻为什么不能与理想电流源串联连接？实际电流源带负载能力与内阻的关系如何？

A18-2 如图 1-55 所示，I_s=10A、R=10Ω，分别求内阻 R_0 为 1Ω 和 10Ω 时，负载 R 中电流 I_R。

A19-1 分析图 1-54 所示各种情况下的电流关系。

3. 基尔霍夫电压定律

任何时刻，沿着任一个回路绕行一周，所有支路电压的代数和恒等于零，这就是基尔霍夫电压定律，简写为 KVL。

以图 1-56 回路为例，各器件的电压关系用数学表达式表示为

$$\Sigma U = 0 \qquad (1-12)$$

即 $U_{ab}+U_{bc}+U_{cd}+U_{de}+U_{ef}+U_{fa}=0$，代入元件电压得到 $U_1+U_2-U_3+U_4-U_5-U_6=0$。

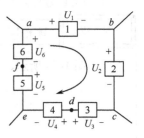

图 1-56　回路 KVL 定律

回路电压方程列写步骤：

① 合理选取列写对象：某一回路 L。

② 回路上每个元件电压参考方向必须标注清楚。

③ 任意选取回路的绕行方向，有且只有两种可能：顺时针或逆时针。

④ 任意选择一个起点开始沿绕行方向列写，直至回到该起点。如图中选取 a 点为起点，也是回路列写的终点。

⑤ 列写过程中元件电压前的"+/-"的确定规则：当绕行方向与元件自身电压降的参考方向一致时为正号，反之为负号。

例 A20　测评目标：任意两点间电压的列写规则。

以图 1-56 为例，请写出 U_{ab} 的表达式。

【解】　如图标注绕行方向为顺时针，回路 abcdefa 的 KVL 方程为 $\Sigma U=0$。

即 $U_{ab}+U_{bc}+U_{cd}+U_{de}+U_{ef}+U_{fa}=0$，$U_1+U_2-U_3+U_4-U_5-U_6=0$。

故 $U_{ab}=U_1=-U_{bc}-U_{cd}-U_{de}-U_{ef}-U_{fa}=-U_2+U_3-U_4+U_5+U_6$。

因此可以推广两点之间电压的一般性列写规则，以任意两点 U_{ab} 为例：

① 合理选择一条 a 到 b 的路径，列写的方向即以 a 为起点，b 为终点；

② 元件电压降方向与 a 到 b 的方向一致为正值，相反为负值。

③ U_{ab} 的大小与路径选择无关，只与 a、b 两点有关。即如果 ab 之间路径有 n 条，其电压就有 n 种描述，但结果一样。

例 A21　测评目标：应用欧姆定律和 KVL 分析实际电压源支路。

如图 1-57 所示，由理想电压源 U_s 和内阻 R_0 组成的实际电压源支路，如何描述其端电压 U_{ab}。

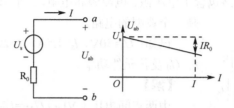

图 1-57　实际电压源及外特性

【分析】（1）由于电阻上电压与电流实际方向是关联一致的，所以该图中 R_0 的电压方向也是由下至上，不用标注，由欧姆定律可以直接得到大小为 R_0I。

（2）按照上例列写两点电压的规则，可知从 a 到 b 路径上恒压源电压降与之相同，电阻电压方向与之相反。

【解】

$$U_{ab}=U_s-R_0I$$

可见，实际电压源向外输出的电压 U_{ab} 小于理想电压源 U_s，损失的部分由内阻 R_0 产生。端电压与电流的伏安特性称为实际电压源的"外特性"。

例 A22　测评目标：应用欧姆定律和 KVL 分析实际电路工作状态。

【解】

有载：如图 1-58（a）所示，则其 KVL 方程为 $IR_L-U_s+IR_0=0$，实际电压源输出端电压 $U_R=R_LI=U_s-IR_0$，恒压源功率一方面被内阻损耗，一方面输出给负载，所以称为有载状态。

空载：如图 1-58（b）所示，a、b 间断开，电流 $I=0$，故实际电压源输出端电压 $U_{ab}=U_s$，电压源没有功率输出，所以称为空载状态。

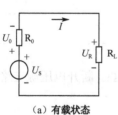 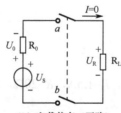 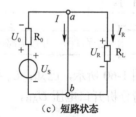

（a）有载状态　　　　　　（b）空载状态（开路）　　　　　（c）短路状态

图 1-58　例 A22 图

短路：如图 1-58（c）所示，a、b 间短接，故实际电压源输出端电压 $U_{ab}=0$；同时短接回路 KVL 方程 $-U_s+IR_0=0$，$U_s=U_0$，$I=U_s/R_0$。短路电流瞬间达到最大值，电压源功率全部消耗在其内阻上，造成能量的浪费，更严重的是如果瞬间短路电流大于恒压源额定电流，就会烧毁电源。所以，短路是实际工作中的故障状态。

在这一模块介绍了电路基础理论的三大基石：欧姆定律、KVL 定律和 KCL 定律。它们可以解决电路的所有问题，因此熟练应用它们计算、分析电路是必需的技能。

例 A23 测评目标：应用三大基本定律分析多回路电路。

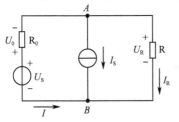

图 1-59　例 A23 图

以图 1-59 为例，该电路包含了电压源、电流源和电阻，2 个节点、3 条支路、2 个网孔，是一个典型的电路。

已知：$U_s=50V$，$I_s=1.5A$，$R=20\Omega$，$R_0=5\Omega$。求电压 U_{AB}、I、U_0 及各元件功率。

【解】

由两点间电压 KVL：$U_{AB}=U_R=RI_R$，得

$$I_R=U_{AB}/R=U_{AB}/20$$

同时，$U_{AB}=IR_0+U_s=5I+50$，得 $I=(U_{AB}-50)/5=U_{AB}/5-10$。

独立 KCL 方程：$I+I_s+I_R=0$，代入得 $U_{AB}/5-10+1.5+U_{AB}/20=0$，解得 $U_{AB}=34V$。

故 $I=-3.2A$，$I_R=1.7A$。

内阻 R_0 上电压：$U_0=-IR_0=-(-3.2)\times5=16V$。

电压源功率：$P_{Us}=IU_s=-3.2\times50=-160W<0$，发出功率。

电流源功率：$P_{Is}=I_sU_{AB}=1.5\times34=51W>0$，吸收功率。

内阻功率：$P_{R_0}=-IU_0=-(-3.2)\times16=51.2W>0$，吸收功率。

电阻 R 功率：$P_R=I_RU_R=1.7\times34=57.8W>0$，吸收功率。

显然，$P_{Is}+P_{R_0}+P_R+P_{Us}=0$。

【提示】（1）解题前养成好习惯：标注节点与支路电流方向，本题已经给出。但电阻 R_0 上电压与电流参考方向同时给定且非关联，给电路分析带来很多不便，目的是提高难度，考查对非关联方向的理解应用，但是如果是自己假设，还是统一为关联一致的好。

（2）KCL、KVL 和欧姆定律是解题的三大基石，一定是三者联立应用。

（3）解题中应用了 KCL 方程 1 次，KVL 方程 2 次，欧姆定律 2 次，这是因为独立 KCL 方程个数=n-1=1，独立 KVL 方程个数=网孔数=2，欧姆定律方程个数=电阻元件个数=2。

（4）该题恒压源发出功率，恒流源吸收功率，再次说明多电源电路中，电源起的作用不一定相同。

例 A24 测评目标：开口电路的分析。

如图 1-60 所示，已知：$U_s=50V$，$I_s=1.5A$，$R=20\Omega$，$R_0=5\Omega$。断开电压源支路得到开口电路，请分析开口电压 U_{AB}。

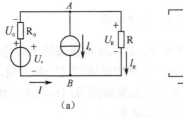　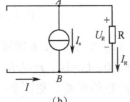

　　　　（a）　　　　　　　　　　　（b）

图 1-60　例 A-24 图

【分析】 断开电压源支路得图 1-60（b），因此该支路电流 $I=0$；形成的开口电路类似例 A19 图。

【解】 形成的单回路中电流只有一个，因此 $I_s=-I_R$。

或者仍然由 B 节点 KCL 方程：$I+I_s+I_R=0$。

同样可以得到 $I_R=-I_s=-1.5A$。

由欧姆定律：$U_R=RI_R=20\times(-1.5)=-30V$。

由两点间电压 KVL：$U_{AB}=U_R=-30V$。

【课堂练习】

A20-1 比较 KVL 方程的两种列写方式，熟练其步骤。

A20-2 请直接写出图 1-56 中 U_{ab}、U_{bc}、U_{cd}、U_{de}、U_{ef}、U_{fa} 的表达式。

A20-3 图 1-56 中，如果已知 $U_1=1V$，$U_2=-3V$，$U_3=5V$，$U_4=8V$，$U_5=-9V$，$U_6=?$ 同时验证 $U_{ab}+U_{bc}+U_{cd}+U_{de}+U_{ef}+U_{fa}=0$。

A21-1 讨论：实际电压源中电阻为什么是与理想电压源串联连接的，实际电压源带负载能力与内阻的关系。

A21-2 应用欧姆定律和 KVL 计算图 1-61 所示含源支路电压及功率。

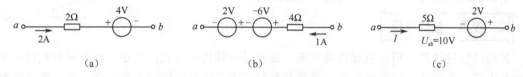

图 1-61 题 A21-2 图

A22-1 图 1-58（a）中，假设 $U_s=25V$、$R_L=10\Omega$，分别求内阻 R_0 为 1Ω 和 10Ω 时，负载 R_L 的电压。

A22-2 如图 1-62 所示电路，已知 $U_s=100V$，$R_0=10\Omega$，负载电阻 $R_L=100\Omega$，说明开关分别处于 1、2、3 位置时电路工作状态及电压表和电流表的读数。请尝试以表格形式回答。

A23-1 求解图 1-63 所示三条支路电流及恒压源功率。

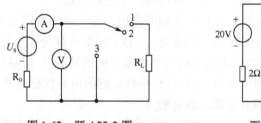

图 1-62 题 A22-2 图 　　　　图 1-63 题 A23-1 图

A24-1 图 1-60 中，如果电阻 R 支路断开，参数不变，求开口电压 U_{AB}。

A24-2 图 1-60 中，如果理想电流源支路断开，参数不变，求开口电压 U_{AB}。

课题3 基于实际任务的综合技能训练

任务1 手电筒电路模型的建立

【技能目标】 了解电路理论研究重要的基础方法——建模；理解电路分析的重要观点——抽象思维。

1. 为什么要建模

在工程实际允许的条件下对实际电路进行模型化处理，称为"建模"。"建模"是将实际系统引向理论研究的必需手段，也是对系统进行量化分析的基础。所谓量化分析，就是建立相关物理量之间的数学函数关系。而量化分析的最终目的却是反过来修正或构架新的实际电路。

例如，小灯泡的亮度由什么决定？与其电压、电流量化关系是什么？如果知道了其特征是否可以生产出各种亮度的新灯泡？

要回答这些，就得建立数学模型。这个过程如何进行呢？

下面就从实际电系统入手分析，了解建模的过程。

2. 建模一般性思路

建模过程往往要应用抽象观点来实现。抽象是一种思维方式，更是一种非常有效的分析和综合工具。各类理论研究中，建模就是其典型应用。它最大的特点就是将一个具象事物的主要特征抽象为一类事物的共性特征。

下面以手电筒电路为例，说明电路建模的一般思路。

首先从整体上对实际电系统进行分析解剖。图1-64（a）为手电筒实物，我们解剖其内部得到图1-64（b）所示的结构图，包括电池、灯泡、连接器、开关四个组件。下面仔细研究各部件在这个系统中的作用。

① 电池，是这个系统的动力来源，将自身的化学能转换成电能提供给各部件。我们将这一类部件抽象称为"电源"，反过来"电源"就是可以提供电能的装置。

② 灯泡，显然消耗电能，输出光能，最终产生照明作用，这一类部件称为"负载"。

③ 连接器，首先在电池和容器之间提供一条通道。其次，它形成弹簧卷为电池和灯泡之间的接触提供了机械压力，机械压力的作用是保持两个电池之间的接触以及保持单电池和灯泡之间的接触。所以，在为连接器选材料时，它的机械特性比它的电特性更重要。

④ 开关，是一个两状态器件，或者接通，或者断开。

下面就着手建立电路模型。从电源开始，两节电池正负连接，一节负极连接灯泡，灯泡的一端与开关相连，开关一端通过容器连接另一节电池正极，形成一个闭合回路，如图1-64（b）所示。再以表1-1及表1-2的元件符号标注实物模型，形成图1-64（c）所示的电路模型。

实际电系统模型化过程中最关键的是图1-64（c），如何将各个元件模型化，例如灯泡为什么能抽象为电阻元件，电阻元件有什么特征，这就是元件建模。

如图1-65所示，电阻元件建模的过程就是抽象思维方法的典型应用，手电筒系统中灯泡是一个具象部件，我们抓住其消耗电能的电磁特性抽象为电阻元件，凡是具有消耗电能特性的元件都抽象为电阻元件。电热壶、烤箱这些具象电器，其电磁特性以消耗电能为主，因此都可以抽象为电阻元件。把这一类称为电阻元件的实物进行实验，取得伏安特性，发现其两端电压与流过的电流之比相对恒定，从而建立电阻元件的数学模型，即欧姆定律。

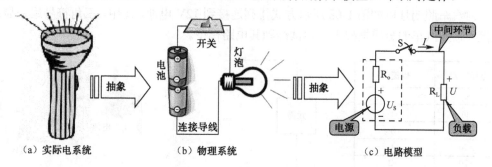

图 1-64　实际电系统模型化过程

图 1-65　电阻元件建模过程

3. 电路模型的不唯一性

（1）不同的实际电器设备，只要具有相同的主要电磁性能，在一定条件下可用同一电路模型表示，如日光灯和电动机都可以用电感元件来表示其电气模型。

（2）同一实际电器设备在不同的应用条件下，其电路模型可以有不同的形式，如电感线圈，在不同性质电路中，其电气模型就不一样（见图1-66）。

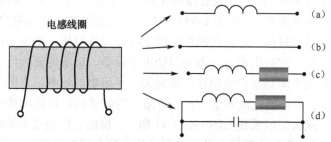

（a）线圈图形符号　（b）线圈通过直流的模型　（c）线圈通过低频电流的模型　（d）线圈通过高频电流的模型

图 1-66　线圈在不同性质电路中的模型

【注意】　"建模"的实现是一个复杂的问题，不同的研究对象可能涉及各种学科如高等数学、物理学、化学等，了解建模思想、建立抽象逻辑分析思路，是工科学生必须建立的分析观念，为现场解决实际问题提供有效思路及为自身可持续发展提供可能。

【综合训练】

B1-1　根据元件伏安特性确立元件电气模型。

如图 1-67 所示，采集到的元件两端电压及电流数据见表，分析确立元件电气模型。

B1-2 根据实际电系统构建电路模型。

一对汽车照明灯以如图 1-68 所示方式排列连接到 12V 电池。图中，三角符号用来显示该端直接连接到汽车的金属框架上。尝试绘制其电路模型。

电压（V）	电流(A)
20	2
40	4
0	0
−40	4
−20	−2

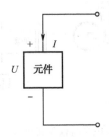

图 1-67　题 B1-1 图　　　　　　　　　　　图 1-68　题 B1-2 图

任务 2　电能的来源

【技能目标】　课外阅读相关技术文献，并加以归纳总结。

我们在工作学习中，往往会遇到自身无法解释的疑问或者无法解决的现场问题，需要查阅相关文献，并加以归纳总结，这就是一种再学习能力，也是使自己可持续发展的能力。这样的能力是可以培养的，需要有意多加训练。

下面就以"电能从何而来"问题展开，阅读相关文献，并加以归纳总结。

1. 查阅文献：电能的源

电子的流动需要一定的电动势或电压。这种电源由多种不同原始能源产生。这些原始能源表现形式不一，但都可转换为电能。电动势的原始能源包括摩擦、光、化学反应、热、压力、电磁作用。

（1）光

光能通过太阳能与光电（PV）电池直接转化为电能。它们由一种半导体的光感材料组成，当光照到材料上就可以得到电子，如图 1-69（a）所示。最普通的太阳能电池就基于光感作用，当光线射入两层的半导体材料，就会在两层中产生电位差或电压。电池中产生的电压通过外接电路就可以形成电流，这些电流可以用来驱动电子设备。输出电压与照在电池表面的光能成一定比例。将太阳能电池与蓄电池相连，就成为一种可靠的电源。太阳能电池提供可用的电源，阳光充足时还能够给蓄电池充电，在没有阳光的时候则可以使用蓄电池中的电能。

住宅及商用的并网太阳能系统如图 1-69（b）所示，可由太阳通过太阳能电池板和反相换流器产生电流，反相换流器与太阳能电池板使用公用电网公司提供的电流所产生的能量同步。安装此类太阳能系统所产生的电流可以用来满足用户每天的使用，如果产生的电量多于使用量，它可以被反馈回电网，抵消自己对公网电力的消费。没有通电力线，不愿使用并网太阳能系统或者因为其价格过于昂贵，可以使用离网太阳能系统。

离网太阳能系统利用太阳能电池板产生直流电，这些电存储在一组电池中（如图 1-69（c）所示）。然后通过反相换流器将电池中存储的直流电转化为交流电，这样就可以提供给住宅或者商业设施使用。典型的离网太阳能系统还包含一个备用动力发电机，当电池组中电量较低时为电池充电，同时还带有一个充电控制器，可以在充电过程中控制从电池板流入电池组的电量。

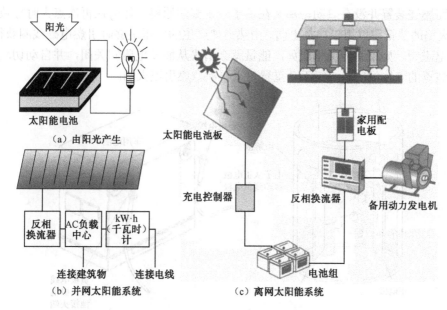

图 1-69　太阳能的利用实例

　　电池是最好的太阳能电池之一。单独一个电池就可以产生高达 400mV（毫伏）及毫安范围内的电流，并且可以将它们组合成更大的太阳能电池板。小电流的太阳能电池常在自动化控制系统中充当传感器的角色。

　　（2）化学反应

　　蓄电池或伏打电池可将化学能直接转化为电能（如图 1-70 所示），蓄电池一般包含两个电极和电解液。如果观察蓄电池，会注意到每个电池都有两个接头端，一个接头端标志着（＋）或正极，另一接头端标志着（－）或负极。在 AA、C 或 D 电池中（一般是手电筒电池），电池的底部就是接头端。在大的车用电池中，有两个大的导线柱为接头端。

　　将蓄电池接入闭合电路中时，化学能便转化为电能。电池中的化学反应使电解液和电池的两极发生反应。结果电子从一端电极移到另一端电极。这样就使失去电子的电极产生了正电荷，而得到电子的电极产生了负电荷。虽然蓄电池是一种受欢迎的低压、便携 DC 电源，但是其较高的能量消耗限制了它的使用。

　　（3）热

　　通过热电偶装置可将热能直接转化为电能（如图 1-71（a）所示）。热电偶由两个不同类型的金属接合而成。当对一端接点加热另一端在常温时，电子会从一个金属转移到另一个金属。失去电子的金属就会带上正电荷，而得到电子的金属就会带负电荷。如果将热电偶接入到外部电路中，两个不同金属间的电压会产生一小股直流电。热电偶最广泛的实际应用是作为温度探测器用于温度测量设备。将它放入工业炉中时，它会产生一定的电压，这个电压与工业炉温度成比例。在热电偶外端连接一个经过校准的毫压表，便可指示出温度。热电偶还可用于含有设定温度功能的电子自动控制系统。单个热电偶产生的电流和电压都非常小，所以可以串联或并联多个热电偶以获得更高的电压和电流。这样组合后的热电偶被称为热电堆。如图 1-71（b）所示为一个热电堆引燃器的安全阀电路。靠近燃烧装置的地方安装了一个固定的引燃器以提供安全的可燃气体。引燃火焰会持续地得到由天然气阀引出的气体，并且一旦点燃了就会使之持续燃烧。在主燃烧装置通入可燃气体前，必须先点燃引燃器。如果引燃火焰熄灭了而燃烧装置并没有启动，那么在炉子中积聚的原料气体会在再次点火时导致爆炸危险。引燃火焰的热量可以用于加热电偶。由热电偶产生的电压足够时引燃电磁线圈获得能量，从而打开电磁阀。如果引燃火焰熄灭，能量就会消失从而使电磁阀关闭，并自动切断引燃器和主燃烧装置的气体供应。进行手动重置可以再次点燃引燃火焰。

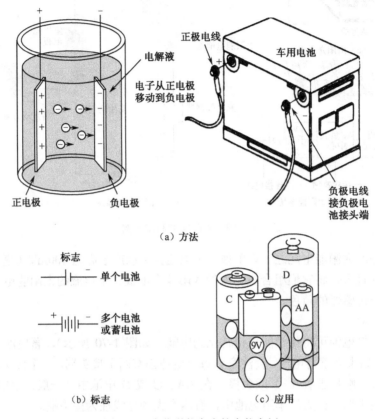

（a）方法

（b）标志　　　（c）应用

图 1-70　由化学能产生的电能实例

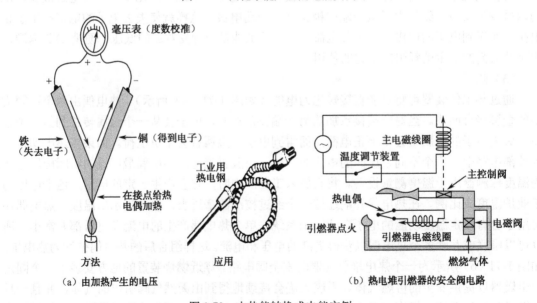

（a）由加热产生的电压　　应用　　（b）热电堆引燃器的安全阀电路

图 1-71　由热能转换成电能实例

（4）压电效应

压电效应是机械能和电能之间转换的效应。某些类型的晶体在一定的压力下会产生少量的电压，这个现象称为压电现象，按照希腊的字义就是"使受压"。如果从可以产生电压的晶体中选择一块晶体，放在两块金属板中间并施加一定压力，就会产生电流，如图1-72（a）所示。这个图示的原理有多种应用，包括用于晶体麦克风和车辆交通传感器（如图1-72（b）和图1-72（c）所示）。

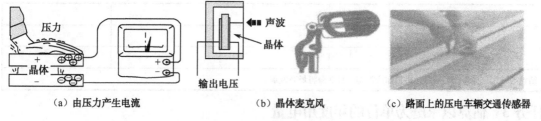

（a）由压力产生电流　　　　（b）晶体麦克风　　　　（c）路面上的压电车辆交通传感器

图1-72　机械能转换为电能实例

对于晶体麦克风，当声音的声波到达麦克风时，就会对晶体产生压力从而产生一小股电流。埋在路下的压电车辆交通传感器一般用于收集想要的数据，将它嵌入公路，压力就从公路传到传感器上，通过分析由压力产生的电压，就可以用来测量车辆的重量及速度。

（5）机械磁

我们使用的大部分电都是由将机械磁能转化为电能的发电机产生的。如果一个导体穿过磁场移动，导体就会产生电压，如图1-73（a）所示，这种现象称为电磁感应，是发电机发电的原理。

如图1-73（b）所示为一个单线圈发电机（交流发电机）。当一定范围内的磁力线被旋转线圈（转动体）切割时，便产生电流。一个永久磁铁（固定片）会产生一个连续稳定的磁场。当旋转体在磁场中旋转时，在旋转体的线圈上会产生电流。线圈的电流通过滑动环为电灯提供电能。发电机产生的电压决定于磁场的强度及旋转体的旋转速度。越强的磁场和旋转速度越快的旋转体产生的电压越大。电磁石可以取代永久磁铁来提供一个足够强的磁场。虽然这种发电机产生的是交流电，但是它也可以被设计成为既可产生AC电又可产生DC电的设备。

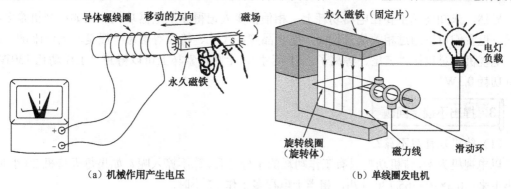

（a）机械作用产生电压　　　　　（b）单线圈发电机

图1-73　机械磁电的转化实例

驱动发电机需要一定的机械力，也就是在磁场中旋转导线圈。蒸汽轮机常用于提供发电机的机械力。将水加热（如使用煤、石油气体或核能）就可产生蒸汽，这些蒸汽就可以驱动轮机、旋转导线圈。

2. 归纳整理总结

作为工科生需要训练多用图形、符号、方框图、表格等形式记录、描述自己的思想，以文字为辅，使用简洁、明了、逻辑清晰的表达方式。

【综合训练】

B2-1 以表格形式归纳总结。

能源形式				
典型实例				
工作原理				
结论（站在自身关注的角度分析，你认为哪一种能源将最有发展）				

任务3 估算以家庭为单位的年度用电量

【技能目标】 对实际项目做出合理性预算，也是职场重要技能之一。

这个估算项目，似乎很简单，把家里电器一一列出，按照电器功率和用电时间，根据 $W=PT$，就可以得出用电量。

可是，你能马上说出你家电视的功耗吗？你能准确得到电视工作时间吗？待机插座、机顶盒这样不起眼的设备你列入了吗？所以，在做实际项目前，往往有很多未知、不定因素，对结果只能是预估，而估算却不是想当然，它也是有着科学原则的。因此，作为现场工程师应该具备一定的预算能力。

1. 明确理论算法

总用电量为

$$W=\sum W_j=\sum P_j T_j$$

其中，j 为每一种电器编号；P 为电器额定功率（kW）；T 为用电时间（h）；W 为用电量（度）。

2. 提出未知问题

显然，未知问题主要在电器功耗上。相信很少人记得家里电器功耗，比如电视机是多少功耗。但我们可以通过相关信息搜索，电视品牌、尺寸、特点等信息一般是较为清晰的。例如，电视机信息包括"三星、等离子、51 英寸"，上网搜索马上可以得到"工作功耗 130W、待机功耗 0.3W"。

3. 提出不确定问题

（1）待机功耗算不算？

以电视机为例，待机功耗只有工作功耗的千分之几，算不算入呢？如果每天待机 20 小时，一年下来：0.3×20×365/130=17h，相当于电视多工作 17 小时。

还有插座，数量多、待机时间长，需要权衡是否计算或者进行估算。

（2）工作时间怎么算？

如卫生间灯随到随开，随走随关，时间很难精准把握。

4. 估算原则

上述问题怎么解决？有一个指导思想就是"抓主放次"。

把家里主要的电器作为估算对象，把它的核心工作时间确定，计算出年度用电量 W，然后给一个修正值。修正值的选取，可以按照"二八规律"，即最后估算总量=1.25W。也就是说在这个系统中，那些零散的、不确定因数导致的损耗占据 20%，主要电器电量占 80%。

"二八规律"是对不平衡系统分配规律的描述，由意大利经济学家巴莱多发现。

【综合训练】

B3-1 以表格形式估算你的家庭年用电量。

任务4 电系统的功率平衡验证

【技能目标】 应用所学理论知识，对实际项目做出合理性验证及故障分析，也是职场重要技能之一，同时训练用表格进行数据分析。

作为学生在实际工作中可能不用进行复杂的电路设计，但作为检验员对电路参数的数据进行测试、作为现场工程师面对施工图纸和数据，都应该养成验证的习惯，便于发现问题，安全施工。

1. 项目背景

你是项目工程师，提交给你一份由设计工程师提供的项目电路图和一份由实验员提供的测量数据表，请你对该项目进行功率验证。

2. 电路图及数据

图 1-74 为电路结构图，元件以代码区分，其电压、电流参数如表 1-3 所示。

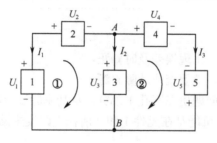

图 1-74 电路结构图

3. 确定验证思路

对电路而言，主要的参数就是电压、电流和功率。

电压之间必须满足 KVL 定律，电流之间必须满足 KCL 定律，功率之间必须满足能量平衡规律。

这些参数的验证和元件性质没有关系，为突出这点，本题没有明确元件性质。如果元件性质明确，还要考虑其伏安特性，验证电压与电流之间的关系。

【注意】 通常只需要进行功率验证。但由于功率计算复杂，如果出现错误数据将需要回头验证电压和电流，找出问题，所以习惯先验证简单的电压、电流关系。

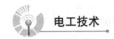

4. 分析数据

计算数据，填入表 1-3 中。

表 1-3 电路参数

元件	电压（V）	电流（A）	功率（W）	备注
1	6	2	12（吸收）	关联 $P=UI$
2	3	2	−6（发出）	非关联 $P=-UI$
3	4	1	4（吸收）	关联 $P=UI$
4	8	−3	−24（发出）	关联 $P=UI$
5	4	−3	12（吸收）	非关联 $P=-UI$
网孔 1 $\sum U$	1			$\sum U = U_2 + U_3 - U_1$
网孔 2 $\sum U$	0			$\sum U = U_4 - U_5 - U_3$
节点 $A \sum I$		0		$\sum I = I_1 + I_2 + I_3$
系统功率			−2	$\sum P = \sum P_发 + \sum P_吸$
结论	电压不平衡	电流平衡	功率不平衡	数据有问题

5. 分析数据得出结论

显然，表中白色部分是原始数据，灰色部分是检验者添加的数据分析。可以看到数据分析以表格形式描述，清晰明了，是工程实际中经常应用的表达方式。在制作表格时往往加一列"备注"栏，便于记录数据分析过程中可能的问题，这是非常必要的。

经过各项数据分析发现，网孔 1 的电压不平衡，功率也不平衡。因此不能按数据施工，必须查找原因。

6. 故障分析

（1）首先重新测量数据，出现误差及时修正。

（2）如果数据仍然不变，就要查找故障来源。

网孔 2 电压平衡，显然问题出在网孔 1 部分。从功率验证分析，整个系统发出 30W，却只检测到 28W 的消耗功率，可能是在元件 1 和 2 所在支路发生漏电或者线路损耗过大，需要对实际装置进行排查。

【综合训练】

B4-1 如果原始数据如表 1-4 所示，请验证分析。

表 1-4 原始数据

元　件	电压（V）	电流（A）
1	7	2
2	3	
3	4	1
4	8	−3
5	4	

复习题

1. 实际电路的形式和作用是多种多样的。但不论哪一种实际电路，随着电流的通过，电路的功能无外乎两大类：一类是_____，典型实例是_____；另一类是_____，典型实例是_____。

2. 以家用台灯说明电路的基本组成，绘制其电路模型。

3. 蓄电池是_____电源，典型应用实例有_____；风能产生_____，将_____转化为电能。

4. 描述常见多挡电位器开关的功能。

5. 实际电路为防止过电流故障，会安装_____装置，常见的有_____。

6. 电荷是离散的，有_____之分，正是_____引起电压；_____形成电；流_____就是电能。

7. 与路径有关的物理量有（　　）。

A. 电流　　　　　　　B. 电压　　　　　　　C. 电能　　　　　　　D. 电位

8. 电流表必须_____在被测两点之间。

9. 带电粒子有规则的定向运动形成电流。在_____中带电粒子是电子，在_____中是载流子，在电解液中是离子。想要获得持续的电流，有两个必要条件：导体两端存在电位差拉动电子动起来；在_____回路中电子才能持续流动。

10. $1A=$_____$mA=$_____μA。

11. 分别列写电阻元件电压与电流参考方向关联和非关联情况下的欧姆定律和功率计算式。

12. 正确绘制电压源和电流源模型。

13. _____元件其电压与外电路无关；_____元件电流与外电路无关，但电压却随外电路而变化。

14. 电阻元件、电源元件的电压与电流实际方向是怎样的？

15. 日常电器的电磁特性可以抽象为电阻模型的有哪一些？记录下其铭牌参数。

16. 电阻的大小由_____决定，与外电路无关。ρ是_____，特性是_____。

17. 电气设备工作状态有_____、_____、_____三种。

18. 实际电源电路工作状态有几种？特征是什么？

19. 在节点处产生_____分配，其规律称为_____定律。

20. 说明回路电压方程列写的步骤。

21. 说明实际电源内阻与带负载能力的关系。

22. 如图 1-75 所示，已知元件参数 $U_{s1}=25V$、$U_{s2}=5V$、$I_{s1}=5A$、$I_{s2}=2A$、$R_1=5\Omega$、$R_2=10\Omega$，请问：

（1）该电路节点数、支路数、网孔数。

（2）化简 $bcdef$ 支路。

（3）将两个电流源合并。

（4）绘制经过（2）、（3）步骤后的电路；说明该电路的节点数、支路数、网孔数。

（5）图中设定 R_1 和 R_2 的电流参考方向。

（6）应用欧姆定律列写 U_{ag}。

（7）应用 KVL 列写 U_{bcdef} 支路电压。

（8）应用 KCL 列写节点 a 处电流方程。

（9）求解 R_1 和 R_2 的电流。

（10）求电阻元件 R_2 的功率。

（11）求恒流源 I_{s1} 的功率。

（12）求一段支路 $bcdef$ 的功率。

（13）绘制 bc 间断开电路，求开路电压 U_{cf}=？电阻 R_2 端电压是多少？

（14）绘制 cf 间短路电路，求电阻 R_1、R_2 端电压是多少？bc 间电流是多少？cf 间电流是多少？

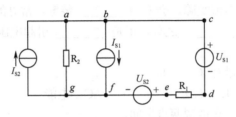

图 1-75　题 22 图

模块 2 直流电路的分析方法

课题 1 简单电阻电路的分析方法

任务 1 电位分析方法

1. 电位的引入

势能是产生电压的根本原因，只要有势能差存在电压就客观存在，而电位概念的人为引入就是为了标注电压，可以说电位就是电压两端的电势坐标。

2. 零电位点

一个电路就相当于一个电位坐标系，只允许设定一个零电位点，零电位点可以任意设定，但实际电路中的零电位点往往有一定的习惯：

（1）在工程中常选大地作为零电位点，这是因为设备的机壳大都是与地面相连接的。

（2）在电子线路分析中，常将很多元件汇集在一起的一个公共点，或者选择电源负极假设为零电位点。

（3）如图 2-1 所示，在电路中一般标上"接地"符号，参数符号为 $\varphi_b=0V$（以 b 点为零电位点）。

3. 电位与电压

电路中的零电位点选定以后，电路中某点的电位就等于该点与零电位点之间的电压，这样电路中各点电位就有了一个确定数值，高于零电位点的电位为正；低于参考点的电位为负。电路中各点的电位一旦确定以后，就可以求得任意两点之间的电压。

以图 2-1 为例，说明电位与电压的量化关系：

（1）$\varphi_b=0V$（选择 b 点为零电位点，它是三条支路汇集点又是电源负极）。

（2）$\varphi_a=U_{ab}$（任意一点 a 的电位，等于该点和零点间电压值）。

（3）$U_{ac}=\varphi_a-\varphi_c$（任意两点间电压，等于两点电位之差）。

（4）显然，$U_{ac}=0$，即 $\varphi_a=\varphi_c$，a、c 两点为等电位点。

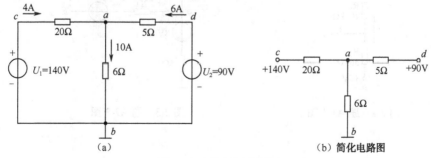

（a）　　　　　　　　　（b）简化电路图

图 2-1　电位分析法例图

例 A1　　测评目标：电子线路图的绘制。

如图 2-1（a）所示为完整的电路图，包含恒压源和电阻负载。

但是实际电器为如图 1-3 所示电视机电路，元器件不仅多且结构复杂，往往为了突出电压源位置同时绘制简单，将不画出恒压源，而在电源端标以电位值替代，称为电子线路图。

图 2-1（a）中两个恒压源都直接与零点相连，将恒压源所在支路省略，在节点处替代以电位值标注，$\varphi_c=U_{cb}=140V$，$\varphi_d=U_{db}=90V$。

例 A2　　测评目标：利用电位概念计算。

（1）图 2-1（a）中，b 为零点，求 φ_a（已知电压求电位）。

【解】　$\varphi_a=U_{ab}=6\times10=60V$。

（2）图 2-1（b）中，b 为零点，求 U_{cd}（已知电位求电压）。

【解】　$U_{cd}=\varphi_c-\varphi_d=140-90=50V$。

（3）图 2-1（a）中，选择不同零点，按表 2-1 求电位和电压，并分析结果，给出结论。

表 2-1　例 A2 表

零点 ＼ 参数	φ_a（V）	φ_b（V）	φ_c（V）	φ_d（V）	U_{cd}（V）	U_{ad}（V）
a	0	−60	80	30	50	−30
b	60	0	140	90	50	−30
c	−80	−140	0	−50	50	−30
d	−30	−90	50	0	50	−30
结论	两点间电压是绝对的，不随零点的不同而不同；某点电位是相对的，随零点不同而不同					

【课堂练习】

A1-1　将电子线路图 2-2 还原为完整电路图。

A2-1　如图 2-2 所示，求 U_{ac}、φ_b。

A2-2　如果将图 2-2 中 c 点选择为零点，再求 U_{ac}、φ_a、φ_b。

A2-3　电路如图 2-3 所示，求 φ_a、φ_b。

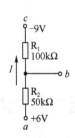

图 2-2　题 A1-1 图

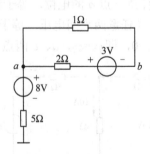

图 2-3　题 A2-3 图

任务2 网络的等效变换

1. 等效的概念

等效是一种很重要的科学的思维方式。等效变换是电路分析中一种很重要的方法。通过有效的等效变换，可以将一个结构较复杂的电路变换成结构简单的电路。

有两个电路网络 N1 和 N2，如果它们所有对应端口的 VCR 特性一致，就可以称网络 N1 与网络 N2 互为等效，对外电路可以相互替代，实现等效变换。

『解读1』单口网络（二端网络）

二端网络具有以下特点：

① 只有两个端钮与外部电路相连。

② 进出端钮的电流相同。

网络以"N"标志；含有有源器件的称为有源网络，以"A"标志；由无源器件组成的称为无源网络，以"P"标志，如图 2-4 所示。

图 2-4　电路网络的标志

二端无源网络（如图 2-5 所示）可以为单一无源二端元件，如电阻元件、电容元件、电感元件；如纯电阻电路，由多个无源单一元件组成。在这一模块，以直流电路为背景讲述电路分析方法所涉及的全是纯电阻电路。如 RLC 电路，由多个元件组成，在交流电路中更多是由 RLC 组成的负载电路。

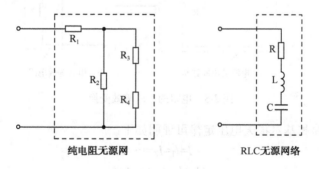

图 2-5　二端无源网络

『解读2』所谓"对应端口的 VCR 特性一致"即指对外电路性能

① 端钮对应；

② 对应端钮之间的电压相同；

③ 流出或流入对应端钮的电流相等。

端口 VCR 特性一致及说明如图 2-6 所示。

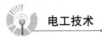
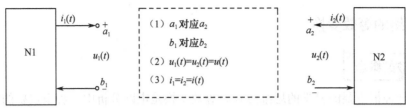

图 2-6　端口 VCR 特性一致示意图

『解读 3』所谓"等效变换"

即指为使电路的分析简单化，将两等效网络 N1 和 N2 互换，等效互换后，外电路的支路电压和支路电流都将不会发生改变；而替代部分电路与被替代部分电路在替代前后却是不同的。即等效变换是对外等效。如图 2-7 所示为网络等效变换示意图。

图 2-7　网络等效变换示意图

下面各种电路的分析都是基于等效变换的理念的。

2. 串联网络的分析：电阻串联电路的等效变换

两端元件首尾相连的结构，称为串联连接。

如图 2-8 所示电阻电路，图（a）网络 N1 由 R_1、R_2、…、R_n 串联组成，其可等效为图（b）。网络 N2 为单一电阻 R，其阻值为各个串联单电阻之和，R 也称为串联等效电阻。

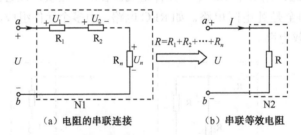

（a）电阻的串联连接　　　　　（b）串联等效电阻

图 2-8　电阻的串联等效变换

由电阻欧姆定律和基尔霍夫电压定律可证明如下：

$$I=I_1=I_2=\cdots=I_n \tag{2-1}$$

$$U=U_1+U_2+\cdots+U_n \tag{2-2}$$

$$=IR_1+IR_2+\cdots+IR_n$$

$$=I(R_1+R_2+\cdots+R_n)$$

设　　　　　　　　　　$R=R_1+R_2+\cdots+R_n=\sum R \tag{2-3}$

则　　　　　　　　　　　　　　$U=IR$

可见，串联电路有如下特征：

- 串联支路电流处处相等。
- 串联端口电压等于各个串联元件分电压之和。
- 串联端口等效电阻等于各个串联电阻之和。
- 串联电路的特征是基于基尔霍夫 KVL 定律的。

例 A3 测评目标：利用串联等效求支路电流、元件电压。

图 2-8（a）中，如果电阻元件只有 3 个，且 $U=100V$，$R_1=10\Omega$，$R_2=25\Omega$，$R_3=15\Omega$，求支路电流 I、U_1、U_2、U_3。

【解】 串联等效电阻：$R=R_1+R_2+R_3=10+25+15=50\Omega$。

支路电流：$I=U/R=100/50=2A$（欧姆定律）。

元件电压：$U_1=IR_1=2\times10=20V$；$U_2=IR_2=2\times25=50V$；$U_3=IR_3=2\times15=30V$。

可见，$U:U_1:U_2:U_3=R:R_1:R_2:R_3=100:20:50:30=50:10:25:15=10:2:5:3$。

如果不求中间变量 I，直接求各元件分压呢？则

$$U_1=R_1I=R_1U/R=10\times100/(10+25+15)=20V$$

由此总结出串联分压公式：$U_i = U\dfrac{R_i}{R}$，且串联分压与对应电阻阻值成正比。

例 A4 测评目标：限流电路。

实际电路中，如果某条支路出现过电流问题，简单的处理方法就是串联一个合适电阻，降低支路电流，该电阻称为"限流电阻"。如图 2-9（a）所示，原电路电流 I_1 为 U/R_1，如果该值较大，对电路正常工作造成影响，就需要对其进行限流，如图 2-9（b）所示，串联一个电阻 R_2，支路电流立刻降为 $U/(R_1+R_2)$。这里 R_2 起到限制电流大小的作用，因此称为限流电阻，它的阻值越大对电流的调节作用越大。

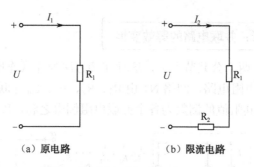

（a）原电路   （b）限流电路

图 2-9 例 A4 图

例 A5 测评目标：利用串联分压扩展电压表量程。

如图 2-10 所示，电压表表头内阻为 $3k\Omega$，恒流 $100\mu A$，因此电压表表头能承受的最大电压为 $U_m=I_gR_g=100\times3=0.3V$，故要测量更大更多量程的电压，需对表头电路进行改造。

【分析】 在表头支路中串接合适电阻，便可实现电压量程的扩展，串接多个合适电阻，便可实现多种量程测量。

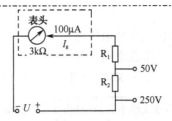

图 2-10 例 A5 图

【解】 当量程扩展到 50V 时，$U=50=I_g(3+R_1)$得 R_1=497kΩ，即串联 497kΩ电阻就能实现。当量程扩展到 250V 时，$U=250=I_g(3+R_1+R_2)$，得 R_2=2MΩ，即串联 2MΩ电阻就能实现。

【课堂练习】

A3-1 n 个阻值相同的电阻串联连接，其端口电压为 U，则单个电阻分压为多少？

A3-2 两个阻值比为 1∶2 的电阻串联，其中最小的电压为 40V，则端口电压为多少？

A3-3 有 3 个电阻串联，用万用表测得支路电流为 5A，三个电压分别为 25V、30V、50V，求三个电阻阻值及其功率，并求端口总功率。

A5-1 如图 2-11 所示，电路为多量程电压表，已知微安表内阻为 R_g=1kΩ，各挡分压电阻分别为 R_1=9kΩ，R_2=90kΩ，R_3=900kΩ，这个电压表的最大量程（用端子 0、4 测量）为 500V。计算表头允许通过的最大电流及其他量程的电压值。

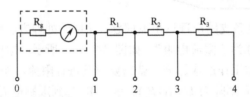

图 2-11 题 A5-1 图

3. 并联网络的分析：并联电路的等效变换

多个两端元件并接在两个公共节点上，这种连接方法为并联连接。

如图 2-12（a）所示电阻电路，网络 N1 由 R_1、R_2、$\cdots$、R_n 并联组成，可等效为图（b），网络 N2 为单一电阻 R，其阻值的倒数为各个并联电阻倒数之和，R 也称为并联等效电阻。

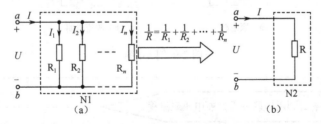

图 2-12 电阻的并联等效变换

由欧姆定律和基尔霍夫电流定律可证明如下：

$$U_1=U_2=\cdots=U_n=U \tag{2-4}$$

$$I_n = \frac{U}{R_n}$$

$$I = I_1 + I_2 + \cdots + I_n$$

$$= \frac{U}{R_1} + \frac{U}{R_2} + \cdots + \frac{U}{R_n} = U\left(\frac{1}{R_1} + \frac{1}{R_2} + \cdots + \frac{1}{R_n}\right) = U\frac{1}{R} \tag{2-5}$$

$$\frac{1}{R} = \frac{1}{R_1} + \frac{1}{R_2} + \cdots + \frac{1}{R_n} \tag{2-6}$$

$$G = G_1 + G_2 + \cdots + G_n$$

则 $I = \frac{U}{R}$，可见并联电路特征如下：

● 各并联元件电压相等。

● 端口支路电流等于各个并联支路电流之和。

● 并联等效电阻 R，其阻值的倒数等于各并联电阻阻值倒数的和。

例A6　测评目标：利用并联等效求支路电流、元件电压。

图 2-12（a）中，如果电阻元件只有 2 个，且端口电流 I=10V，R_1=10Ω，R_2=15Ω，求并联等效电阻 R、端口电压 U、并联支路电流 I_1、I_2。

【解】　并联等效电阻计算公式为

$$R = \frac{1}{\frac{1}{R_1} + \frac{1}{R_2}} = \frac{R_1 R_2}{R_1 + R_2}$$

代入参数 R=6Ω。

端口电压：$U = IR = 10 \times 6 = 60$V。

并联支路电流：$I_1 = U/R_1 = 60/10 = 6$A；$I_2 = U/R_2 = 60/15 = 4$A。

可见，$I_1 : I_2 = R_2 : R_1 = 6 : 4 = 15 : 10 = 3 : 2$。

不求中间变量 U，直接求支路分流：$I_1 = U/R_1 = IR/R_1 = IR_2/(R_1+R_2) = 10 \times 15/(10+15) = 6$A。

由此总结并联分流公式为

$$I_1 = I\frac{R_2}{R_1 + R_2} \qquad I_2 = I\frac{R_1}{R_1 + R_2}$$

结论：并联分流与对应电阻阻值成反比。

实际应用中，多个电阻并联电路可以看成两两电路并联来处理。

例A7　测评目标：利用并联分流扩展电流表量程。

如图 2-13 所示，电流表表头内阻 r_g 的阻值为 1kΩ，满偏电流 I_g 为 1mA。假设要求改装成量程 I 为 500mA 的电流表，应选用阻值为多大的并联电阻 R_x？

【解】　表头电阻 r_g 与量程扩展电阻 R_x 并联，因此，并联分流与电阻成反比，即

$$\frac{R_x}{R_g} = \frac{I_g}{I_R} = \frac{I_g}{I - I_g}$$

代入解得：R_x=2.004≈2Ω。

即并联电阻越小，分流越大。

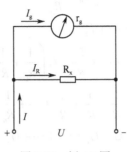

图 2-13 例 A7 图

【课堂练习】

A6-1 n 个阻值相同的电阻 R 并联连接于端口电压 U，求等效电阻、单个电阻分流。

A6-2 只有 2 个阻值比为 1:2 的电阻并联，其中最小的电流为 1A，则端口电流为多少？

A6-3 有阻值为 10Ω/20Ω/30Ω 的三个电阻并联连接于端口电压 100V，求其等效电阻及功率，各个支路电流，并求端口总功率。

A7-1 多量程电流表如图 2-14 所示。已知表头内阻 R_g 为 1500Ω，满偏电流为 200μA，若扩大其量程为 500μA、1mA、5mA，试计算分流电阻 R_1、R_2、R_3 的数值。

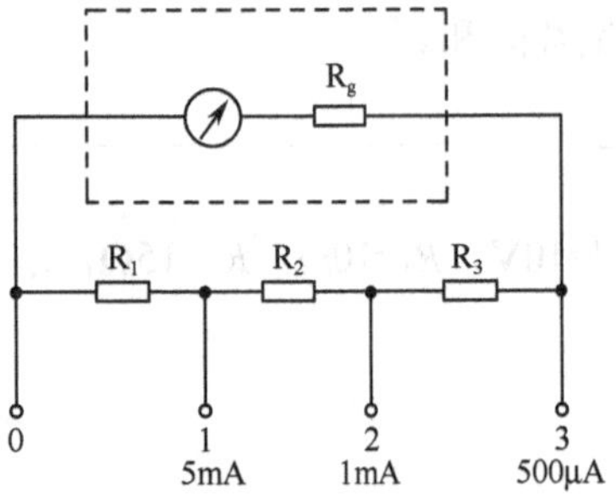

图 2-14 题 A7-1 图

---

4. 混联网络的分析：电阻电路的混联等效变换

当电路中的电阻连接方式既有串联又有并联时，称为电阻的混联。掌握了电阻串、并联的特点，就能方便地对电阻混联电路进行分析和计算。

例 A8 测评目标：识别串并联

求图 2-15 中 ab 间等效电阻 R_{ab}。

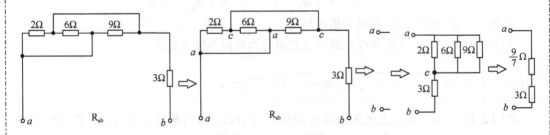

图 2-15 例 A8 图

【解】

步骤：(1) 标注节点（短接线不论长短、形状，其两端为同一电位，标注为同一节点），本题只有 3 个节点 a、b、c。

(2) 重新布图（先定出端口节点 a、b，再沿 a 到 b 路径顺序安置中间节点 c）。

（3）将各个元件连接于对应节点中。

（4）按清晰地串并联关系求解：显然为 3 个电阻并联再串联 1 个电阻的结构，故 $R_{ab}=2//6//9+3=30/7\Omega$（其中计算顺序是 $2//6=1.5\Omega$，再 $1.5//9=9/7\Omega$，再 $9/7+3=30/7\Omega$）。

例 A9　测评目标：输入电阻的求解。

任何一个无源电阻网络（不含独立电源的线性电阻性二端电路）都可以等效为一个电阻元件，也称为该网络的输入电阻。

【方法一】　已知内部结构的等效化简法

如图 2-16（a）所示，利用线性电阻的串联、并联等效变换逐步化简，最终将二端网络简化为一个电阻元件。

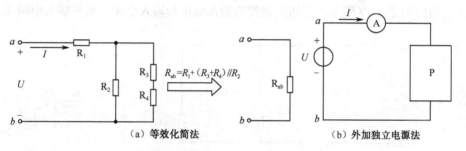

（a）等效化简法　　　　　　　　　　（b）外加独立电源法

图 2-16　例 A9 图

【方法二】　未知内部结构的实验法

如图 2-16（b）所示，对于二端无源网络 P，无论其内部结构如何，可以直接提供一个电压源 U，串联一块电流表读出电流大小 I，那么，$U/I=R_{ab}$。所以，这种方法又称为实验法，也称为外加独立电源法。

例 A10　测评目标：分压器。

某电炉标有"220V、484W"，分三挡工作如图 2-17 所示。3 挡大火、2 挡中火（位于电位器中值）、1 挡小火，电位器 $R=100\Omega$，$R_{10}=50\Omega$，分别求支路电流及负载参数。

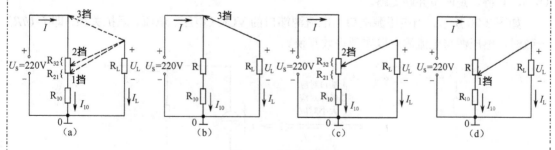

图 2-17　例 A10 图

【解】　当一题重复求解诸多物理量时，应用表格形式简洁明了，便于分析对比，如表 2-2 所示。

表 2-2 例 A10 表

工作挡位	等效电阻（Ω）	R_L（Ω）	U_L（V）	I_L（A）	P_L（W）	I_{10}（A）	I（A）	P_s（W）
图（b）	$(R+R_{10})//R_L=60$	$=U^2/P$	220	2.2	484	1.47	3.67	807
图（c）	$R_{32}+[(R_{21}+R_{10})//R_L]=100$	$=220^2/484$	110	1.1	121	1.1	2.2	484
图（d）	$R+(R_{10}/R_L)=133$	$=100$	55	0.55	30	1.1	1.65	363
提示	分析中应用到额定值求电阻、欧姆定律求 U/I、并联分流与电阻成反比、等效电阻、KCL、KVL、阻性功率等，题目虽小，却综合性强							

【课堂练习】

A8-1 电路如图 2-18 所示，求 R_{ab}。

A9-1 电路如图 2-19 所示，已知三极管的输入电压和输入电流，求其输入电阻 R_i。

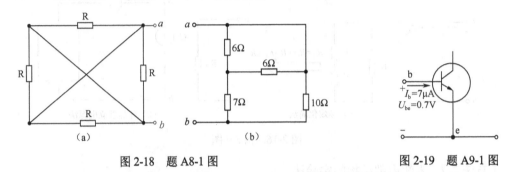

图 2-18 题 A8-1 图   图 2-19 题 A9-1 图

A10-1 把例 A10 中表格计算数据的具体演算过程书写出来。

A10-2 比较例 A10 中表格中两种功率，分析说明其结论。

A10-3 比较例 A10 中表格中数据，分析说明选择电位器应该注意的问题。

5. 电压源与电流源的等效

实际电源的电路模型有两种：一种是以电压形式表示的电路模型，称为电压源（见图 2-20（a）），其特点是单一串联支路；另一种是以电流形式表示的电路模型，称为电流源（见图 2-20（b）），其特点是两条并联支路。

如图 2-20 所示，当电压源端口与电流源端口的 VCR（电压、电流、阻抗关系，即 $I=U/R$）一致时，电压源与电流源可以实现等效互换。

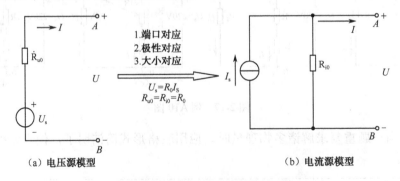

（a）电压源模型   （b）电流源模型

图 2-20 电压源与电流源的等效互换

（1）端口对应

电压源的高电位与电流源高电位对应，低电位与低电位对应，即 A 与 A 对应，B 与 B 对应。

（2）极性对应

电压源电压与电流源电流的方向是非关联一致的，即 I_s 的方向对应指向电压源的"+"极。

（3）大小对应

根据等效特性，可得电压源端口电压 U 和电流对应等于电流源端口电压和电流，即

$$U=U_s-IR_{u0}=I_sR_{i0}-IR_{i0}$$

可得

$$R_{u0}=R_{i0}=R_0$$

$$U_s=I_sR_0 \text{ 或 } I_s=U_s/R_0$$

即电压源内阻与电流源内阻相等，电压源电压、电流源电流和内阻满足欧姆定律。

例 A11　测评目标：电流源与外电路串联时的等效化简。

如图 2-21（a）所示，化简该电路。

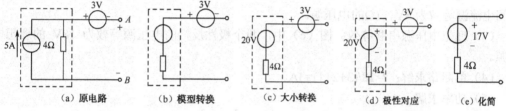

（a）原电路　（b）模型转换　（c）大小转换　（d）极性对应　（e）化简

图 2-21　例 A11 图

【解】　步骤：

（1）结构分析（见图（a））：由 5A 理想电流源与 4Ω 电阻组成的实际电流源网络和其外部的 3V 理想电压源串联，故将电流源转换为电压源更方便。

（2）模型转换（见图（b））：在对应端点间去掉电流源模型转换为电压源模型。

（3）大小转换（见图（c））：4Ω 内阻不变，$U_s=I_s \times R_0=5 \times 4=20V$。

（4）极性对应（见图（d））。

（5）理想电压源串联等效（见图（e））：3V 理想电压源和 20V 理想电压源串联，极性相反，故可转化为一个 17V 理想电压源与内阻为 4Ω 电阻串联，组成电压源支路。

例 A12　测评目标：电压源与外电路并联时的等效化简。

如图 2-22（a）所示，化简该电路。

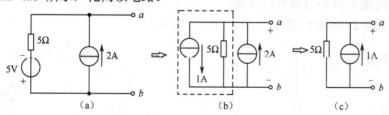

（a）　（b）　（c）

图 2-22　例 A12 图

【解】　化简结果如图 2-22（b）、（c）所示。

例 **A13**　测评目标：利用电源等效简化电路分析。

如图 2-23（a）所示，求解电流 I 及验证电路功率平衡。

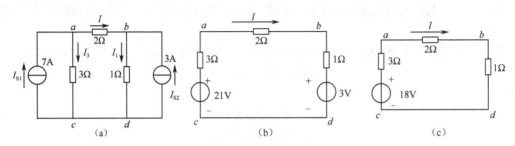

图 2-23　例 A13 图

【解】

（1）结构分析：图（a）中两个电流源和一个 2Ω 电阻串联，因此可以等效成电压源化简。

（2）电压源等效：图（b）中，a、c 两点间电流源等效为 21V、3Ω 的电压源；b、d 两点间电流源等效为 3V、1Ω 的电压源。

（3）理想电压源串联等效：图（c）中，两个极性反接的电压源等效为 18V 的理想电压源。

（4）单回路求解：$I=18/(3+2+1)=3A$。

（5）功率求解：

图（a）中流经 2Ω 电阻的电流为 3A，$P_2=RI^2=2\times3^2=18W$。

由节点 a 基尔霍夫电流定律可得图（a）中流经 3Ω 电阻的电流为 $I_3=7-3=4A$，$P_3=3\times4^2=48W$。

由节点 b 基尔霍夫电流定律可得图（a）中流经 1Ω 电阻的电流为 $I_1=3+3=6A$，$P_1=1\times6^2=36W$。

图（a）电路中，由欧姆定律可得 $U_{ac}=4\times3=12V$，$U_{bd}=6\times1=6V$。

所以，7A 理想电流源输出的功率 $P_{7A}=-U_{ac}I_{S1}=-12\times7=-84W<0$，输出功率。

3A 理想电流源输出的功率 $P_{3A}=-U_{bd}I_{S2}=-6\times3=-18W<0$，输出功率。

由此可见，$P_{7A}+P_{3A}=P_1+P_2+P_3=102W$，电源输出功率与负载消耗功率是平衡的。

必须注意题目求解对象为原电路图 2-23（a）所示的参数，不可以按图 2-23（b）中电阻参数计算。大家可以想一想为什么？这也是等效变换化简求解方法中极易出现的错误。

【课堂练习】

A11-1　化简图 2-24 中有源开口网络。

A13-1　求图 2-25 中 6Ω 电阻的电压、电流及功率。

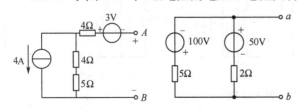

图 2-24　题 A11-1 图

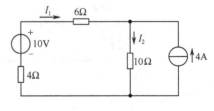

图 2-25　题 A13-1 图

课题2 复杂电路的分析方法

所谓"复杂电路"是相对前面简单电路而言的，其分析必须抓住电路结构特点和问题症结，以更独特的视角分析求解。本课题主要介绍节点电位法（密尔曼定理）、叠加原理、戴维南定理分析方法，这些方法都是抓住电路中某一独特的切入点（研究对象）而展开的。

任务1 节点电位法（密尔曼定理）

分析如图 2-26 所示电路，显然有 5 条支路、4 个网孔、2 个节点，5 条支路中有 4 条含源支路。

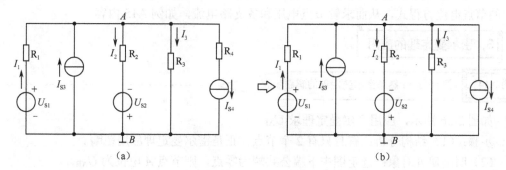

图 2-26 节点电位法例图

1. 确定研究对象

图中结构虽然复杂，但清晰可见所有支路都跨接在 2 个节点之间。如果选择其中一点为零电位点（如图 2-26 中 B 点），则另一点电位即为该点和零点间电压（如图 2-26 中 A 点），则所有支路信息都和该节点电位有关。

本定理的研究对象就选择为节点电位。

2. 密尔曼定理的描述

以图 2-26 所示电路来说明密尔曼定律的内容：电路中有且只有两个节点，设定其中一个节点电位为零（如图 2-26 中 $\varphi_B=0V$），则另一个节点电位（如图 2-26 中 φ_A）即为该点和零点间电压，记为 U_{AB}，则有

$$\varphi_A = U_{AB} = \frac{\sum I_{si}}{\sum G_i} \tag{2-7}$$

其中 G_i 为第 i 条支路有效电导；I_{si} 为第 i 条电源支路等效电流，流入节点取正值，流出节点取负值。

〖解读1〗有效电导

当理想电流源与电阻串联时，其电导为无效的，不计入式（2-7）分母中。如图 2-26（a）中 R_4 与电流源 I_{s4} 串联支路就可以等效视为去掉 R_4 后的纯电流源支路 I_{s4}，如图 2-26（b）所示。

『解读 2』等效电流

① 如果第 i 条电源支路是电流源,当其电流流向该节点时取正号,反之取负号。如图 2-26 中显然为两个理想电流源,流入 A 点的为"$+I_{s3}$",流出 A 点的为"$-I_{s4}$"。

② 如果第 i 条电源支路是电压源,等效电流大小为 $I_{si}=U_{si}G_i$,其恒压源正极和该节点相连时取"$+$"号,其电压源负极和该节点相连时取"$-$"号。如图 2-26 中显然为两个电压源支路,正极与 A 连接为"$+U_{s1}/R_1$",负极与 A 连接为"$-U_{s2}/R_2$"。

说明:① 密耳曼定理是节点电位法最简单的情况,易学易用易解。对多节点的电路,节点电位法列写复杂,难于掌握,但适于计算机求解,本书不再要求。

② 节点电位法实质就是基尔霍夫电流定律的应用,适于所有电路。

③ 节点电位法就是以节点电压为电路中间变量,应用基尔霍夫电压定律(KVL)列出电路中的节点电位方程式,从而求解节点电压和各支路电流,如例 A15 内容。

3. 密尔曼定理的应用

例 A14　　测评目标:熟悉密尔曼定理的解题步骤。

如图 2-26 所示,应用密尔曼定理求 U_{AB}。

步骤:(1)结构分析:有且只有 2 个节点,正是密尔曼定理应用范畴。

(2)明确研究对象:选定图中下端公共端为零点,则节点 A 电位为 U_{AB}。

(3)有源支路 $\sum I_{si}$:4 条有源支路,显然 $\sum I_{si}=+I_{s3}-I_{s4}+U_{s1}/R_1-U_{s2}/R_2$。

(4)$\sum G_i$:有三个有效电导,即 $1/R_1+1/R_2+1/R_3$。

(5)代入公式:$\varphi_A = \dfrac{\sum I_{si}}{\sum G_i} = \dfrac{I_{s3}-I_{s4}+\dfrac{U_{s1}}{R_1}-\dfrac{U_{s2}}{R_2}}{\dfrac{1}{R_1}+\dfrac{1}{R_2}+\dfrac{1}{R_3}}$。

例 A15　　测评目标:应用密尔曼定理求解支路电流。

已知例 A14 中,$U_{s1}=10V$,$U_{s2}=20V$,$I_{s3}=5A$,$I_{s4}=2A$,$R_1=1\Omega$,$R_2=2\Omega$,$R_3=4\Omega$,试求支路电流 I_1、I_2、I_3。

【解】(1)应用密尔曼定理求出 U_A。

$$U_A = \frac{\sum I_{si}}{\sum G_i} = \frac{I_{s3}-I_{s4}+\dfrac{U_{s1}}{R_1}-\dfrac{U_{s2}}{R_2}}{\dfrac{1}{R_1}+\dfrac{1}{R_2}+\dfrac{1}{R_3}} = \frac{5-2+\dfrac{10}{1}-\dfrac{20}{2}}{1+\dfrac{1}{2}+\dfrac{1}{4}} = \frac{12}{7}V$$

(2)应用两点间 KVL 定律和欧姆定律,求解支路电流。

支路电流 I_1:$U_A = -I_1R_1+U_{s1} \Rightarrow I_1 = \dfrac{U_{s1}-U_A}{R_1} = \dfrac{10-\dfrac{12}{7}}{1} = \dfrac{58}{7}A$。

支路电流 I_2:$U_A = I_2R_2-U_{s2} \Rightarrow I_2 = \dfrac{U_{s2}+U_A}{R_2} = \dfrac{20+\dfrac{12}{7}}{2} = \dfrac{76}{7}A$。

支路电流 I_3：$U_A = I_3 R_3 \Rightarrow I_3 = \dfrac{U_A}{R_3} = \dfrac{\frac{12}{7}}{4} = \dfrac{3}{7} \text{A}$。

【验证】 节点 A 处 KCL：$I_1 + I_{s3} - (I_{s4} + I_2 + I_3) = \dfrac{58}{7} + 5 - \left(2 + \dfrac{76}{7} + \dfrac{3}{7}\right) = 0$。

【课堂练习】

A14-1 讨论在例 A14 中，支路电流 I_1 和该电压源支路等效电流 I_{s1} 是同一个量吗？

A15-1 试求如图 2-27 所示的电路中的 U_A 和 I。

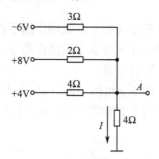

图 2-27　题 A15-1 图

任务 2　叠加定理

分析如图 2-28 所示电路，显然有 3 条支路、2 个网孔、2 个节点，其中含有 2 个电源。

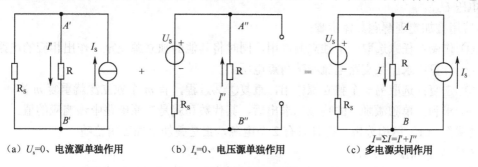

（a）$U_s = 0$、电流源单独作用　　（b）$I_s = 0$、电压源单独作用　　（c）多电源共同作用

图 2-28　叠加定理例图

1. 确定研究对象

图 2-28 中含有电压源和电流源，呈现多电源特征，这就是叠加定理的切入点。

2. 叠加定理的描述

以图 2-28 为例描述叠加定理的内容：任一线性电路，如果有多个独立源同时激励（如图 2-28（a）所示），则其中任一条支路的响应（电压或电流）等于各独立源单独激励时在该支路中产生的响应（电压或电流）的代数和。

『解读 1』适用范围

① 两个或两个以上独立电源的电路，如图 2-28（a）中含有 2 个独立电源。

② 线性电路（线性元件组成的电路），如图 2-28（a）中只含有电源和电阻元件，且都是线性元件。

『解读 2』单独激励

当某一独立源单独激励时，电路中其他的独立源均不工作视其值为零。

① $U(s)=0$ 相当于将独立电压源去掉，再将两端短接，如图 2-28（b）所示。

② $I(s)=0$ 相当于将独立电流源去掉，使所在支路开路，如图 2-28（c）所示。

『解读 3』代数和

强调的是原电路中响应的参考方向与单独激励下该响应的参考方向的一致性。

可以理解为：

① 当单独激励下某响应的参考方向与多个激励作用下该响应的参考方向相同，为"+"。

② 当单独激励下某响应的参考方向与多个激励作用下该响应的参考方向相反，为"−"。

如图 2-28 所示，响应为电阻 R 的电流。

图 2-28（b）中电流源单独作用下 I' 和图 2-28（a）中 I 的参考方向一致，故取"+"。

图 2-28（c）中电压源单独作用下 I'' 和图 2-28（a）中 I 的参考方向相反，故取"−"。

因此 $I=\sum I=I'-I''$。

3. 叠加定理的应用

例 A16　测评目标：熟悉叠加定理的解题步骤。

如图 2-28 所示，$U_s=27V$，$I_s=6A$，$R_s=6\Omega$，$R=3\Omega$，应用叠加定理求流经电阻 R 的电流 I 及电压 U_{AB}。

应用叠加定理解题具体步骤：

① 作图：任意选取一个独立源作用，同时将其他的独立源视零，作出相应的电路图。

② 计算：求出某支路电流和某两点电压。

③ 重复：选取另一个独立源作用，重复①②过程，有 m 个独立源就重复 m 次。

④ 求和：单独激励下的响应均求出后，其代数和就是在原电路中该响应的值。

【解】（1）结构分析：有且只有 2 个电源，正是叠加定理应用范畴。

（2）I_s 单独作用分析。

作图：$U_s=0$，即将其短路，如图 2-28（b）所示，为并联分流电路。

计算：$I'=I_s\times R_s/(R+R_s)=6\times6/(3+6)=4A$

$U_{AB}'=I'R=4\times3=12V$

（3）U_s 单独作用分析。

作图：$I_s=0$，即将其开路，如图 2-28（c）所示，为串联分压电路。

计算：$I''=-U_s/(R+R_s)=-3A$（其参考方向与回路电流真实方向相反）

$U_{AB}''=-I''R=-(-3)\times3=9V$（其电压与电流参考方向非关联）

（4）I_s、U_s 共同作用。

求和：$I=I'-I''=4-(-3)=7A$

$U_{AB}=U_{AB}'+U_{AB}''=12+9=21V$

【反思】通过该例题，可以得出：

（1）叠加定理直接用来计算复杂电路的优势在于降低难度，如图 2-28（b）、（c）已经是最简串联回路和最简并联电路了。

（2）当电路中的电源数目较多时，重复计算量则太大。因此，并非最优方法。

例 A17 测评目标：在叠加定理应用背景下的功率问题。

讨论例 A16 中电阻 R 的功耗。

【分析】（1）在图 2-28（a）中，即 I_s、U_s 共同作用下：$P=IU_{AB}=7×21=147W$。

（2）在图 2-28（b）中，即 I_s 单独作用下：$P'=I'U_{AB}'=4×12=48W$。

（3）在图 2-28（c）中，即 U_s 单独作用下：$P''=-I''U_{AB}''=-(-3)×9=27W$。

（4）显然，$P≠P'+P''$。

（5）结论：叠加定理的应用只能对 U、I 进行叠加，电路中功率不能进行叠加。

例 A18 测评目标：利用叠加定理分析"黑匣子"问题。

如图 2-29 所示，已知 $U_s=10V$ 时，$I=1A$；则 $U_s=20V$ 时，$I=?$

【分析】 本题看似复杂且电阻元件参数未知，如图中虚框，在电路分析通常称为"黑匣子"问题。但可以把 $U_s=20V$ 看做 2 个 10V 理想电压源串联。

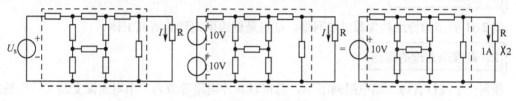

图 2-29 例 A18 图

【解】 利用叠加定理分析可得：2 个 10V 理想电压源同时作用下 $I=1×2=2A$。

但注意此时"黑匣子"内部为无源网络。可见，该问题的解决与"黑匣子"里的网络结构和参数无关，也体现了其齐次性特征。

学习叠加定理的目的是掌握线性电路的基本性质和分析方法，更重要的是学会应用"叠加"思想解决问题的能力。

【注意】"叠加"本质上是双向可逆的体现（有"拆"有"合"），其应用领域很多，如图 2-30 中的例子。

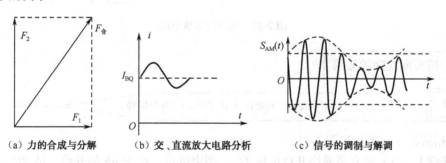

（a）力的合成与分解　　（b）交、直流放大电路分析　　（c）信号的调制与解调

图 2-30 "叠加"思想在不同领域的体现

【课堂练习】

A16-1 应用叠加定理再求图 2-25 所示电路中的支路电流 I_1。

A17-1 推理证明例 A17 结论。

A18-1 例 A18 中，如果 U_s 作用下电阻电流为 I，则 kU_s（k 为系数，是已知常数）作用下，电阻电流为多少？

任务 3 戴维南定理

如图 2-31 所示为一有源开口网络，应用电压源与电流源的等效变换最终化简为一个电压源支路。

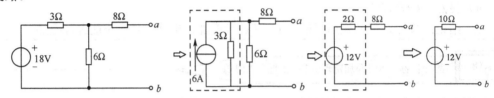

图 2-31 有源开口网络的最简化

1. 确定研究对象

图 2-31 的结构特点是含源二端网络，这也是戴维南定理的研究主体。

2. 戴维南定理的描述

任何一个线性含源二端电阻网络 A，总可以对外电路等效为一个电压源支路（一个独立电压源与电阻的串联模型），独立电压源电压等于该二端网络的开路电压 U_{OC}，电阻 R_0 值为该二端网络中所有独立电源零值处理时的无源网络的输入电阻（亦称戴维南等效电阻），如图 2-32 所示。

这个结论在 1883 年由法国人 L.C.戴维南提出，称为"戴维南定理"。

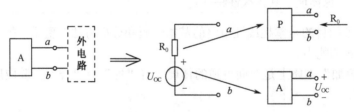

图 2-32 戴维南等效电阻

3. 戴维南定理的应用

例 A19 测评目标：熟悉应用戴维南定理化简有源开口网络的步骤。

应用戴维南定理化简图 2-31。

【步骤】（1）求有源网络开口电压 U_{OC}：图中可见，由于 ab 间开路，故 8Ω 中无电流通过，当然就没有形成电压降；故 18V 恒压源与 3Ω 和 6Ω 电阻组成串联单回路，6Ω 电阻上分压即为开口电压 U_{OC}。

$$U_{OC}=18×6/(3+6)=12V$$

（2）求戴维南等效电阻 R_0：将二端含源电路中电源零值处理（独立电压源短路、独立电流源开路），形成无源二端网络，求其等效电阻。

图中将电压源短路后无源网络如图 2-33（a）所示，应用串并联知识即可求解。

$$R=3//6+8=[3×6/(3+6)]+8=10Ω$$

（3）画出对应等效电压源支路如图 2-33（b）所示。

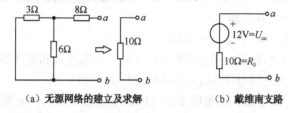

（a）无源网络的建立及求解　　　　　（b）戴维南支路

图 2-33　例 A19 图

例 A20　测评目标：利用戴维南定理化简多电源开口网络。

如图 2-34（a）所示，求最简化有源二端网络，已知 $U_{S1}=25V$，$U_{S2}=45V$，$R_1=9Ω$，$R_2=6Ω$。

【解】（1）求开路电压 U_{OC}。

图 2-34（a）中 ab 间开路，故两个恒压源串联等效为

$$U_S=U_{S2}-U_{S1}=45-25=20V$$

串联回路电流为

$$I=U_S/(R_1+R_2)=20/(9+6)=4/3A$$

开路电压为

$$U_{OC}=R_1I+U_{S1}=9×4/3+25=37V$$

（2）求无源等效电阻。

将 2 个电压源同时短路得到图 2-34（b），对应的无源网络的输入电阻为

$$R_0=R_1R_2/(R_1+R_2)=9×6/(9+6)=3.6Ω$$

（3）最简支路如图 2-34（c）所示。

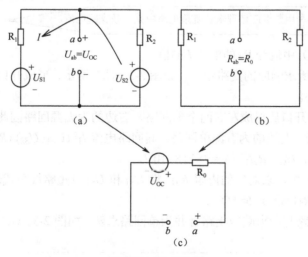

图 2-34　例 A20 图

例 A21　测评目标：熟悉求解完整电路中某一条支路电流步骤。

在例 A16 完整电路中，如果求解响应集中于某一条支路，也可以利用戴维南定理求解。

【步骤】（1）如图 2-35 所示，将未知量所在支路图断开，完整电路形成有源开口网络。

（2）按例 A19 中方法化简该有源网络，形成戴维南电压源支路图 2-35（b）。

（3）将断开的未知量所在支路图 2-35（c）与戴维南支路图 2-35（b）对应接入，形成串联单回路图 2-35（d），并求解。

代入例 A16 参数再求 R 中电流和电压。

【解】（1）求开口电压 U_{OC}：按照图 2-35（b），电流源 I_s 和电压源 U_s、R_s 形成串联回路，AB 两点间电压即为开口电压 $U_{OC}=U_s+I_sR_s=27+6×6=63V$。

（2）求无源网络等效电阻：按照图 2-35（b），电压源短路、电流源开路后的无源网络，电阻 $R_s=6Ω$。

（3）求未知量：按照图 2-35（d），$I=U_{OC}/(R_s+R)=63/(6+3)=7A$；$U_{AB}=RI=3×7=21V$。

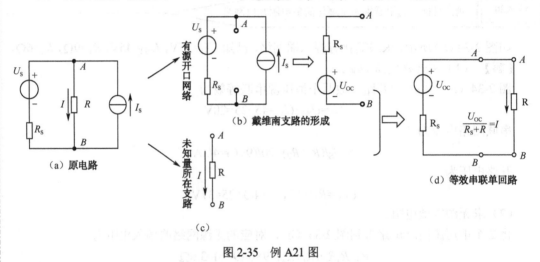

图 2-35　例 A21 图

例 A22　测评目标：利用戴维南定理求解复杂电路中某一条支路电流。

求解图 2-36（a）中流经 R_3 的电流 I 的值。

【解】① 先将所求响应的支路断开，如图 2-36（b）所示，形成开口的有源二端电路，再求该端口电压 U_{OC}。

图 2-36（b）中开口后形成左右两个单回路，右边的为无源回路因此没有电流通过，b 点电位即 U_{S2} 的负极；左边的为有源单回路，其回路电流 $I_1=(U_{S1}-U_{S2})/(R_1+R_2)=4/4=1A$，故 ab 间电压即开口电压 $U_{OC}=R_2I_1+U_{S2}=2×1+8=10V$。

② 图 2-36（c）中，求对应的内阻 R_0：将 U_{S1} 和 U_{S2} 以短路线替代形成对应的无源网络，$R_0=R_1//R_2+R_4//(R_5+R_6)=1+5=6Ω$。

③ 将电压源支路与所求响应支路合并为单回路求解。如图 2-36（d）所示，$I=U_{OC}/(R_3+R_0)=0.5A$。

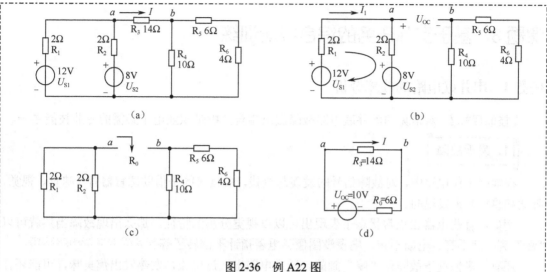

图 2-36 例 A22 图

【小结】 该例图结构复杂、元件多，有 5 条支路、3 个节点、3 个网孔，8 个元件，当应用戴维南定理思路断开未知量支路后，形成的有源网络却只有一个独立工作的单回路，结构分析后就简单明了。

【课堂练习】

A19-1 如图 2-37 所示，化简有源开口网络。

A19-2 如图 2-38（a）所示为一放大电路，从负载端口 ab 看过去，在图 2-38（b）虚框中画入图 2-38（a）原图虚框的最简等效电路模型。

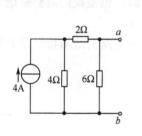

图 2-37 题 A19-1 图

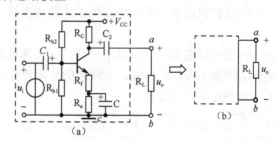

图 2-38 题 A19-2 图

A20-1 如图 2-39 所示，化简复杂有源开口网络。

A20-2 如图 2-40 所示，化简复杂有源开口网络。

A21-1 如图 2-41 所示，求 R 的功耗。

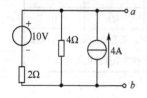

图 2-39 题 A20-1 图

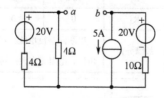

图 2-40 题 A20-2 图

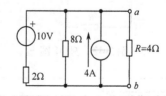

图 2-41 题 A21-1 图

课题 3 基于实际任务的综合技能训练

任务 1 串并联电路的故障分析

【技能目标】 对常见的串并联电路故障做出排查分析是职业电工必需的专业技能之一。

1. 发现故障

在实际工作电路中，对故障信号的发现与查找，最直接的是借助感官器官（味觉、视觉、听觉和嗅觉）来发现的。

例如，有些电器在正常状态下表现出可以以视觉分辨的特征，那么出现故障当然就可以"看"到：灯不亮、电扇不转、电视没图像、电表指针不偏转了等。

还有许多情况下故障是"嗅"到的。通常电路出现过电流，发热发出焦臭味，可能还伴随电线的外壳烧焦变色。

比如，冰箱听不到压缩机的启停声，可能是控制电路出现故障；冰箱不制冷了，可能温控器电路出现故障。听觉、触觉等感官反应是最重要的发现故障的途径。

同时，还有很多故障是无法依靠感官去发现的，因此，在实际工作中设定周期性检修电路，对预防和发现重大故障隐患很有必要。

2. 故障分析

感官经验固然重要，能让我们迅速发现故障存在的可能，但却无法精准查找故障来源。因此，利用标准检测设备和专业电路知识才能排查精准的故障源，也是我们需要总结学习的地方。

电器元件的连接最常见的就是串并联，因此熟练掌握串并联电路的故障特征是非常必要的。下面就由例题分别分析串联、并联时的故障特征。

（1）串联回路故障源分析

例 B1　　测评目标：串联元件断开故障分析。

如图 2-42 所示串联回路中，如果电阻 R_1 断开了，电路元件参数如表 2-3 所示。

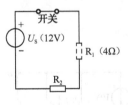

图 2-42　例 B1 图

表 2-3　串联回路故障参数 1

元件	电压	电流	电阻	功率
R_1	12V	0	∞	0
R_2	0	0	4Ω	0
故障分析	串联回路没电流；没功耗；断开元件端电压为电源电压、电阻无穷大；其他元件端电压及电阻均为 0			

例 B2　　测评目标：串联元件短路故障分析。

如图 2-43 所示串联回路中，如果电阻 R_1 短路了，电路元件参数如表 2-4 所示。

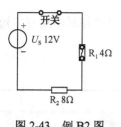

图 2-43　例 B2 图

表 2-4　串联回路故障参数 2

元件	电压	电流	电阻	功率
R_1	0	1.5A	0	0
R_2	12V	1.5A	8Ω	18W
故障分析	串联回路总电阻降低；电流加大；短路元件端电压及电阻为0；其他元件端电压及功耗增加			

【注意】 在例 B2 中，如果 R_2 电阻的额定功率为 10W，则 R_1 在短路故障后，引起回路电流升高，导致 R_2 的功耗超过额定功耗 80%，必然的连锁后果是 R_2 烧毁，也出现断路故障，使该回路彻底瘫痪。所以，出现故障的串联回路中的元件，最好逐个排查，确保不留隐患。

实际电路工作中，不是所有的故障都是短路和断路引起的。有时候元件老化或者过劳造成的局部故障会对电路整个工作产生影响，继而改变元件的标准阻值或使通过装置的有害电流发生漏电。

（2）并联电路的故障分析

检查直流并联电路故障与串联电路分析类似，都是通过相关并联知识分析短路和断路故障是如何影响电路参数的。

例 B3　测评目标：并联元件断路故障分析。

如图 2-44 所示并联电路中，如果电阻 R_1 断开了，电路元件参数如表 2-5 所示。

表 2-5　并联回路故障参数

元件	电压	电流	电阻	功率
R_1	120V	0	∞	0
R_2	120V	4mA	30kΩ	480mW
R_3	120V	3mA	40kΩ	360mW
合计	120V	7mA	17.1kΩ	840mW
故障分析	总电阻升高；总电流减小；总功耗降低；断开支路端电压不变，但电阻为∞；功耗为0；其他元件没有影响			

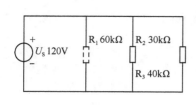

图 2-44　例 B3 图

例 B4　测评目标：并联元件短路故障分析。

并联电路中，任一支路短路，都会引发严重后果。如图 2-45 所示，R_1 短路了，导致电压源总支路电流瞬间极大，烧毁主支路，所以一定要接保护装置。

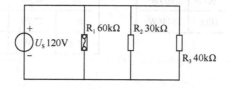

图 2-45　例 B4 图

（3）串并联电路故障分析

串并联电路的故障检测过程类似于串联或并联电路故障检测，牢记串并联电路发生短路和断路时的特征，如表2-6所示。

表2-6　串并联电路的故障特征

故障	现　象	
	串联电路	并联电路
断路	回路电流降为0	断开支路电流降为0
	故障元件端电压等于外加电压	总（主）支路电流下降
	其他元件端电压为0	其他支路正常工作
短路	回路电流升高	引起电源保险丝烧断，使所有支路都没电流
	故障元件端电压等于0	所有支路端电压全为0
	其他元件端电压升高	所有支路两端测得的电阻全为0

同时，还要熟悉各个元件的出厂铭牌，熟练掌握实际电压、电流、功率与电阻的检测，对比额定参数，找出潜在隐患。

例B5　测评目标：串并联电路故障分析。

如图2-46所示串并联电路中，分两种情况进行分析，电路元件参数如下。

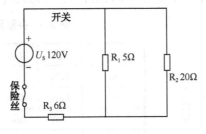

图2-46　例B5图

（1）正常工作状态，如表2-7所示。

（2）故障之一：R_1断开，如表2-8所示。

表2-7　正常工作状态

元件	电压	电流	电阻	功率
R_1	48V	9.6A	5Ω	461W
R_2	48V	2.4A	20Ω	115W
R_3	72V	12A	6Ω	864W
合计	120V	12A	10Ω	1440W

表2-8　R_1断开状态

结构	R_1断开，使得R_2和R_3串联			
元件	电压	电流	电阻	功率
R_1	92.4V	0	∞	0
R_2	92.4V	4.62A	20Ω	427W
R_3	27.7V	4.62A	6Ω	128W
合计	120V	4.62A	26Ω	555W

3. 保护措施

在实际工作中，排查故障不是目的，防患于未然地采取保护措施使故障少发生，局部故障不引起其他联锁故障，故障发生便于排查与维修等，才是必要保障。因此根据实际电路和元件特性合理安装保护装置就显得尤为重要。

在实际电路中，首先需要安装开关，便于主动控制电路的启停和维修，再就是合理安装保护装置。

以上串并联例题电路都是理论上的电路模型，没有考虑保护措施。比如，例 B2 中的串联回路，如果安装了熔断点为 1.2A 的保险丝，那么短路电阻 R_1 的局部故障使串联电流升高到大于 1.2A 时，保险丝将及时断开，保护电阻 R_2 元件不被烧毁。实际电路如图 2-47（a）所示。

再如，例 B4 中的并联电路是理想化电路模型，电压源没有内阻，因此在被短路瞬间一定是电流趋向于无穷大，电源瞬间烧毁。实际电路设计中是不允许这种情况发生的。首先，实际电压源是有电阻的（R_0），只是太小，但正是它的存在，使得短路电流为一个有限值，但它仍然有极大的破坏性。因此需要安装保险丝，在电流急速上升中迅速熔断，保护电源。所以，并联短路比串联短路的危害更大。实际电路如图 2-47（b）所示。

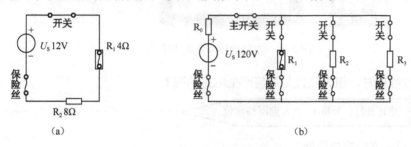

图 2-47 实际电路的保护装置

【课堂练习】

B1-1 三个"10W、8V"的电灯泡串联于一个 24V 的直流电源电路中，如果一个灯泡丝烧断，其他灯泡仍然亮吗？为什么？分析回路各元件电压。

B2-1 仍然是 B1-1 中电路，如果其中一个灯泡出现短路故障，描述对其他灯泡造成的影响。

B2-2 如果两个灯泡串联，给它们供电的是两节 5V 电池，接通开关后两个灯泡都不亮，经检测灯泡都是好的，你能分析原因吗？

B2-3 三个电阻 R_1 10Ω/10W、R_2 20Ω/20W、R_3 30Ω/30W，串联于一个 60V 的直流电源电路中，请用表格形式描述下列 3 种情况下的各元件工作状态。（1）元件均正常工作；（2）R_1 断开；（3）R_3 短路。

B3-1 灯泡铭牌"12V 50W"，并联接入 12V 电压源两端，主支路保险丝限流 3A，问最多可以接几个？如果其中一个不亮，其他灯泡有影响吗？

B5-1 在例 B5 电路图中，请以表格形式分别记录当 R_1 和 R_3 短路时，电路元件的参数变化。

B5-2 如图 2-47（b）所示并联电路，请说明各个开关、保险丝作用及相互关系。

B5-3 某办公室买来 3 台电暖气，铭牌标称"220V 3000W"，请设计可能的电路形式，并选取最优方案，最后完成包含保护装置的电路设计图。

任务 2 电阻式触摸屏

【技能目标】 分压器是最实用、最常用的电路，也是电子工程师必须熟悉掌握的知识。

一些手机和平板电脑使用电阻式触摸屏，采用透明的电阻材料构成的玻璃或有机玻璃屏幕，通常使用两个屏幕，由透明绝缘层隔开。电阻式触摸屏的模型由 x 方向和 y 方向的电阻网格组成。

如图 2-48 所示，一个单独的电子电路在网格的 x 方向（在电路 a 点和 b 点之间），施加一个电压，然后解除该电压，并在网格的 y 方向（在电路 c 点和 d 点之间），施加一个电压。不断重复这个过程，当屏幕被触摸时，两个电阻层被挤压在一起，将产生一个在网格的 x 方向的电压和另一个在网格的 y 方向的电压。这两个电压将精准定位屏幕的触摸点。

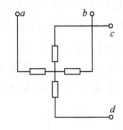

图 2-48　电阻触摸屏及组成原理示意图

当屏幕被触摸时，相关位置是如何产生电压的呢？

例 B6　测评目标：分析 x、y 方向网格定位

首先分析 x 方向的电阻网格。

x 方向的电阻网格模型用电阻 R_x 表示，如图 2-49（a）所示，由箭头指向 x 方向屏幕触摸处，它导致电阻 αR_x 两端的电压是 V_x。触摸屏将总电阻 R_x 分为两部分，分别为 αR_x 和 $(1-\alpha)R_x$。从图中可以看到，当触摸点在屏幕的最右边时 $\alpha=0$ 且 $V_x=0$。类似地，当触摸点在屏幕的最左边时 $\alpha=1$ 且 $V_x=V_s$。如果触摸点在两个屏幕边缘之间时，α 值在 0 和 1 之间，并且电阻 R_x 的两部分构成分压器，可以利用分压器公式，计算电压 V_x：

$$V_x = \frac{\alpha R_x}{\alpha R_x + (1-\alpha)R_x}V_s = \alpha V_s$$

α 值表示触摸点在屏幕的最右边的位置，可以用触摸点网格电阻上的电压除以整个 x 方向电阻网格上的电压，求得：$\alpha = \dfrac{V_x}{V_s}$。

现在要用 α 的值来确定屏幕上触摸点的 x 坐标，通常用像素（图像元素的简称）来指定屏幕坐标。例如，手机屏幕划分为像素网格，在 x 方向有 p_x 个像素，每个像素由它的 x 方向值（0 到 p_x-1 之间的一个数）和 y 方向值（0 到 p_y-1 之间的一个数）来识别。位置为（0，0）的像素位于屏幕的左上角，如图 2-49（b）所示。

因为 α 表示触摸点的位置是相对于屏幕的右边的，$1-\alpha$ 表示触摸点的位置是相对于屏幕的左边的，所以，触摸点的像素 x 的坐标为

$$x=(1-\alpha)p_x$$

注意：x 的最大值是 p_x-1。

y 方向的电阻屏幕网格模型如图 2-49（c）所示，很容易证明，箭头指向的触摸点产生的电压为

$$V_y = \beta V_s$$

因此触摸点对应的像素 y 坐标为

$$y = (1-\beta)p_y$$

其中，y 的最大值是 $p_y - 1$。

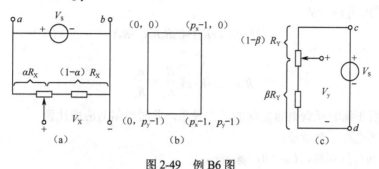

图2-49 例B6图

【课堂练习】

B6-1 一个电阻式触摸屏幕，在网格的 x 方向和 y 方向加上 5V 电压，屏幕的 x 方向有 480 个像素，y 方向有 800 个像素，当屏幕被触摸时，x 网格的电压是 1V，y 网格的电压是 3.75V，计算 α 和 β 的值，计算屏幕触摸点的 x 和 y 像素坐标。

B6-2 一个电阻式触摸屏幕在 x 方向有 640 个像素，在 y 方向有 1024 个像素，在电阻网络的 x 方向和 y 方向加上 8V 电压，触摸点的像素坐标是（480，192），计算 V_x 和 V_y。

任务3 惠斯通电桥

【技能目标】 惠斯通电桥电路是电子工程设计中广泛应用的电路，熟悉掌握并扩展它的应用，也是电子工程师专业素养的表现。

1. 惠斯通电桥电路分析

如图 2-50 所示，惠斯通电桥由四个桥臂电阻（R_1、R_2、R_3 和 R_x）和电压源 U_s 组成。

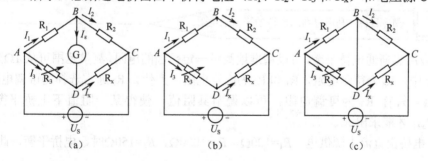

图2-50 惠斯通电桥电路分析

其结构特点：有 4 个节点，分为 2 组，两两相对的为一组，一组接电源（A、C），另一组接负载外电路（B、D），B、D 间为桥路，图 2-50（a）中接一检流计 G 来判定电桥工作状况。

（1）电桥的平衡状态

当检流计不偏转置零时，即 BD 支路电流为零，电桥处于平衡状态。

① 如图 2-50（b）所示，$I_g=0$，故 BD 支路可视为开路，则 R_1 和 R_2 串联（$I_1=I_2$），R_x 和

R_3 串联（$I_x=I_3$），共同分享电源电压 U_s（$\varphi_C=0V$）。

$$\varphi_B = U_{BC} = U_s R_2 / (R_1 + R_2)$$

$$\varphi_D = U_{DC} = U_s R_x / (R_3 + R_x)$$

② 如图 2-50（c）所示，$U_{BD}=0$，故 $\varphi_B=\varphi_D$，B、D 支路也可视为短路，同时视为 R_1 和 R_3 并联，R_2 和 R_x 并联，故

$$U_s R_2 / (R_1 + R_2) = U_s R_x / (R_3 + R_x)$$

即得

$$R_1 R_x = R_2 R_3 \text{ 或 } \frac{R_1}{R_3} = \frac{R_2}{R_x}$$

这就是电桥平衡时桥臂电阻之间的量化关系，此时电阻对应成比例。

惠斯通电桥电路平衡特征：

① B、D 间视为短路，$U_{BD}=0$，$\varphi_B=\varphi_D$。

② B、D 间视为开路，$I_g=0$，$I_1=I_2$，$I_x=I_3$。

③ $R_1 R_x = R_2 R_3 \text{ 或 } \dfrac{R_1}{R_3} = \dfrac{R_2}{R_x}$。

（2）电桥的不平衡状态

如图 2-50（d）所示，当检流计偏转时，即 BD 支路电流不为零，电桥处于不平衡状态。

电桥输出：$U_{BD} = \varphi_B - \varphi_C = U_s \left(\dfrac{R_2}{R_1 + R_2} - \dfrac{R_x}{R_3 + R_x} \right) = \Delta U \neq 0$。

利用惠斯通电桥的不平衡原理制造出了一种常用仪表，称为电子电位差计，其输出精度可达 0.1%。

假设 $R_1=R_2=R_3=R$，$R_4=R+\Delta R$，则

$$\Delta U = U_s \left(\frac{R_2}{R_1 + R_2} - \frac{R_x}{R_3 + R_x} \right) = U_s \left(\frac{1}{2} - \frac{R + \Delta R}{2R + \Delta R} \right)$$

2. 惠斯通电桥的应用实例

例 B7 测评目标：利用惠斯通电桥的平衡求电阻。

（1）应用惠斯通电桥平衡，可以精准地测量一定范围的电阻，测量范围可从 1Ω 到 1MΩ，如图 2-50 中，R_x 为待测电阻，R_1 和 R_2 为固定电阻，为什么 R_3 通常选择为可调电阻？

【解】 只有 R_3 为可调电阻，可以调节其阻值，使得某一阻值下电桥平衡，满足 $R_1 R_x = R_2 R_3$，才能求出 R_x。

（2）电桥由直流电源供电，$R_1=100\Omega$，$R_2=1000\Omega$，$R_3=150\Omega$ 时，电桥平衡，此时 R_x 为多少？

【解】 $R_1 R_x = R_2 R_3$，$R_x = R_2 R_3 / R_1 = 1500\Omega$。

例 B8 测评目标：利用惠斯通电桥的平衡求等效电阻。

求图 2-51 中 ab 间等效电阻。

【分析】 应用电桥平衡技巧解题的关键是能正确识别电桥电路的存在，并判定是否

平衡。

① 看结构：是否 4 个节点？电阻是否分别跨接两两节点之间？输出两点与桥路端点是两两相对关系吗？

② 看平衡：桥臂电阻阻值是否满足平衡条件。

【解】 显然图 2-51（a）为电桥结构且 4 个桥臂电阻对应成比例，故此时电桥平衡。cd 间可以视为短路（如图 2-51（b）所示），则

$$R_{ab}=6//6+8//8=7\Omega$$

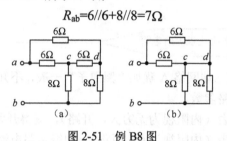

图 2-51 例 B8 图

例 B9 测评目标：利用惠斯通电桥不平衡分析压阻式传感器的工作原理。

如图 2-52 所示，电源为 12V 直流，3 个桥臂电阻相等为固定电阻 $R=4.5\text{k}\Omega$，第 4 个桥臂电阻为压阻式半导体材料，其工作特性是当没有外加压强时（称为零位）其具有固定初始阻值 $4.5\text{k}\Omega$，此时电桥平衡，输出电压 $\Delta U=0\text{V}$；随着外加压强的变化，阻值变化与压强变化时其电阻的变化量 ΔR 随之变化，从而产生差压输出信号。这就是传感器工作原理。

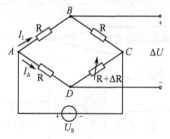

图 2-52 例 B9 图

假设，当压阻臂受到 1000Pa 压强时，其电阻阻值减少 500Ω，则此时可检测到的输出差压为

$$\Delta U=U_s[0.5-(R+\Delta R)/(2R+\Delta R)]=12[0.5-(4500-500)/(9000-500)]=35\text{mV}$$

这样传感器就实现了将压强（非电量）转换为电压信号。

【课堂练习】

B7-1 图 2-50（a）为等臂电桥，即 $R_1=R_2=R_3=R$，如果电桥平衡则 R_x 为多少？如果由 24V 供电，电阻 R 为 12Ω，分析各支路电流。

B8-1 在例 B8 中如果平衡下 cd 间视为开路，请再次计算 ab 间等效电阻。

B8-2 在例 B8 中画出求等效电阻 R_{ac}、R_{cd}、R_{cd} 时的电路，判定电路是否电桥状态。

B9-1 如果例 B9 中传感器换为热敏电阻，就变成温度传感器输出电路了，假设热敏电阻在 25℃时电桥平衡；在 100℃时，输出电压为 100mV，此时热敏电阻值为多少？电阻变化了多少？

任务4 戴维南支路参数的实验设计

【技能目标】 了解"黑匣子"电路的抽象分析，也是工程实践中必备的专业技能。

戴维南定理是电路理论分析中最重要、有效的方法。前面讲述了理论上在已知有源网络内部结构的条件下如何求解戴维南支路参数的方法，但在实际工作中，实际有源网络犹如"黑匣子"一样，里面的结构细节并不知晓，下面就来讨论如何运用有限的外部手段获得戴维南支路参数的方法。

例 B10　测评目标：短路电流法求等效电阻。

如图 2-53 所示，有源二端网络 A 犹如"黑匣子"一般，不知道其内部结构，但只需要三步就能得到其戴维南支路参数。

（1）开口端接上电压表（内阻视为无穷大，开路），测得开路电压 U_{OC}。

（2）开口端接上电流表（内阻视为 0，短路），测得短路电流 I_{SC}。

（3）等效内阻 $R_0=U_{OC}/I_{SC}$。

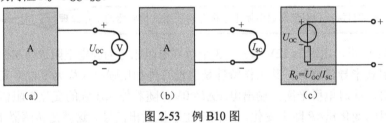

图 2-53　例 B10 图

例 B11　测评目标：外加负载法求戴维南支路。

如图 2-54 所示，有源二端网络 A。

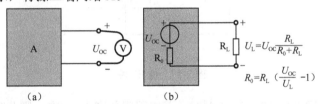

图 2-54　例 B11 图

（1）开口端接上电压表，测得开路电压 U_{OC}；

（2）开口端接上已知阻值的负载 R_L，测得其端电压 U_L；

（3）由串联分压的 U_{OC} 和 U_L 关系导出等效内阻 $R_0=R_L[(U_{OC}/U_L)-1]$。

【课堂练习】

B10-1 讨论：有源开口网络等效电阻能直接用欧姆表测得吗？

B10-2 如果有源二端网络开口电压测得为 100V，短路电流为 2A，求该网络的等效戴维南支路。

B10-3 某有源二端网络开口电压测得为 100V，短路电流为 2A，接上 100Ω 负载时，其端电压和电流是多少？

B11-1 如果有源二端网络开口电压测得为 100V；当外接 100Ω 负载时，测得其端电压为

90V，求该网络的等效戴维南支路。

B11-2 如果有源二端网络，当外接 20Ω 负载时，测得其端电压为 100V；当外接 50Ω 负载时，测得其端电压为 200V。求该网络的等效戴维南支路。

B11-3 在图 2-50（a）中，如果 $U_s=75V$，$R_1=6k\Omega$，$R_2=12k\Omega$，$R_3=30k\Omega$，$R_x=20k\Omega$，应用戴维南定理求检流计（内阻忽略不计）中电流是多少。还有其他方法吗？比较两者差异。

任务5 最大功率传输问题

【技能目标】 最大功率传输问题是小信号系统中的研究对象，也是电子工程师需要掌握的专业技能之一。

在分析从电源到负载功率传输系统的设计方案时，电路分析方法起了重要的作用。下面用系统的两个基本类型讨论功率传输问题：

第一个基本类型强调功率传输的效率，发电站系统是最好的例子。发电站系统与产生、传输、分配大量的电功率有关，如果发电站系统效率低，产生的功率有很大的比例损耗在传输和分配过程中，因此被浪费了。

系统的第二个基本类型强调功率传输，通信和仪器系统最能说明问题。因为通过电信号传输信息和数据时，发送器和探测器的有用功率受到限制。因此传输尽可能多的功率到接收器和负载是人们期望的，这种应用由于是小功率传输，传输的效率不是主要关心的问题。

现在只考虑系统中的最大功率传输，系统的模型以纯电阻电路为例。

二端含源网络当所接负载不同时，传输给负载的功率也不同。下面讨论问题：负载电阻为何值时，从二端含源网络获得的功率最大？

如图 2-55（a）所示，A 为一含源二端网络，R_L 为负载。根据戴维南定理，将任意一个含源二端网络用戴维南等效电路来表示，如图 2-55（b）所示，于是含源二端网络的输出功率即负载电阻 R_L 上消耗的功率，其值为

$$P = I^2 R_L = \frac{R_L U_s^2}{(R_0 + R_L)^2}$$

由上式可知：若 R_L 过大，则流过 R_L 上的电流就小；若 R_L 过小，则负载电压就过小，此时都不能使 R_L 上获得最大功率。在 $R_L=0$ 与 $R_L=\infty$ 之间将有一个电阻值可使负载获得最大功率。

当负载电阻可变时，根据上式，可得 P 随 R_L 变化的曲线，如图 2-55（c）所示。

用数学方法求极大值，可得负载获得最大功率的条件为

$$R_L = R_0$$

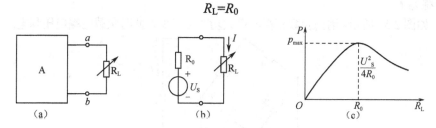

（a）　　　　　（b）　　　　　（c）

图 2-55 最大功率传输问题

即当负载电阻 R_L 等于等效电源内阻 R_0 时，负载获得最大功率，即

$$P_{\max} = \frac{U_s^2}{4R_0}$$

一般常将负载获得最大功率的条件称为最大功率传输定理。

在无线电技术中，由于传送的功率比较小，效率高低已属次要问题，为了使负载获得最大功率，电路的工作点尽可能设计在 $R_L=R_0$ 处，常称为阻抗匹配。

在电力系统中，输送功率很大，效率是第一位的，故应使电源内阻远小于负载电阻，不能要求匹配。

例 B12　测评目标:利用戴维南定理求最大功率传输问题。

(1) 如图 2-56 所示，负载取何值时能获得最大功率？

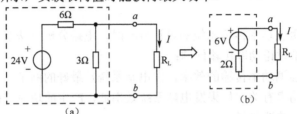

图 2-56　例 B12 图

【解】　如图 2-56（a）所示，将负载以外的电路视为一个整体，为一个二端有源网络，则可以用戴维南定理求解其等效网络，如图 2-56（b）所示。

$$U_{OC}=24×3/(6+3)=6V$$

$$R_0=6//3=2Ω$$

故负载 R_L 必须为 2Ω，才能获得最大功率。

(2) 负载获得的最大功率是多少？

【解】

$$P_{max}=U_{OC}^2/4R_0=6^2/8=4.5W$$

(3) 负载获得的最大功率占原电压源 24V 的输出功率的多少？

【解】　在图 2-56（a）中，$P_{max}=4.5=I^2R_L=2I^2$，故 I=1.5A。

由并联分流公式可得，电压源中电流为 1.5×(3+2)/3=2.5A。

故 24V 电压源的输出功率为 24×2.5=60W。

电源输出功率释放到负载上的百分比为(4.5/60)×100%=7.5%。

可见，虽然负载上获得了最大功率，但电能的转换效率确实是很低的。

【课堂练习】

B12-1 如图 2-57 所示，请问负载获得的最大功率是多少？此时负载的端电压和电流是多少？

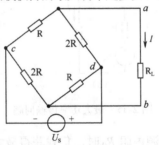

图 2-57　题 B12-1 图

复习题

1. 当电路中的零电位点变化，会改变的是_____，不会改变的是_____。

2. 描述电位与电压量化关系。

3. 两个二端口电路网络的等效，是对_____电路作用效果的一致性表现。如果是一个无源电阻网络一定可以等效的最简网络形式是_____；如果是一个有源电阻网络一定可以等效的最简网络形式是_____。

4. 描述电阻串联电路的等效变换，并熟练运用分压公式。

5. 描述电阻并联电路的等效变换，并熟练运用分流公式及两两并联等效电阻公式。

6. 熟练掌握复杂电路的分析方法，填充下表，总结体会各种方法的运用心得。

	实际电源等效互换	密尔曼定理	叠加定理	戴维南定理
明确对象（WHO）				
描述内容（WHAT）				
解题步骤（HOW）				
应用场合（WHERE）				
运用体会（RETHINK）				

7. 如图 2-58 所示，按要求回答。

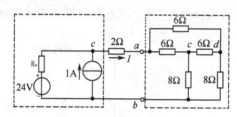

图 2-58　题 7 图

（1）化简右虚框内 ab 端口等效电阻。

（2）绘制化简后电路图。

（3）cb 间纯电阻支路电阻 $R_{cb}=$？

（4）将左虚框内源网络用电源等效互换的方法化简，并绘制化简后电路图。

（5）如果 R_{cb} 获得最大功率，则 $R_o=$？

（6）如果 $R_o=18\Omega$，在原图中应用密尔曼定理求 $U_{cb}=$？ $I=$？ R_{cb} 获得功率 $P=$？

（7）如果 $R_o=18\Omega$，在原图中应用叠加定理求 $U_{cb}=$？ $I=$？ R_{cb} 获得功率 $P=$？

（8）如果 $R_o=18\Omega$，在原图中应用戴维南定理求电流源支路电压及其功率。

模块 3　正弦交流电

课题 1　正弦交流电的描述

任务 1　认识正弦波

1. 何谓正弦波

正弦波是交流电信号的基本类型。电力系统提供的就是正弦波形式的电压和电流。另外，其他类型的重复性波形是由多种称为谐波的正弦波组成的。

正弦波或者正弦曲线有两种来源：旋转电机（交流发电机）或者电子振荡器电路。电子振荡器电路用于仪器中，通常称为电子信号发生器。图 3-1 所示的符号用来表示正弦曲线电压源。

图 3-2 显示的是一般形状的正弦波形图，这个正弦波既可以是交流电流也可以是交流电压。应注意电压（或电流）是如何变化的。坐标的垂直轴显示电压（或者电流），水平轴显示时间。由零点开始，电压（或者电流）增长到正向最大值（正向峰值），返回到零，再从零开始反向增长到负向最大值（负向峰值），再一次返回到零，由此完成了完整的一周。

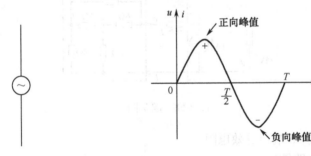

图 3-1　正弦曲线电压源符号　　　　图 3-2　正弦波一周的图示

一个完整的正弦电信号的描述包括周期、大小和相位，称为三要素法。其一般表达式为

$$i(t)=I_m(\sin\omega t+\varphi)$$

其中，$i(t)$ 为正弦电流瞬时值，I_m 为正弦电流幅值，ω 为正弦电流角频率，φ 为正弦电流初相位。

2. 正弦波的极性描述

如图 3-2 所示，正弦波在零值时改变极性。也就是说，正弦波在正值与负值间交替变化。如图 3-3 所示，当正弦曲线电压 u 应用到电阻电路时，产生一个交变的正弦电流曲线，当电压改变极性时，电流相应地改变方向。图 3-3 中的虚线箭头代表电流的实际方向，⊕、⊖代表电压的实际方向（极性）。

在电源电压正值区间内，电流的方向如图 3-3（a）所示；在电源电压负值区间内，电流方向与参考方向相反，如图 3-3（b）所示。正值区间与负值区间的组合构成了正弦波的一周。

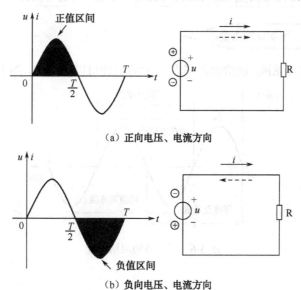

（a）正向电压、电流方向

（b）负向电压、电流方向

图 3-3 交变电流与交变电压

3．正弦波的周期与频率描述

（1）正弦波的周期

给定正弦波完成完整一周所需的时间称为周期，用符号 T 表示。

通常正弦波以完全相同的周期连续重复自身，如图 3-4 所示。由于一个重复正弦波的所有周期均相同，所以对于给定的正弦波，周期总是固定值。可以用波形的零穿越点至下一个相应的零穿越点之间的时间间隔测量正弦波的周期；还可以用给定周的任意峰值点至下一周的对应峰值点之间的时间间隔测量正弦波的周期。

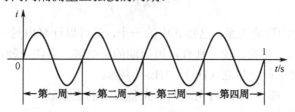

图 3-4 给定正弦波的周期

例 A1　　测评目标：掌握周期的概念。

如图 3-5 所示正弦波的周期是多少？

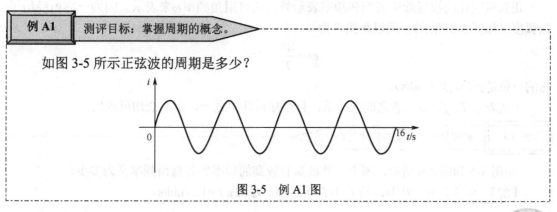

图 3-5 例 A1 图

【解】 如图所示，16s 内完成了 4 周，因此，完成一周的时间是 4s，即周期。

| 例 A2 | 测评目标：掌握周期测量。 |

如图 3-6 所示的正弦波，试给出测量其周期的三种可能的方法。图中所示的有多少周？

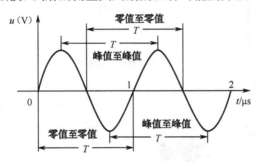

图 3-6 正弦波的周期测量

【解】

方法 1：周期可以从一个零穿越点至下一周对应的零穿越点（注意：穿越方向、斜率要一致）。

方法 2：周期可以从一周的正向峰值点至下一周对应的正向峰值点测量。

方法 3：周期可以从一周的负向峰值点至下一周对应的负向峰值点测量。

测量方法如图 3-6 所示，图中有两周的正弦波。注意，在同一波形中，无论采用的是对应峰值点或者是对应零穿越点，所获得的周期的值是相同的。

（2）正弦波的频率

频率是正弦波在一秒内完成的周期的数目，即

$$f = \frac{1}{T} \text{ 或 } T = \frac{1}{f}$$

f 与 T 之间是互为倒数的关系，已知其中的一个，就可以计算出另一个来。这个倒数关系说明，具有较长周期的正弦波，较之具有较短周期的正弦波，它在一秒内经过的周要少一些。

频率（f）的度量单位是赫兹（Hz）。1Hz=1 周/s。

图 3-4 中，f=4Hz，即表示 1s 内完成四个完整周期的正弦波。

（3）正弦波的角频率

正弦量变化的快慢除用周期和频率表示外，还可用角频率 ω 来表示。因为一周内经历了 2π 弧度（如图 3-2 所示），所以角频率为

$$\omega = \frac{2\pi}{T} = 2\pi f$$

它的单位是弧度/秒（rad/s）。

上式表示 T、f、ω 三者之间的关系，只要知道其中之一，则其余均可求出。

| 例 A3 | 测评目标：周期与频率关系。 |

如图 3-5 和图 3-6 所示，哪个正弦波具有较高的频率？各自角频率又为多少？

【解】 图 3-5 中，T=4s，故 f=1/T=0.25Hz，ω=2πf=1.57rad/s。

图 3-6 中，$T=1\mu s$，故 $f=1/T=1000kHz$，$\omega=2\pi f=6.28\times10^6 rad/s$。

【课堂练习】

A1-1 若给定正弦波在 16s 内经过了五周，那么周期是多少？

A2-1 如果正向峰值发生在 1ms，并且下一个正向峰值发生在 2.5ms，那么周期是多少？

A3-1 若给定正弦波在连续负向峰值之间的时间间隔是 50μs，那么周期和频率是多少？

A3-2 已知某种正弦波的周期是 10ms，那么其频率和角频率分别为多少？

A3-3 已知某种正弦波的频率是 50Hz，那么其周期和角频率分别为多少？

4．正弦波的相位描述

从前面的知识可知，正弦波可以基于时间沿着水平轴度量。然而，由于正弦波的大小是周期性反复的，可以用独立于频率的量来描述正弦波上的点，这个量就是角度，单位是度或者是弧度。

正弦波电压可以通过旋转的电机在磁场内产生，随着交流发电机的转子转过一个完整的 360°，所得的输出也是正弦波的一个完整的周期。因此，正弦波的角度测量可与发电机的旋转角度相联系。

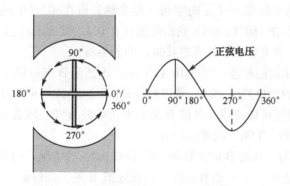

图 3-7 交流发电机中旋转运动与正弦波的关系

（1）角度测量

1° 为角度的量度单位，对应于一周期或者是一个完整旋转的 1/360。1 弧度（rad）是沿着圆周的弧长等于圆周的半径时所对应的圆心角角度。1 弧度等于 57.3°，360° 的旋转是 2π 弧度。

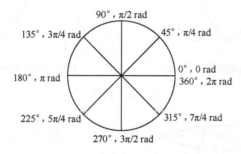

图 3-8 从 0° 开始沿逆时针绕行的角度测量

正弦波的角度测量是基于 360° 或者 2π 为一个完整的周期的。

（2）正弦波的相位

正弦波的相位表示的是正弦波相对于参考位置的角度度量。处于参考位置的正弦电流可表示为

$$i = I_m \sin \omega t$$

其波形如图 3-9 所示。它的初始值为零。同理，处于参考位置的正弦电压可表示为

$$u = U_m \sin \omega t$$

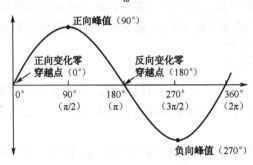

图 3-9　参考相位

值得注意的是，水平轴第一个正向穿越（零穿越）点在 $0°$（0 rad），正向峰值在 $90°$（$\pi/2$ rad）；负向零穿越点在 $180°$（π rad），负向峰值在 $270°$（$3\pi/2$ rad）；完整周期在 $360°$（2π rad）完成。当正弦波相对于参考量左移或者右移时，即为相移。

图 3-10 说明了正弦波的相移。图 3-10（a）中，正弦波 B 向右移动 $90°$（$\pi/2$ rad），因此正弦波 A 与正弦波 B 的相位差是 $90°$；若以时间论，正弦波 B 的正向峰值出现的较正弦波 A 的正向峰值晚。这种情况可以说成正弦波 B 滞后于正弦波 A $90°$ 或者$\pi/2$ rad；换言之，也就是正弦波 A 超前于正弦波 B $90°$ 或者$\pi/2$ rad。

图 3-10（b）所示为正弦波 B 向左移动 $90°$（$\pi/2$ rad）的情况。因此，同样的，正弦波 A 与正弦波 B 的相位差是 $90°$。在这种情况下，正弦波 B 的正向峰值出现的较正弦波 A 的正向峰值早，因此正弦波 B 超前于正弦波 A $90°$ 或者$\pi/2$ rad。

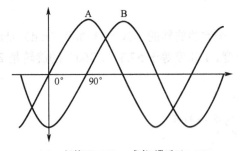

（a）A 超前于 B $90°$，或者 B 滞后于 A $90°$

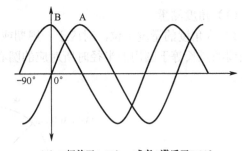

（b）B 超前于 A $90°$，或者 A 滞后于 B $90°$

图 3-10　相移

例 A4　测评目标：掌握相角。

如图 3-11（a）与图 3-11（b）所示，正弦波 A 与正弦波 B 之间的相角为多少？

解：图 3-11（a）中，正弦波 A 的零穿越点是在 $0°$，正弦波 B 相应的零穿越点是在 $45°$。两个波形之间的相角为 $45°$，且正弦波 A 超前。

图 3-11（b）中，正弦波 A 的零穿越点是在-30°，正弦波 B 相应的零穿越点是在 0°。两个波形之间的相角为 30°，且正弦波 B 超前。

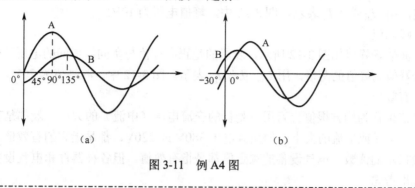

图 3-11　例 A4 图

【课堂练习】

A4-1　对于某一个参考相位，正弦波 A 正向零穿越点的相位角为 30°；而对于同一个参考相位，正弦波 B 正向零穿越点的相位角为 45°。试计算两个正弦信号之间的相位角，哪一个信号超前？

A4-2　已知正弦信号正向峰值处的相位角是 75°，另一个正弦信号正向峰值处的相位角是 100°，每一个正弦信号相应于 0° 相位角的相移是多少？两个正弦信号间的相位角是多少？

5. 正弦波的大小描述

可以有 5 种方法来表示或者测量正弦波形的电压或者电流值，它们是瞬时值、峰值、峰峰值、有效值（均方根值）和平均值。

（1）瞬时值

如图 3-12 所示，在正弦波上任意时间点，电压（或者电流）具有瞬时值。曲线上不同点的瞬时值都不同。在正向区间内瞬时值为正，在负向区间内瞬时值为负。电压和电流的瞬时值分别用小写符号 u 和 i 表示。图 3-12 的曲线表示电压，当用 i 代替 u 时，曲线表示电流。瞬时值的示例如图所示，在 1μs 时瞬时电压为 3.1V，在 2.5μs 时为 7.07V，在 5μs 时为 10V，在 10μs 时为 0V，在 11μs 时为-3.1V。

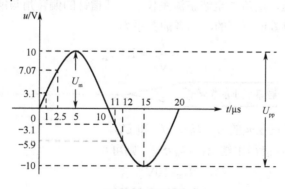

图 3-12　瞬时值

（2）峰值

正弦波的峰值是相对于零值而言的，是在正向或者负向时的最大值。对于给定正弦波，峰值恒定，用 U_m 或者 I_m 表示。图 3-12 中，峰值电压为 10V。

（3）峰峰值

正弦波的峰峰值如图 3-12 所示，表示的是正向峰值与负向峰值间的电压（或者电流）的差值。峰峰值为峰值的两倍，用 U_{pp} 或者 I_{pp} 表示。图 3-12 中，峰峰值为 20V。

（4）有效值

有效值也称为均方根值。万用表测量的交流电压（电流）的大小一般都是有效值。一般所讲的正弦电压或电流的大小，如交流电压 380V 或 220V，都是指它的有效值。常用的交流测量仪表指示的读数、电气设备的额定值都是指有效值。但各种器件和电气设备的耐压值则按最大值来考虑。

正弦波电压的均方根值实际上是正弦波热效应的度量。设周期电流 i 和恒定电流 I 通过同样大小的电阻 R，如果在周期电流 i 的一个周期时间内，两个电流产生的热量相等，就平均效应而言，二者的作用是相同的，该恒定电流 I 称为周期电流 i 的有效值。有效值都用大写字母表示，和表示直流的字母一样。则对正弦量有

$$\begin{cases} I_m = \sqrt{2}I \\ U_m = \sqrt{2}U \\ E_m = \sqrt{2}E \end{cases} \qquad \begin{cases} I = \dfrac{I_m}{\sqrt{2}} \\ U = \dfrac{U_m}{\sqrt{2}} \\ E = \dfrac{E_m}{\sqrt{2}} \end{cases}$$

（5）平均值

工程上有时还用到平均值（Average Value）这一概念。取正弦波完整的一周，正弦波的平均值总是为零，因为正值（零以上）与负值（零以下）相抵消。为了比较和确定如供电中常用的可调电压的平均值，正弦波的平均值指的是周期量的绝对值在一个周期内的平均值。对于正弦波电压和电流，以峰值表示的平均值为

$$I_{av} = 0.637 I_m$$
$$U_{av} = 0.637 U_m$$

用来测量交流电压、电流的全波整流系仪表，其指针的偏转角与所通过电流的平均值成正比，而标尺则是按有效值刻度的，二者的关系为

$$I = \frac{I_m}{\sqrt{2}} = 1.11 I_{av}$$

例 A5　测评目标：正弦量大小的表示。

确定图 3-13 所示正弦波的 U、U_m、U_{pp} 和 U_{av}。

【解】　根据图可直接得出结论：$U_m = 5V$，则可得

$$U_{pp} = 2U_m = 10V$$
$$U = 0.707 U_m = 3.535V$$
$$U_{av} = 0.637 U_m = 3.185V$$

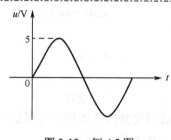

图 3-13　例 A5 图

【课堂练习】

A5-1　已知以下各量，试确定每种情况下的 U_{pp} 值。

（a）$U_m=1V$　　　（b）$U=1.414V$　　　（c）$U_{av}=3V$

A5-2　已知以下各量，试确定每种情况下的 U 值。

（a）$U_m=2.5V$　　　（b）$U_{pp}=10V$　　　（c）$U_{av}=3V$

A5-3　已知以下各量，试确定每种情况下的 U_{av} 值。

（a）$U_m=10V$　　　（b）$U=2.3V$　　　（c）$U_{pp}=3V$

任务 2　正弦波的相量描述

沿着正弦波的水平轴移动时，角度增加且大小（沿 y 轴的高度）变化。在任意给定的瞬时，正弦波的大小可以通过相角值与振幅（最大值）来描述，因此也能够用相量表示。相量是具有大小和方向（相角）的物理量，可以用绕着固定点旋转的箭头表示。正弦波相量的长度为峰值（振幅），旋转到的位置为相角。正弦波的一个完整的周期能够看做相量经 360° 的旋转投影所得。

1. 复数及运算

正弦量的各种表示方法是分析与计算正弦交流电路的工具。利用相量对正弦稳态电路进行分析计算的方法称为相量法。相量的运算方法就是复数的运算方法，因此先对复数的有关知识做一简单介绍。

设 A 为一复数，a 和 b 分别为复数的实部和虚部，其代数形式为

$$A=a+jb$$

式中，$j=\sqrt{-1}$ 为虚数单位，取复数 A 的实部和虚部分别用下列符号表示：

$$\text{Re}[A]=a,\quad \text{Im}[A]=b$$

复数 A 可以用复平面上的一条有向线段来表示，如图 3-14 所示。从图 3-14 可得复数 A 的三角形式为

$$A=r\cos\theta+jr\sin\theta=r(\cos\theta+j\sin\theta)$$

式中，r 为复数的模，θ 为复数的辐角。r 和 θ 与 a 和 b 的关系为

$$a=r\cos\theta,\quad b=r\sin\theta$$

$$r=\sqrt{a^2+b^2},\quad \theta=\arctan\left(\frac{b}{a}\right)$$

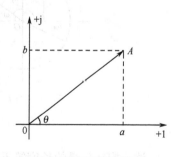

图 3-14　复数的表示

由欧拉公式

$$\mathrm{e}^{\mathrm{j}\theta} = \cos\theta + \mathrm{j}\sin\theta$$

可得复数 A 的指数形式为

$$A = r\mathrm{e}^{\mathrm{j}\theta}$$

指数形式常简写成极坐标式，即

$$A = r\angle\theta$$

在计算中，复数的相加和相减用代数形式进行。可用解析法，也可用图解法求解。

例如，已知 $A_1 = a_1 + \mathrm{j}b_1$，$A_2 = a_2 + \mathrm{j}b_2$，则

$$A_1 \pm A_2 = (a_1 + \mathrm{j}b_1) \pm (a_2 + \mathrm{j}b_2) = (a_1 \pm a_2) + \mathrm{j}(b_1 \pm b_2)$$

如果用图解法，则如图 3-15 所示。

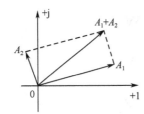 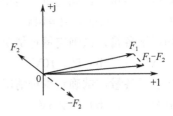

图 3-15　图解法

而复数的乘除运算，常用指数形式或极坐标形式。

如设 $A_1 = r_1\angle\theta_1$，$A_2 = r_2\angle\theta_2$，如果两复数相乘，则有

$$A_1 A_1 = r_1\angle\theta_1 \cdot r_2\angle\theta_2 = r_1 \cdot r_2\angle(\theta_1 + \theta_2)$$

如两复数相除，则有

$$\frac{A_1}{A_2} = \frac{r_1\angle\theta_1}{r_2\angle\theta_2} = \frac{r_1}{r_2}\angle(\theta_1 - \theta_2)$$

2. 用相量表示正弦量

设有一个正弦电压 $u = U_m\sin(\omega t + \varphi)$，其波形图如图 3-16（b）所示，图 3-16（a）是一旋转矢量。

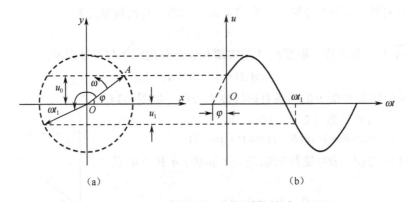

图 3-16　旋转矢量与正弦波的关系

这一旋转矢量的长度等于正弦函数的最大值，它在 $t=0$ 时和横坐标（正 x 轴）间的夹角等于正弦函数的初相位 φ，它绕坐标原点沿逆时针方向旋转的角速度，等于正弦函数的角频

率 ω，这就说明了正弦函数的三要素可以用旋转矢量完整地表达。这一旋转矢量任意时刻在纵坐标（y 轴）上的投影，就是这个矢量所代表的正弦函数在同一时刻的瞬时值，即

$$u = U_{\mathrm{m}} \sin(\omega t + \varphi)$$

例如，在 $t = 0$ 时，$u = U_{\mathrm{m}} \sin\varphi$；当 $t = t_1$ 时，矢量与 x 轴的正向的夹角为 $(\omega t_1 + \varphi)$，则 $u_1 = U_{\mathrm{m}} \sin(\omega t_1 + \varphi)$。这样，就可以用一个旋转矢量表示正弦量。

在正弦量的 3 个要素中，最重要的是最大值和初相位，因为在线性电路中，只要电源的频率确定，那么电路中各处的频率和电源的频率保持一致，因此只要能反映出最大值和初相位这两个因素，一个正弦量就可以确定。所以可以用一个固定的矢量来代替图 3-16 中的旋转矢量，如图 3-17 所示。固定矢量的模为正弦量的最大值，与横轴的夹角为初相位，称此固定矢量为相量，记为 $\dot{U}_{\mathrm{m}}$，称为最大值相量。今后会经常用到有效值的概念，用 $\dot{U}$ 表示有效值相量。

按照正弦量的大小和相位关系用初始位置的有向线段画出的若干个相量的图形，称为相量图。

将 $i = I_{\mathrm{m}} \sin(\omega t + \varphi_i)$ 写成相量 $\dot{I}_{\mathrm{m}} = I_{\mathrm{m}} \mathrm{e}^{j\varphi_i} = I_{\mathrm{m}} \angle \varphi_i$，模 I_{m} 正好是正弦电流的最大值，辐角 φ_i 是正弦电流的初相。这正是正弦量的两个要素。$\dot{I}_{\mathrm{m}}$ 称为电流相量。为了将相量（表示正弦量的复数）与一般复数相区别，在符号 I_{m} 上加"·"。如将它表示在复平面上，则称为相量图，如图 3-17（b）所示。

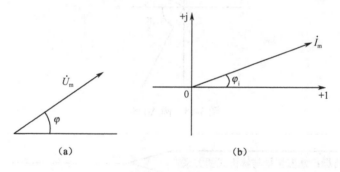

图 3-17 相量图

正弦量与相量之间有着简单的对应关系，只要知道了正弦量，就可方便地写出它的相量；反之，知道了正弦量的相量（频率一定），也可方便地写出它所表示的正弦量。如以正弦电流为例，这种对应关系如下：

$$i = I_{\mathrm{m}} \sin(\omega t + \varphi_i) \Leftrightarrow \dot{I}_{\mathrm{m}} = I_{\mathrm{m}} \mathrm{e}^{j\varphi_i} = I_{\mathrm{m}} \angle \varphi_i$$

注意：用相量表示正弦量，并不是相量等于正弦量。相量法只适用于正弦稳态电路的分析计算。

相量也可以用有效值来定义，即

$$\dot{I} = I\mathrm{e}^{j\varphi_i} = I \angle \varphi_i = \frac{I_{\mathrm{m}}}{\sqrt{2}} \angle \varphi_i$$

$$\dot{U} = U\mathrm{e}^{j\varphi_u} = U \angle \varphi_u = \frac{U_{\mathrm{m}}}{\sqrt{2}} \angle \varphi_u$$

式中，$\dot{I}$ 和 $\dot{U}$ 分别称为电流和电压的有效值相量，相应地，$\dot{I}_{\mathrm{m}}$ 和 $\dot{U}_{\mathrm{m}}$ 分别称为电流和电压的最大值相量，它们的关系为

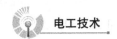

$$\dot{I} = \frac{\dot{I}_{m}}{\sqrt{2}}$$

$$\dot{U} = \frac{\dot{U}_{m}}{\sqrt{2}}$$

例 A6 测评目标：掌握相量、相量图。

已知正弦电压 $u_1 = 311\sin\left(\omega t + \dfrac{\pi}{6}\right)$ V，$u_2 = 537\sin\left(\omega t - \dfrac{\pi}{3}\right)$ V，写出它们的有效值相量，并绘出相量图。

【解】 $U_{1m} = 311$ V，$U_{2m} = 537$ V

则 $U_1 = 220$ V，$U_2 = 380$ V

所以 $\dot{U}_1 = 220\angle\dfrac{\pi}{6}$ V，$\dot{U}_2 = 380\angle -\dfrac{\pi}{3}$ V

相量图如图 3-18 所示。

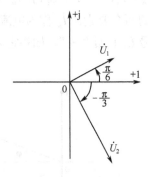

图 3-18 例 A6 图

例 A7 测评目标：掌握相量与解析式的关系。

已知正弦量的相量为 $\dot{I}_1 = 8\angle 30°$ A，频率 $f=50$Hz，写出正弦量的解析式。

【解】 $f=50\text{Hz} \Rightarrow \omega = 2\pi f = 2 \times 3.14 \times 50 = 314\text{rad/s}$

$I = 8\text{A} \Rightarrow I_m = 8\sqrt{2}$ A

则 $i = 8\sqrt{2}\sin(314t + 30°)$ A

3. 正弦波的相量法求和

在正弦电路中，电压、电流、电动势等物理量都呈正弦规律变化。分析正弦电路时，经常需要将这些正弦量进行加、减运算。若利用三角函数公式进行运算，则过程很麻烦，运算量非常大。用相量法求同频率正弦量的代数和，是将复杂的三角函数的计算通过简单的复数计算来实现，大大简化了计算过程。其理论依据：

① 同频率的两个正弦量相加，得到的仍然是一个同频率的正弦量（证明略）。

② 正弦量和的相量等于各正弦量相量的和（证明略）。

例 A8 测评目标：正弦量求和。

已知，$u_1 = 220\sqrt{2}\sin\omega t\,\text{V}$，$u_2 = 220\sqrt{2}\sin(\omega t - 120°)\,\text{V}$，求 $u = u_1 - u_2$。

【解】 将瞬时量用相量来表示为

$$\dot{U}_1 = 220\angle 0° = 220\,\text{V}$$

$$\dot{U}_2 = 220\angle -120° = 220\cos(-120°) + j220\sin(-120°)$$

$$= -\frac{220}{2} - j220 \cdot \frac{\sqrt{3}}{2}\,\text{V}$$

$$\dot{U} = \dot{U}_1 - \dot{U}_2 = 220 + \frac{220}{2} + j\frac{220\sqrt{3}}{2}$$

$$= 330 + j110\sqrt{3} = 380\angle 30°\,\text{V}$$

所以

$$u = u_1 - u_2 = 380\sqrt{2}\sin(\omega t + 30°)\,\text{V}$$

也可以用相量图来求同频率正弦量的代数和，应遵循矢量运算法则。为方便计算，相量的始端不一定都画在原点。

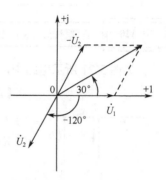

图 3-19 例 A8 图

用相量图求解，结果与复数计算的结果相同，如图 3-19 所示。图 3-19 中，求 $\dot{U}_1 - \dot{U}_2$ 的差是通过求 $\dot{U}_1 + (-\dot{U}_2)$ 来完成的。

4. 基尔霍夫的相量形式

由以上内容可知，若同频率正弦量 i_1、i_2 和 i_3 满足关系式：

$$i_1 + i_2 + i_3 = 0$$

则 i_1、i_2 和 i_3 对应的相量 $\dot{I}_1$、$\dot{I}_2$ 和 $\dot{I}_3$ 也满足关系式：

$$\dot{I}_1 + \dot{I}_2 + \dot{I}_3 = 0$$

如果 i_1、i_2 和 i_3 是正弦交流电路中某节点的所有支路电流，则各支路电流相量和恒等于零。即

$$\sum \dot{I} = 0$$

同理，对电路中任一回路，所有电压相量的代数和为零，即

$$\sum \dot{U} = 0$$

以上两式即是正弦交流电路中基尔霍夫的相量形式。

例 A9 测评目标：KVL 相量式。

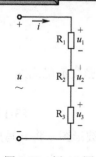

图 3-20 例 A9 图

如图 3-20 所示电路中，$u = 24\sqrt{2}\sin(\omega t + 30°)\,\text{V}$，

$u_1 = 14\sqrt{2}\sin(\omega t + 30°)\,\text{V}$，$u_2 = 6\sqrt{2}\sin(\omega t + 30°)\,\text{V}$，求 u_3。

【解】 $u = 24\sqrt{2}\sin(\omega t + 30°)\,\text{V}$，则 $\dot{U} = 24\angle 30°\,\text{V}$。

$u_1 = 14\sqrt{2}\sin(\omega t + 30°)\,\text{V}$，则 $\dot{U}_1 = 14\angle 30°\,\text{V}$。

$u_2 = 6\sqrt{2}\sin(\omega t + 30°)\,\text{V}$，则 $\dot{U}_2 = 6\angle 30°\,\text{V}$。

KVL 表达式为

$$u = u_1 + u_2 + u_3$$

则有
$$\dot{U} = \dot{U}_1 + \dot{U}_2 + \dot{U}_3$$
$$\dot{U}_3 = 4\angle 30° \text{ V}$$

则
$$u_3 = 4\sqrt{2}\sin(\omega t + 30°) \text{ V}$$

例 A10　测评目标：KCL 相量式。

如图 3-21 所示电路中，$i = 8\sqrt{2}\sin(\omega t + 45°) \text{ mA}$，$i_1 = 3\sqrt{2}\sin(\omega t + 45°) \text{ mA}$，求 i_2。

【解】$i = 8\sqrt{2}\sin(\omega t + 45°) \text{ mA}$，则 $\dot{I} = 8\angle 45° \text{ mA}$。

$i_1 = 3\sqrt{2}\sin(\omega t + 45°) \text{ mA}$，则 $\dot{I}_1 = 3\angle 45° \text{ mA}$。

KCL 表达式为
$$i = i_1 + i_2$$

则有
$$\dot{I} = \dot{I}_1 + \dot{I}_2$$
$$\dot{I}_2 = 5\angle 45° \text{ mA}$$

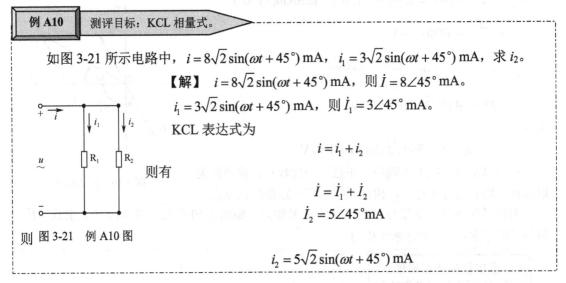

图 3-21　例 A10 图

$$i_2 = 5\sqrt{2}\sin(\omega t + 45°) \text{ mA}$$

【课堂练习】

A9-1　电路如图 3-22 所示，请用 KCL 和 KVL 方程的相量形式表示 $\dot{I}_1$ 及 $\dot{U}_{ab}$。

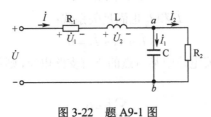

图 3-22　题 A9-1 图

课题 2　交流电路中的元件描述

任务 1　电阻元件

1. 电阻元件的伏安特性

电阻元件中电流和电压的参考方向如图 3-23 所示。设通过电阻中的正弦交流电流为
$$i_R = I_m\sin(\omega t + \varphi_i)$$

则由欧姆定律有　　　　　$$u_R = RI_m\sin(\omega t + \varphi_i) \tag{3-1}$$

显然，电压 u 与电流 i 是同频率的正弦量，如图 3-24 所示为 u 和 i 的波形图。将 u 写成正弦量的一般形式：

$$u = U_m \sin(\omega t + \varphi_u) \tag{3-2}$$

比较式（3-1）和式（3-2）可得

$$\begin{cases} U_m = RI_m \\ \varphi_u = \varphi_i \end{cases} \quad \text{或} \quad \begin{cases} U = RI \\ \varphi_u = \varphi_i \end{cases} \tag{3-3}$$

即电阻元件电路中，电压与电流的大小关系与欧姆定律形式相同；且电压和电流是同相的（相位差 $\psi = 0$）。

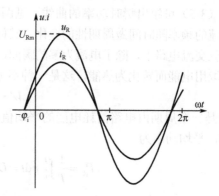

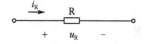

图 3-23 电阻元件   图 3-24 电阻元件电压、电流的波形

如用相量表示电压与电流的关系，则

$$\dot{U}_R = R\dot{I}_R \ \text{或} \ \frac{\dot{U}_R}{\dot{I}_R} = R \tag{3-4}$$

此即欧姆定律的相量表达式。其相量图如图 3-25 所示。

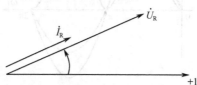

图 3-25 电阻元件电压、电流的相量图

2. 功率

知道了电压与电流的变化规律和相互关系后，便可计算出电路中的功率。在任意瞬间，电压瞬时值与电流瞬时值的乘积，称为瞬时功率，用小写字母 p 代表。

设电阻元件上通过的电流为

$$i_R = I_{Rm} \sin \omega t$$

在关联的参考方向下电压与电流同相，则电压可表示为

$$u_R = U_{Rm} \sin \omega t$$

则瞬时功率为

$$
\begin{aligned}
p_{\mathrm{R}} &= u_{\mathrm{R}} \cdot i_{\mathrm{R}} \\
&= U_{\mathrm{Rm}} \sin \omega t \cdot I_{\mathrm{Rm}} \sin \omega t \\
&= U_{\mathrm{Rm}} I_{\mathrm{Rm}} \sin^2 \omega t \\
&= \frac{1}{2} U_{\mathrm{Rm}} I_{\mathrm{Rm}} (1 - \cos 2\omega t) \\
&= U_{\mathrm{R}} I_{\mathrm{R}} - U_{\mathrm{R}} I_{\mathrm{R}} \cos 2\omega t
\end{aligned} \tag{3-5}
$$

由式（3-5）可绘出瞬时功率的曲线，见图 3-26。从图 3-26 可看出，电阻元件的瞬时功率以 2 倍电流的频率随时间做周期性的变化，其值始终大于或等于零。这说明电阻元件是耗能元件，在正弦交流电路中，除了电流为零的瞬间，电阻元件总是吸收功率的，也就是说，电阻元件从电源取用电能而转化为热能，这是一种不可逆的能量转换过程。通常用下式计算电能：

$$
W = Pt
$$

式中，P 是一个周期内电路消耗电能的平均值，即瞬时功率的平均值，称为平均功率。在电阻电路中，平均功率为

$$
P_{\mathrm{R}} = \frac{1}{T} \int_0^T p \mathrm{d}t = U_{\mathrm{R}} I_{\mathrm{R}} = R I_{\mathrm{R}}^2 = \frac{U_{\mathrm{R}}^2}{R}
$$

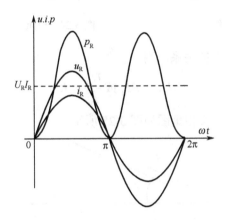

图 3-26　电阻元件电压、电流和瞬时功率的波形

上式的形式与直流电路中功率的计算公式相同，只是上式中的电压、电流均为交流量的有效值。电阻元件的平均功率又称为有功功率。

例 A11　测评目标：掌握交流电路中电阻元件性质。

设电阻元件电压、电流的参考方向关联，已知电阻 $R = 100\Omega$，通过电阻的电流 $i_{\mathrm{R}} = 1.414\sin(\omega t + 30°)\mathrm{A}$，求：①电阻元件的电压 U_{R} 及 u_{R}；②电阻消耗的功率；③画相量图。

【解】　由 $i_{\mathrm{R}} = 1.414\sin(\omega t + 30°)\mathrm{A}$，有 $\dot{I}_{\mathrm{R}} = 1\angle 30°\mathrm{A}$，则

$$
\dot{U}_{\mathrm{R}} = R\dot{I}_{\mathrm{R}} = 100\angle 30°\,\mathrm{V}
$$

$$
U_{\mathrm{R}} = 100\,\mathrm{V}
$$

$$
u_{\mathrm{R}} = 100\sqrt{2}\sin(\omega t + 30°)\,\mathrm{V}
$$

$$
P_{\mathrm{R}} = R I_{\mathrm{R}}^2 = 100 \times 1^2 = 100\mathrm{W}
$$

相量图如图 3-27 所示。

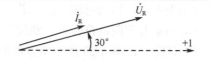

图 3-27 例 A11 图

【课堂练习】

A11-1 图 3-28 中，$R_1 = 940\Omega$，$R_2 = 2k\Omega$，R_3、R_4 两端压降有效值分别为 60V、130V，求 R_1、R_2 两端的压降幅值。

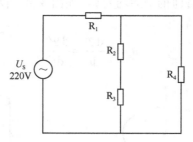

图 3-28 题 A11-1 图

A11-2 1 个 "220V、100W" 的灯泡，接在电压 $u(t) = 220\sqrt{2}\sin(100\pi t + 2\pi/3)$V 的电源上，求：

（1）通过灯泡的电流 $\dot{I}$ 及 i；

（2）灯泡工作 20h 消耗的电能。

任务2 交流电路中的电感元件

1. 电磁感应定律

1831 年，法拉第从一系列实验中总结出：当穿过某一导电回路所围面积的磁通发生变化时，回路中即产生感应电动势及感应电流，感应电动势的大小与磁通对时间的变化率成正比。这一结论称为法拉第定律。这种由于磁通的变化而产生感应电动势的现象称为电磁感应现象。1834 年，楞次进一步发现：感应电流的方向，总是要使它的磁场阻碍引起感应电流的磁通的变化。这一结论即楞次定律。法拉第定律经楞次补充后，完整地反映了电磁感应的规律，这就是电磁感应定律。

电磁感应定律指出：如果选择磁通 Φ 的参考方向与感应电动势 e 的参考方向符合右手螺旋关系，如图 3-29 所示。则对一匝线圈来说，其感应电动势为

$$e = -\frac{\mathrm{d}\Phi}{\mathrm{d}t} \tag{3-6}$$

式中，各量均采用 SI 单位，即磁通的单位为 Wb，时间的单位为 s，电动势的单位为 V。若线圈的匝数为 N，且穿过各匝的磁通均为 Φ，如图 3-30 所示，则

$$e = -N\frac{\mathrm{d}\Phi}{\mathrm{d}t} = -\frac{\mathrm{d}\Psi}{\mathrm{d}t} \tag{3-7}$$

式中，$\Psi = N\Phi$，称为与线圈交链的磁链，它的单位与磁通相同。

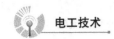

感应电动势将使线圈的两端出现电压，称为感应电压。若选择感应电压 u 的参考方向与 e 相同，即 u 的参考方向与磁通 Φ 的参考方向也符合右手螺旋关系，并将 u 与 Φ 的这一参考方向的关系称为关联，则当外电路开路时，图 3-29 所示单匝线圈两端的感应电压为

$$u = -e = -\left(-\frac{\mathrm{d}\Phi}{\mathrm{d}t} \right)$$

即

$$u = \frac{\mathrm{d}\Phi}{\mathrm{d}t}$$

若线圈匝数为 N，且穿过各匝的磁通均为 Φ，如图 3-30 所示，则关联参考方向下线圈两端的感应电压

$$u = N\frac{\mathrm{d}\Phi}{\mathrm{d}t} = \frac{\mathrm{d}\Psi}{\mathrm{d}t} \tag{3-8}$$

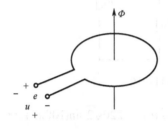

图 3-29   单匝线圈

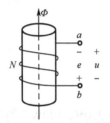

图 3-30   匝数为 N 的线圈

例 A12   测评目标：掌握感应电压。

如图 3-30 所示线圈的匝数为 N，且在图中所示的参考方向下，磁通 $\Phi > 0$。试分别确定磁通 Φ 增加和减少时，感应电动势 e 和感应电压 u 的真实极性。

【解】图中，Φ 和 e 的参考方向符合右手螺旋关系，故可应用式（3-7）分析 e 的真实极性；Φ 和 u 的参考方向关联，则可应用式（3-8）分析 u 的真实极性。

Φ 增加时，$\dfrac{\mathrm{d}\Phi}{\mathrm{d}t} > 0$，所以 $e = -N\dfrac{\mathrm{d}\Phi}{\mathrm{d}t} < 0$，说明 e 的真实极性与图 3-30 中所示的参考极性相反；而 $u = N\dfrac{\mathrm{d}\Phi}{\mathrm{d}t} > 0$，说明 u 的真实极性与图 3-30 中所示的参考极性相同。

Φ 减少时，$\dfrac{\mathrm{d}\Phi}{\mathrm{d}t} < 0$，所以 $e = -N\dfrac{\mathrm{d}\Phi}{\mathrm{d}t} > 0$，说明 e 的真实极性与图 3-30 中所示的参考极性相同；而 $u = N\dfrac{\mathrm{d}\Phi}{\mathrm{d}t} < 0$，说明 u 的真实极性与图 3-30 中所示的参考极性相反。

2. 电感元件和电感

电感元件是一种理想二端元件，它是实际线圈的理想化的模型。实际线圈通入电流时，线圈内及其周围都会产生磁场，并储存磁场能量。电感元件就是反映实际线圈这一基本性能的理想元件。如图 3-31 所示为电感元件的图形符号。

当电感线圈中有电流通过时，电流在该线圈内产生的磁通称为自感磁通。图 3-32 中，Φ_L 即表示电流 i_L 产生的自感磁通。其中，Φ_L 与 i_L 的参考方向符合右手螺旋关系，今后，将电

流与磁通的这一参考方向的关系也称做关联。如果线圈的匝数为 N，且穿过线圈每一匝的自感磁通都是 Φ_L，则

$$\Psi_L = N\Phi_L$$

即电流 i_L 产生的自感磁链。

图 3-31　电感元件的图形符号

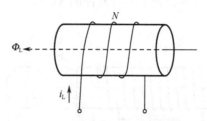

图 3-32　电流产生的自感磁通

电感元件的自感磁链与其电流的比为

$$L = \frac{\Psi_L}{i_L} \tag{3-9}$$

称为电感元件的电感系数，或自感系数，简称电感（Inductance）。

电感的 SI 单位为亨 [利]，简称为亨（H）；1H=1Wb/A。亨利的十进制分数单位毫亨（mH）和微亨（µH）也是常用的电感单位，它们和亨的关系为

$$1mH = 10^{-3}H$$
$$1µH = 10^{-6}H$$

如果电感元件的电感为常量，而不随通过它的电流的改变而改变，则称为线性电感元件；否则，为非线性电感元件。今后所说的电感元件，除非特别指明，都指的是线性电感元件。

电感元件和电感线圈也简称为电感。所以，电感一词有时是指电感元件或电感线圈，有时则是指电感元件或电感线圈的参数，即电感系数 L。

3. 影响电感的因素

电感线圈的电感与线圈的形状、尺寸、匝数及其周围的介质都有关系。图 3-33 所示的圆柱形线圈是常见的电感线圈之一。若线圈绕制均匀紧密，且其长度远大于截面半径，可以证明，一段圆柱形线圈的电感为

$$L = \mu\frac{N^2 S}{l} \tag{3-10}$$

式中，S 为线圈的截面积，l 表示该段线圈的轴向长度，N 为该段线圈的匝数，$\mu = \mu_N \mu_0$ 是磁介质的磁导率。

形状、尺寸、匝数完全相同的线圈，有铁芯和没有铁芯，由于磁导率的悬殊，其电感的大小相差几十乃至数千倍。

4. 电感元件的伏安特性

（1）瞬时描述

电感元件中的电流发生变化时，其自感磁链也随之变化，从而在元件两端产生自感电压。若选择 i_L、u_L 的参考方向都和磁通 Φ_L 关联，则 i_L 和 u_L 的参考方向也彼此关联，如图 3-33 所示。此时，自感磁链为

$$\Psi_L = Li_L$$

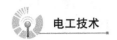

而自感电压为

$$u_L = \frac{d\varPsi_L}{dt} = \frac{d(Li_L)}{dt}$$

即

$$u_L = \frac{d(Li_L)}{dt} = L\frac{di_L}{dt} \qquad (3\text{-}11)$$

这就是关联参考方向下电感元件的 VCR。

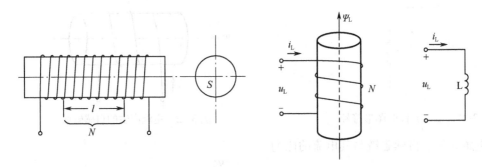

图 3-33　圆柱形线圈及电流、电压和磁通的参考方向关联

式（3-11）表明，电感元件的电压与其电流的变化率成正比。只有当元件的电流发生变化时，其两端才会有电压。因此，电感元件也叫动态元件。如果元件的电流不随时间变化，例如为直流时，由于没有磁通的变化，电感元件两端不会有感应电压。这时，电感中虽有电流，其两端电压却等于零。因而在直流电路中电感元件相当于短路。

（2）相量描述

设电感元件电压和电流的参考方向关联，如图 3-34 所示，当通过电感元件 L 的电流为

$$i_L = I_{Lm}\sin(\omega t + \varphi_{iL})$$

图 3-34　电感元件

则 L 两端产生的电压为

$$\begin{aligned}
u_L &= L\frac{di_L}{dt} = L\frac{d}{dt}[I_{Lm}\sin(\omega t + \varphi_{iL})]\\
&= \omega L I_{Lm}\sin(\omega t + \varphi_{iL} + 90°)\\
&= U_{Lm}\sin(\omega t + \varphi_{uL})
\end{aligned}$$

式中

$$U_{Lm} = \omega L I_{Lm} \quad （或 U_L = \omega L I_L）$$

$$\varphi_{uL} = \varphi_{iL} + 90°$$

以上结果表明，电压 u_L 和电流 i_L 是同频率的正弦量，并且电压 u_L 超前电流 i_L 的相位为 90°，即 $\varphi_{uL} = \varphi_{iL} + 90°$，它们的最大值或有效值之间的关系为 $U_{Lm} = \omega L I_{Lm}$ 或 $U_L = \omega L I_L$，它们有类似欧姆定律的关系。如图 3-35 所示为电感元件电压、电流的波形图。

电感元件两端的电压与通过它的电流有效值的比，反映了电感元件对电流的阻碍作用的大小，称做电感元件的感抗，用 X_L 表示，即

$$\frac{U_{Lm}}{I_{Lm}} = \frac{U_L}{I_L} = X_L = \omega L$$

它具有与电阻相同的量纲，单位也是Ω（欧姆）。X_L 与频率成正比，表明电感在高频情况下有较大的感抗。当 $\omega \to \infty$ 时，$X_L \to \infty$，电感相当于开路；当 $\omega = 0$ 时（即直流电路中），$X_L = 0$，电感相当于短路。图 3-36 所示为 X_L 随 ω 变化的曲线，称为 X_L 的频率特性。应该注

意，感抗只是电压与电流的幅值或有效值之比，而不是它们的瞬时值之比。

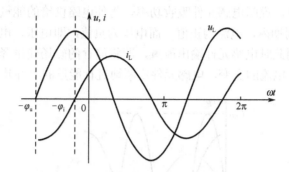

图 3-35 电感元件电压、电流波形

如用相量表示电压与电流的关系，则

$$\frac{\dot{U}}{\dot{I}} = \frac{U}{I} e^{j90^\circ} = jX_L$$

或

$$\dot{U} = jX_L\dot{I} = j\omega L\dot{I}$$

上式表示电压的有效值等于电流的有效值与感抗的乘积，在相位上电压比电流超前 90°，其相量图如图 3-37 所示。

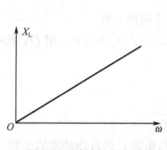

图 3-36 感抗的频率特性

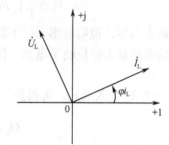

图 3-37 电感元件电压、电流相量图

5. 电感元件的功率和储能

（1）电感元件的功率

设电感元件上通过的电流（初相为零）为

$$i_L = I_{Lm} \sin \omega t$$

在关联方向下其端电压超前电流 90°，故电压可表示为

$$u_L = U_{Lm} \sin(\omega t + 90^\circ)$$

则电感元件的瞬时功率为

$$p = u_L i_L = U_{Lm} \sin(\omega t + 90^\circ) \cdot I_{Lm} \sin \omega t$$

$$= \frac{1}{2} U_{Lm} I_{Lm} \sin 2\omega t = U_L I_L \sin 2\omega t$$

可见，电感元件的功率也是时间的正弦函数，其频率为电流频率的两倍，且可绘出瞬时功率的曲线，如图 3-38 所示。

从图 3-38 中可见，在第一个 1/4 周期内，电压、电流均为正值，即它们的实际方向相同，因此，瞬时功率为正值，说明电感元件吸收功率，将外电路供给的能量转变为磁场能量储存起来。在第二个 1/4 周期内，电流为正值，而电压为负值，即电压、电流的实际方向相反，瞬时功率为负值，说明此时电感元件输出能量，即将储存的磁场能量释放出来。以后的过程与此类似。随着电压、电流的交变，电感元件不断地进行能量的"吞吐"。

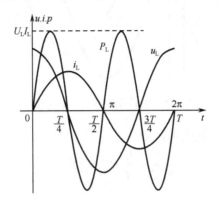

图 3-38 电感元件电压、电流和瞬时功率的波形

瞬时功率在电流的一个周期内的平均值（即平均功率）为

$$P_L = \frac{1}{T}\int_0^T p_L \mathrm{d}t = \frac{1}{T}\int_0^T U_L I_L \sin 2\omega t \mathrm{d}t = 0$$

平均功率为零，说明电感元件不消耗能量，它是一个储能元件。

瞬时功率的最大值反映了电感元件吞吐能量的规模，称为无功功率，用 Q_L 表示，即

$$Q_L = U_L I_L$$

将 $U_L = I_L X_L$ 代入上式，可得到

$$Q_L = U_L I_L = X_L I_L^2 = \frac{U_L^2}{X_L}$$

上式为电感元件无功功率的计算公式，其数学形式与电阻元件有功功率的计算公式相同。为区别于有功功率，无功功率的单位为 var（乏），1var=1V×1A。

电感元件不消耗能量，其感抗能限制交变电流，因此常用电感线圈做限流器、高频轭流线圈等。

例 A13 测评目标：交流电路中的电感元件。

电感线圈的电感 $L=0.0127\mathrm{H}$（电阻可忽略不计），接工频 $f=50\mathrm{Hz}$ 的交流电源，已知电源电压 $U=220\mathrm{V}$，求：①电感线圈的感抗 X_L、通过线圈的电流 I_L、线圈的无功功率 Q_L 和最大储能 W_{Lm}；②设电压的初相 $\varphi_{uL}=30°$，且电压、电流的参考方向关联，画出电压、电流的相量图；③若频率 $f=5000\mathrm{Hz}$，线圈的感抗又是多少？

解：①

$$X_L = \omega L = 2\pi f L = 2 \times 3.14 \times 50 \times 0.0127 = 4\ \Omega$$

$$I_L = \frac{U_L}{X_L} = \frac{220}{4} = 55\ \mathrm{A}$$

$$Q_L = U_L I_L = 220 \times 55 = 12100\ \mathrm{var}$$

$$W_{\text{Lm}} = \frac{1}{2}LI_{\text{Lm}}^2 = \frac{1}{2} \times 0.0127 \times (55\sqrt{2})^2 = 38.4 \text{ J}$$

②
$$\varphi_{\text{iL}} = \varphi_{\text{uL}} - 90° = 30° - 90° = -60°$$

则
$$\dot{U}_{\text{L}} = 220\angle 30° \text{ V}$$
$$\dot{I}_{\text{L}} = 55\angle -60° \text{ A}$$

电压、电流的相量图如图 3-39 所示。

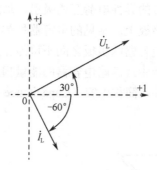

图 3-39　例 A13 图

③ 若频率 f=5000Hz，则感抗为
$$X_{\text{L}} = 2\pi f L = 2 \times 3014 \times 5000 \times 0.0127 = 400\Omega$$

（2）电感元件的储能

电感线圈有电流通过时，电流在线圈内及其周围建立起磁场，并储存磁场能量。因此，电感元件也是一种储能元件。

由电感元件 VCR 的微分形式可得电感元件的瞬时功率为
$$P_{\text{L}} = u_{\text{L}}i_{\text{L}} = Li\frac{\text{d}i_{\text{L}}}{\text{d}t}$$

设 t=0 瞬间电感元件的电流为零，经过时间 t 电流增至 i_{L}，则任一时间 t 电感元件储存的磁场能量为
$$W_{\text{L}} = \int_0^t P_{\text{L}}\text{d}t = \int_0^t Li_{\text{L}}\frac{\text{d}i_{\text{L}}}{\text{d}t}\text{d}t = \int_0^{i_{\text{L}}} Li_{\text{L}}\text{d}i_{\text{L}} = \frac{1}{2}Li_{\text{L}}^2\Big|_0^{i_{\text{L}}}$$

所以
$$W_{\text{L}} = \frac{1}{2}Li_{\text{L}}^2$$

上式中，若电感 L 的单位为 H，电流 i_{L} 的单位为 A，则 W_{L} 的单位为 J。

【课堂练习】

A13-1 线圈的电感 L=10mH，接 220V 工频电压，忽略其电阻，求线圈的感抗及通过线圈的电流；若电源电压的有效值不变，频率变为 5000Hz 时，再求感抗和电流。

A13-2 某线圈接工频电压时，测得其电流为 5A，电压为 300V。若电压的初相为 75°，线圈的电阻可以忽略，求：

① 线圈的电感；

② u 和 i 的解析式；

③ 线圈的无功功率；

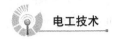

④ $t=T/2$ 时线圈储存的磁场能量。

任务3 交流电路中的电容元件

两个导体中间隔以电介质所构成的电器称为电容器（Capacitor），如图 3-40 所示。两个导体为电容器的电极，或称极板。当两个极板加上电压时，在极板上分别积累等量的正、负电荷，即对电容器进行了充电。每个极板所带电量的绝对值，称做电容器所带的电荷量。充电后如去掉电源，由于两极板所带的异性电荷互相吸引，加之中间介质绝缘，所以，一段时间内，电荷仍可聚集在电容器的极板上。常见的电容器种类很多，如有机薄膜电容器、云母电容器、电解电容器等。实际的电容器两极板之间不可能完全绝缘，有漏电流存在，因而就存在一定的能量损耗。在电路分析中，忽略电容器的能量损耗，将它看成一个只储存电场能量的理想电路器件，称为电容元件，简称电容（Capacitance），符号如图 3-41 所示。

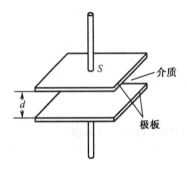

图 3-40　电容器的基本结构

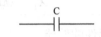

图 3-41　电容元件符号

电容元件容纳电量的多少与其两极间电压的大小有关，其电量与电压的比值为

$$C = \frac{q}{u} \tag{3-12}$$

其反映了电容元件容纳电荷的能力，称做电容元件的电容量，简称电容，用 C 表示。在数值上等于单位电压加于电容元件两端时，储存的电荷量的多少。在国际单位制（SI）中，电容的单位是法拉，简称法，符号是 F。在实际应用中，法拉这个单位太大，常用较小单位微法（μF）和皮法（pF），它们和 F 的换算关系是

$$1\mu F = 10^{-6} F$$
$$1pF = 10^{-12} F$$

如果电容元件的电容为常量，不随它所带电荷量的变化而变化，这样的电容元件为线性电容元件，今后所说的电容元件，如无特别说明，都是指线性电容元件。

1. 电容元件的 VCR

（1）瞬时描述

电容元件充电时极板上的电荷增多，放电时极板上的电荷减少。因此，在充、放电过程中，电路中存在着电荷的转移，形成了电流。

如图 3-42 所示电容电路，选择电压与电流为关联参考方向，根据电流的定义，得

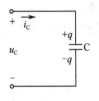

图 3-42　电容元件

$$i_C = \frac{dq}{dt}$$

由 $C = \dfrac{q}{u}$，得 $q=Cu$，代入上式得

$$i_C = C\frac{du}{dt} \qquad\qquad (3\text{-}13)$$

这就是关联参考方向下电容元件的 VCR。

式（3-13）表明，电容元件的电流与其电压的变化率成正比。当极板上的电荷量发生变化，极板间的电压也发生变化，如电容在充放电过程中电路中便形成了电流。如果极板间的电压不随时间变化，即为直流电压时，由于没有电荷的转移，电容支路中不会形成电流。这时，电容两端虽有电压，电流却等于零。因而在直流电路中电容元件相当于开路，这就是电容的隔直作用。

（2）相量描述

设电容元件电压、电流的参考方向关联，如图 3-43 所示，其两端电压为

$$u_C = U_{Cm}\sin(\omega t + \varphi_{uC})$$

则通过 C 的电流为

$$
\begin{aligned}
i_C &= C\frac{du_C}{dt} = C\frac{d}{dt}[U_{Cm}\sin(\omega t + \varphi_{uC})] \\
&= \omega C U_{Cm}\sin(\omega t + \varphi_{uC} + 90°) \\
&= I_{Cm}\sin(\omega t + \varphi_{iC})
\end{aligned}
$$

式中

$$I_{Cm} = \omega C U_{Cm} \text{ 或 } I_C = \omega C U_C$$
$$\varphi_{iC} = \varphi_{uC} + 90°$$

上式表明，电容元件在正弦交流电路中，电流 i_C 和电压 u_C 是同频率的正弦量，i_C 和 u_C 的波形如图 3-44 所示。电流 i_C 超前电压 u_C 的相位为 90°，即 $\varphi_{iC} = \varphi_{uC} + 90°$，它们之间大小关系为 $I_C = \omega C U_C$，同样有类似欧姆定律的关系。

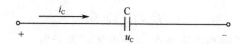

图 3-43 电容元件

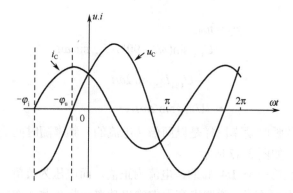

图 3-44 电容元件电压、电流的波形

电容元件两端的电压与通过它的电流有效值的比，反映了电容元件对电流的阻碍作用的大小，称做电容元件的容抗，用 X_C 表示，即

$$\frac{U_{Cm}}{I_{Cm}} = \frac{U_C}{I_C} = X_C = \frac{1}{\omega C}$$

容抗同样具有与电阻相同的量纲，单位也是Ω（欧姆）。X_C 与频率成反比，当频率 $\omega \to \infty$ 时，$X_C \to 0$，电容相当于短路；当 $\omega = 0$（即直流）时，$X_C \to \infty$，电容相当于开路，此即电容的隔直性能。对于给定的电容元件（即参数 C 一定），容抗 X_C 的频率特性曲线如图3-45所示。

如用相量表示电压与电流的关系，则为

$$\dot{I}_C = j\omega C \dot{U}_C$$

或
$$\dot{U}_C = -j\frac{1}{\omega C}\dot{I}_C = -jX_C\dot{I}_C$$

其相量图如图3-46所示。

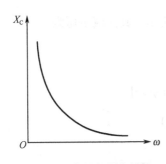

图 3-45 容抗的频率特性

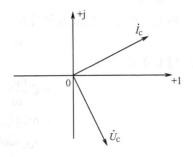

图 3-46 电容元件电压、电流的相量图

2. 电容元件的功率和储能

（1）电容元件的功率

知道了电压和电流的变化规律与相互关系后，便可找出瞬时功率的变化规律，如电容元件电流的初相为零，则

$$i_C = I_{Cm}\sin\omega t$$

在关联方向下其端电压滞后电流90°，故电压可表示为

$$u_C = U_{Cm}\sin(\omega t - 90°)$$

则电容元件的瞬时功率为

$$\begin{aligned}
p_C &= u_C i_C \\
&= U_{Cm}\sin(\omega t - 90°) \cdot I_{Cm}\sin\omega t \\
&= -\frac{1}{2}U_{Cm}I_{Cm}\sin 2\omega t \\
&= -U_C I_C \sin 2\omega t
\end{aligned}$$

显然，电容元件的瞬时功率同样是以两倍（电流的）频率随时间变化的正弦函数。则可绘出瞬时功率的曲线，如图3-47所示。

从图中可看出，在第一个 1/4 周期，电流为正值，而电压为负值，即电压、电流的实际方向相反，瞬时功率也为负值，说明电容元件输出功率，将在此之前储存于电场中的能量释放出来。第二个 1/4 周期，电压、电流均为正值，即它们的实际方向相同；瞬时功率也为正值，说明电容元件吸收功率，将外电路供给的能量又变成电场能量加以储存。以后的过程与此类似。随着电压、电流的交变，电容元件不断地进行能量的"吞吐"。将电容和电感两种元件的瞬时功率曲线加以比较可以发现，如果它们通过的电流同相，则当电容吸收能量时，电感在释放能量。

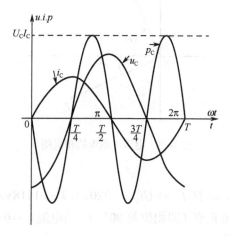

图 3-47 电容元件电压、电流和瞬时功率的波形

瞬时功率在一个周期内的平均值，即平均功率为

$$P_C = \frac{1}{T}\int_0^T p_C \mathrm{d}t = \frac{1}{T}\int_0^T -U_C I_C \sin 2\omega t \mathrm{d}t = 0$$

同电感一样，电容元件的平均功率也为零，它不消耗能量，也是一个储能元件。

正弦交流电路中电容元件吞吐能量的规模也用无功功率来衡量。电容元件的无功功率用 Q_C 表示。为了反映同一正弦交流电路中电容和电感在能量"吞吐"方面的相反作用，电容的无功功率定义为瞬时功率最大值的相反数，即

$$Q_C = -U_C I_C$$

$$= -X_C I_C^2 = -\frac{U_C^2}{X_C}$$

此式即为电容元件无功功率的计算公式，无功功率的绝对值才说明电容元件吞吐能量的规模。

例 A14　测评目标：交流电路中电容的电压电流。

电容元件的电容 $C=100\mu F$，接工频 $f=50Hz$ 的交流电源，已知电源电压 $\dot{U} = 220\angle-30°$ V，求①电容元件的容抗 X_C 和通过电容的电流 i_C，并画出电压、电流的相量图；②电容的无功功率 Q_C 和 $i_C=0$ 时电容的储能 W_C。

【解】（1）电容的容抗为

$$X_C = \frac{1}{2\pi f C} = \frac{1}{2\times 3.14 \times 50 \times 100 \times 10^{-6}} = 31.8\ \Omega$$

电容的电流为

$$\dot{I}_C = \frac{\dot{U}_C}{-\mathrm{j}X_C} = \frac{\dot{U}}{-\mathrm{j}X_C} = \frac{220\angle-30°}{31.8\angle-90°} = 6.9\angle60°\mathrm{A}$$

所以

$$i_C = 6.9\sqrt{2}\sin(314t + 60°)\mathrm{A}$$

电压、电流的相量图如图 3-48 所示。

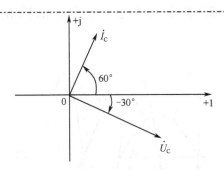

图 3-48　电压、电流的相量图

（2）无功功率为

$$Q_C = -U_C I_C = -U I_C = -220 \times 6.9 = -1518 \, \text{var}$$

由于电容的电压与电流正交（即相位差 $90°$），当电流 $i_C = 0$ 时，电压 u_C 恰为正或负的最大值，故此时电容的储能为

$$W_C = \frac{1}{2} C u_C^2 = \frac{1}{2} C U_{Cm}^2 = \frac{1}{2} \times 100 \times 10^{-6} \times (220\sqrt{2})^2 = 4.84 \, \text{J}$$

（2）储能

电容器充电后两极板间有电压，介质中就有电场，并储存电场能量，因此，电容元件是一种储能元件。

当选择电容元件上电压电流为关联参考方向时，电容元件的瞬时功率为

$$P_C = u_C i_C = u_C C \frac{\mathrm{d}u_C}{\mathrm{d}t}$$

若 $P>0$，电容吸收功率处于充电状态；若 $P<0$，电容释放功率处于放电状态。

设 $t=0$ 瞬间电容元件的电压为零，经过时间 t 电压升高至 u_C，则任一时刻 t 电容元件储存的电场能量为

$$W_C = \int_0^t P_C \mathrm{d}t = \int_0^t C u_C \frac{\mathrm{d}u_C}{\mathrm{d}t} \mathrm{d}t = \int_0^{u_C} C u_C \mathrm{d}u_C = \frac{1}{2} C u_C^2$$

若 C、u_C 的单位分别为 F、V，则 W_C 的单位为 J（焦耳）。

例 A15　测评目标：电容电流表达式。

如图 3-49（a）所示电路电容 $C=0.5\mu\text{F}$，电压 u 的波形如图 3-49（b）所示。求电容电流 i，并绘出其波形。

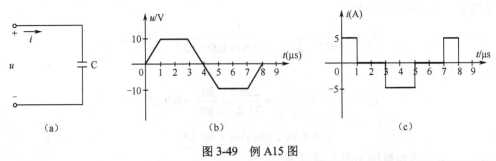

（a）　　　　　　　（b）　　　　　　　（c）

图 3-49　例 A15 图

解：由电压 u 的波形，应用式（3-13）分段计算，可求出电流 i。

① $0<t<1\mu s$。

$$\frac{\mathrm{d}u}{\mathrm{d}t}=\frac{10-0}{1\times10^{-6}}=10\times10^{6}\,\mathrm{V/s}$$

故 $0<t<1\mu s$ 时，有

$$i=C\frac{\mathrm{d}u}{\mathrm{d}t}=0.5\times10^{-6}\times10\times10^{6}=5\,\mathrm{A}$$

② $1\mu s<t<3\mu s$ 及 $5\mu s<t<7\mu s$，电压 u 为常量，其变化率为

$$\frac{\mathrm{d}u}{\mathrm{d}t}=0$$

故 $1\mu s<t<3\mu s$ 及 $5\mu s<t<7\mu s$ 时，有

$$i=0$$

③ $3\mu s<t<5\mu s$。

$$\frac{\mathrm{d}u}{\mathrm{d}t}=\frac{-10-10}{(5-3)\times10^{-6}}=\frac{-20}{2\times10^{-6}}=-10\times10^{6}\,\mathrm{V/s}$$

故 $3\mu s<t<5\mu s$ 时，有

$$i=C\frac{\mathrm{d}u}{\mathrm{d}t}=0.5\times10^{-6}\times(-10\times10^{-6})=-5\,\mathrm{A}$$

④ $7\mu s<t<8\mu s$。

$$\frac{\mathrm{d}u}{\mathrm{d}t}=\frac{0-(-10)}{(8-7)\times10^{-6}}=10\times10^{6}\,\mathrm{V/s}$$

故 $7\mu s<t<8\mu s$ 时，有

$$i=C\frac{\mathrm{d}u}{\mathrm{d}t}=0.5\times10^{-6}\times10\times10^{6}=5\,\mathrm{A}$$

由以上计算结果可绘出电流 i 的波形，如图3-49（c）所示。

【课堂练习】

A14-1 10μF 的电容，先后接频率为 50Hz 及 5000Hz 的正弦电压，电压有效值均为 220V，求两种情况下电容的容抗及电流。

课题3 交流电路的分析

任务1 R、L、C 串联电路分析

1. R、L、C 串联电路的相量描述

电阻 R、电感 L、电容 C 的串联电路如图3-50所示，设各元件电压 u_R、u_L、u_C 的参考方向均与电流的参考方向关联，由 KVL 得

$$u=u_R+u_L+u_C \tag{3-14}$$

由于都是线性元件，所以各电压 u_R、u_L 和 u_C 及电路端电压 u、端电流 i 都是同频率的正弦量，故各电压和电流都可以用相量表示，如图3-50所示。则有

$$\dot{U}=\dot{U}_R+\dot{U}_L+\dot{U}_C \tag{3-15}$$

其中

$$\dot{U}_R = R\dot{I}$$
$$\dot{U}_L = jX_L\dot{I} = j\omega L\dot{I}$$
$$\dot{U}_C = -jX_C\dot{I} = -j\frac{1}{\omega C}\dot{I}$$

（3-16）

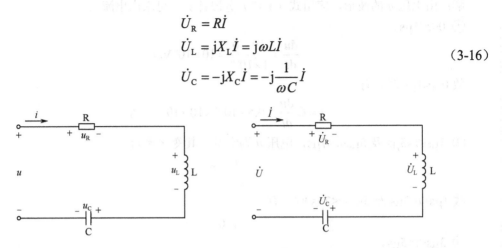

图 3-50　R、L、C 串联电路

由于电阻上电压与电流同相，电感电压超前于电流 90°，电容电压滞后于电流 90°。若以电流相量为参考相量，即 $\dot{I} = I\angle 0°$，绘出电压、电流的相量图如图 3-51 所示。图中 $\dot{U}$ 与 $\dot{U}_R$、$\dot{U}_X = \dot{U}_L + \dot{U}_C$ 组成一个直角三角形，称为电压三角形，其中 $\psi_z = \varphi_u - \varphi_i$ 为电压超前于电流的相位差。

通过电压三角形得到

$$U = \sqrt{U_R^2 + (U_L - U_C)^2}$$
$$\psi_z = \arctan\frac{U_L - U_C}{U_R}$$
$$U_R = U\cos\psi_z$$
$$U_L - U_C = U\sin\psi_z$$

（3-17）

当 $U_L-U_C>0$，即 $U_L>U_C$ 时，$\psi_z>0$，电压超前于电流，电路呈电感性，如图 3-51（a）所示。

当 $U_L-U_C<0$，即 $U_L<U_C$ 时，$\psi_z<0$，电压滞后于电流，电路呈电容性，如图 3-51（b）所示。

当 $U_L-U_C=0$，即 $U_L=U_C$ 时，$\psi_z=0$，电压与电流同相，电路呈电阻性，如图 3-51（c）所示。

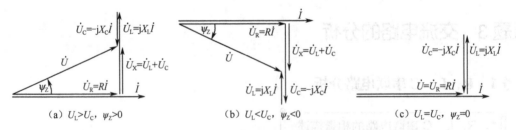

（a）$U_L>U_C$，$\psi_z>0$　　　　（b）$U_L<U_C$，$\psi_z<0$　　　　（c）$U_L=U_C$，$\psi_z=0$

图 3-51　R、L、C 串联电路的电压、电流相量图

将式（3-16）中各元件电压、电流的相量形式代入式（3-15），得

$$\dot{U} = R\dot{I} + jX_L\dot{I} - jX_C\dot{I}$$
$$= [R + j(X_L - X_C)]\dot{I}$$
$$= (R + jX)\dot{I}$$

（3-18）

其中，$X = X_L - X_C$ 称为电路的电抗。这就是 R、L、C 串联电路 VCR 的相量形式。

2. 复阻抗分析法

（1）复阻抗的定义

在关联参考方向下，正弦交流电路中任一线性无源单口的端口电压相量 $\dot{U}$ 与电流相量 $\dot{I}$ 的比称为该单口的复阻抗，用 Z 表示，即

$$Z = \frac{\dot{U}}{\dot{I}} = \frac{U\angle\varphi_\mathrm{u}}{I\angle\varphi_\mathrm{i}} = |Z|\angle\psi_\mathrm{z} \tag{3-19}$$

显然，复阻抗也是一个复数，但它不再是表示正弦量的复数，因而不是相量。在电路图中用电阻的图形符号表示复阻抗，如图 3-52（a）所示。

① 复阻抗的模——阻抗。

由式（3-19）知，复阻抗的模 $|Z|$ 等于电压与电流有效值的比，即

$$|Z| = \frac{U}{I}$$

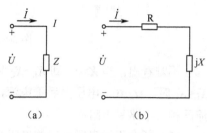

图 3-52　复阻抗的电路符号

显然，当电压有效值 U 一定时，复阻抗的模 $|Z|$ 越大，电流 I 越小，即 $|Z|$ 反映了电路对电流的阻碍作用，故称为阻抗。

② 复阻抗的辐角——阻抗角。

由式（3-19）知，复阻抗的辐角为电压超前于电流的相位差，即

$$\psi_\mathrm{z} = \varphi_\mathrm{u} - \varphi_\mathrm{i}$$

称为阻抗角。

（2）R、L、C 串联电路的复阻抗

由 R、L、C 串联电路 VCR 的相量形式和复阻抗的定义式，可得 R、L、C 串联电路的复阻抗与电源频率及元件参数的关系为

$$Z = R + \mathrm{j}X$$
$$= R + \mathrm{j}(X_\mathrm{L} - X_\mathrm{C})$$
$$= R + \mathrm{j}\left(\omega L - \frac{1}{\omega C}\right)$$

复阻抗是复数，因而可以用复平面上的有向线段来表示，如图 3-53 所示。图 3-53 中复阻抗 Z 与 R、$\mathrm{j}X$ 组成一个直角三角形，称为阻抗三角形。显然，阻抗三角形与电压三角形是相似三角形。由阻抗三角形得到下面的关系：

$$|Z| = \sqrt{R^2 + X^2}$$

$$= \sqrt{R^2 + (X_\mathrm{L} - X_\mathrm{C})^2} = \sqrt{R^2 + \left(\omega L - \frac{1}{\omega C}\right)^2}$$

$$\psi_\mathrm{z} = \arctan\frac{X}{R}$$

$$= \arctan\frac{X_\mathrm{L} - X_\mathrm{C}}{R} = \arctan\frac{\omega L - \dfrac{1}{\omega C}}{R}$$

$$R = |Z| \cos \psi_z$$

$$X = X_L - X_C = |Z| \sin \psi_z \qquad (3\text{-}20)$$

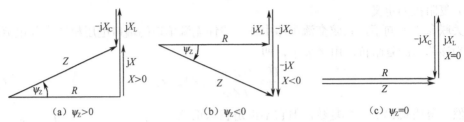

(a) $\psi_z > 0$ (b) $\psi_z < 0$ (c) $\psi_z = 0$

图 3-53   R、L、C 串联电路的复阻抗

不难看出，当 $X>0$，即 $X_L > X_C$ 时，$\psi_z > 0$，电压超前于电流，电路呈电感性；当 $X<0$，即 $X_L < X_C$ 时，$\psi_z < 0$，电压滞后于电流，电路呈电容性；若 $X=0$，即 $X_L = X_C$ 时，$\psi_z = 0$，电压与电流同相，电路呈电阻性。

（3）任意无源串联单口的复阻抗

任意个（无源）元件或复阻抗串联时，串联单口的等效复阻抗为

$$Z = \frac{\dot{U}}{\dot{I}} = \frac{\dot{U}_1 + \dot{U}_2 + \dot{U}_3 + \cdots}{\dot{I}} = \frac{\dot{U}_1}{\dot{I}} + \frac{\dot{U}_2}{\dot{I}} + \frac{\dot{U}_3}{\dot{I}} + \cdots = Z_1 + Z_2 + Z_3 + \cdots$$

即串联单口的等效复阻抗等于串联的各复阻抗之和。若串联的各复阻抗分别为

$$Z_1 = R_1 + jX_1, \quad Z_2 = R_2 + jX_2, \quad Z_3 = R_3 + jX_3 \cdots$$

则等效复阻抗为

$$\begin{aligned} Z &= Z_1 + Z_2 + Z_3 + \cdots \\ &= (R_1 + jX_1) + (R_2 + jX_2) + (R_3 + jX_3) + \cdots \\ &= (R_1 + R_2 + R_3 + \cdots) + j(X_1 + X_2 + X_3 + \cdots) \end{aligned}$$

其实部 $R = R_1 + R_2 + R_3 + \cdots$ 和虚部 $X = X_1 + X_2 + X_3 + \cdots$ 分别称为该单口的等效电阻和等效电抗。在电路图中，等效复阻抗 Z 可以表示成 R 与 jX 两部分串联，如图 3-52（b）所示。

例 A16   测评目标：R、L、C 串联电路。

电阻 R、电感 L、电容 C 的串联电路如图 3-54 所示，已知 $R = 15\,\Omega$，$L = 60\,\text{mH}$，$C = 25\,\mu\text{F}$，接正弦电压 $u = 100\sqrt{2}\sin 1\,000t\ \text{V}$，求电路中的电流 i 和各元件的电压 u_R、u_L 和 u_C。

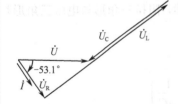

图 3-54   例 A16 图

【解】 $u \rightarrow \dot{U} = 100\angle 0° \text{ V}$

各元件的复阻抗分别为

$$Z_R = R = 15\,\Omega$$

$$Z_L = jX_L = j\omega L = j \times 1\,000 \times 60 \times 10^{-3} = j60\ \Omega$$

$$Z_C = -jX_C = -j\frac{1}{\omega C} = -j\frac{1}{1\,000 \times 25 \times 10^{-6}} = -j40\ \Omega$$

电路的复阻抗为

$$Z = Z_R + Z_L + Z_C = 15 + j60 - j40 = 15 + j20 = 25\angle 53.1°\,\Omega$$

则电路中电流相量为

$$\dot{I} = \frac{\dot{U}}{Z} = \frac{100\angle 0°}{25\angle 53.1°} = 4\angle -53.1°\,A$$

各元件电压的相量为

$$\dot{U}_R = Z_R\dot{I} = 15 \times 4\angle -53.1° = 60\angle -53.1°\,V$$

$$\dot{U}_L = Z_L\dot{I} = j60 \times 4\angle -53.1° = 240\angle 36.9°\,V$$

$$\dot{U}_C = Z_C\dot{I} = -j40 \times 4\angle -53.1°\quad 160\angle -143.1°\,V$$

由以上计算结果绘出各电流、电压的相量图，如图 3-54 所示。

各电流、电压的瞬时值表示式分别为

$$i = 4\sqrt{2}\sin(1\,000t - 53.1°)\,A$$

$$u_R = 60\sqrt{2}\sin(1\,000t - 53.1°)\,V$$

$$u_L = 240\sqrt{2}\sin(1\,000t + 36.9°)\,V$$

$$u_C = 160\sqrt{2}\sin(1\,000t - 143.1°)\,V$$

例 A17　测评目标：用相量图计算。

电感线圈的电路模型为一电感元件 L 和电阻元件 R 串联的电路。为测定电感线圈的参数 L 和 R，将其与一电阻 R'串联后，接频率 f=50Hz 的正弦电源，如图 3-55（a）所示。当电源电压 U=50V 时，测得电阻 R'两端电压 U_1=20V，线圈两端电压 U_2=40V，且电路中的电流 I=1A，求线圈的电感 L 和电阻 R。

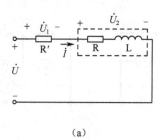
（a）

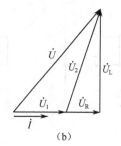
（b）

图 3-55　例 A17 图

【解】　相量图在正弦电路中常作为一种辅助的分析工具，如果使用得法，可根据相量图的几何关系进行简单运算，以简化电路的求解过程。现以本题为例说明使用相量图的分析方法。

先画出图（a）的电压和电流的相量图，如图（b）所示。以电路中的电流 i 作为参考相量，R'两端电压 $\dot{U}_1$ 与 i 同相，线圈上的电压 $\dot{U}_2$ 含有两个分量：$\dot{U}_R$ 也与 i 同相，$\dot{U}_L$ 超前于 i 90°。则可得

$$U^2 = (U_1 + U_R)^2 + U_L^2$$

$$U_2^2 = U_R^2 + U_L^2$$

则

$$U_R = \frac{U^2 - U_2^2 - U_1^2}{2U_1} = \frac{50^2 - 40^2 - 20^2}{2 \times 20} = 12.5\,V$$

$$U_L = \sqrt{U_2^2 - U_R^2} = \sqrt{40^2 - 12.5^2} \approx 38\,V$$

所以

$$R = \frac{U_R}{I} = \frac{12.5}{1} = 12.5\Omega$$

$$X_L = \frac{U_L}{I} = \frac{38}{1} = 38\Omega$$

$$L = \frac{X_L}{2\pi f} = \frac{38}{2 \times 3.14 \times 50} = 0.121\text{H}$$

【课堂练习】

A17-1 如图 3-56 所示各电路中，电流表 A_1、A_2 的读数都是 10A，求电流表 A 的读数。

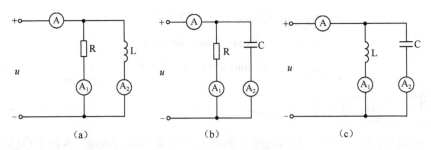

图 3-56 题 A17-1 图

A17-2 如图 3-57 所示各电路中，电压表 V_1、V_2、V_3 的读数都是 50V，求电压表 V 的读数。

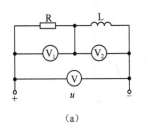 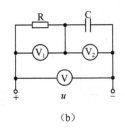 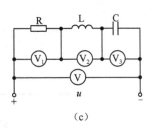

图 3-57 题 A17-2 图

A17-3 电路如图 3-58 所示，已知 R=680Ω，输入端口电压的频率 ω=1000rad/s，欲使输入电压 u_i 超前于输出电压 u_o 60°，电容 C 应为多少？

A17-4 日光灯工作时的电路模型如图 3-59 所示，已知灯管电阻 R=200Ω，镇流器电阻 R_L=20Ω，电感 L=1.45H，电源为市电 220V，求电路的电流 I、灯管的电压 $\dot{U}_1$ 和镇流器电压 $\dot{U}_2$。

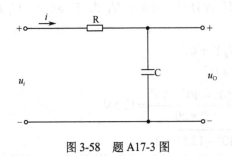 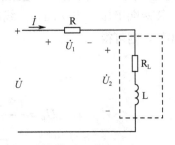

图 3-58 题 A17-3 图   图 3-59 题 A17-4 图

A17-5　已知 R、L、C 串联电路的电阻 $R=10\Omega$，感抗 $X_L=15\Omega$，容抗 $X_C=5\Omega$，求电路的复阻抗；若所接电源电压 $u = 10\sqrt{2}\sin(314t + 30°)$ V，求电流 i 和电压 $\dot{U}_R$、$\dot{U}_L$、$\dot{U}_C$，并画出电压、电流的相量图。

任务2　正弦交流电路的功率

1. 交流电路功率的描述

任一线性无源单口网络如图 3-60 所示，设其电压、电流的参考方向关联，且电流为参考正弦量，即

$$i = I_m \sin \omega t$$

则电压可表示为

$$u = U_m \sin(\omega t + \psi)$$

式中，ψ 为电压 u 与电流 i 的相位差，即该网络的阻抗角。

网络吸收的瞬时功率为

$$p = ui = I_m \sin \omega t \cdot U_m \sin(\omega t + \psi)$$
$$= UI \cos \psi - UI \cos(2\omega t + \psi)$$

图 3-61 为任意线性无源单口网络电压、电流和功率的波形图。从波形图不难看出：电压、电流同为正值或同为负值时，瞬时功率为正值，网络吸收功率；若电压和电流一正一负，则瞬时功率为负值，网络发出功率。这说明网络与外电路有能量的交换。含储能元件的单口网络一般情况下（除非端口电压与电流同相）对外都会有能量的交换。从波形图还可看到：功率曲线与横轴所围成的图形，在横轴上方部分的面积比横轴下方部分的大，说明网络吸收的能量多于释放的能量，即网络与外电路交换能量的同时，内部（由于电阻的存在）也要消耗一部分能量。

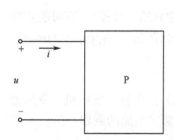

图 3-60　线性无源单口网络

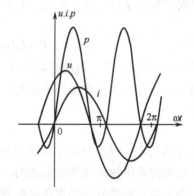

图 3-61　任意线性无源单口网络电压、电流和功率的波形

2. 有功功率、无功功率、视在功率及功率因数

（1）有功功率

将瞬时功率的表达式代入有功功率的定义式，得

$$P = \frac{1}{T}\int_0^T p\,\mathrm{d}t$$

不难得到网络吸收的有功功率为

$$P = UI \cos\psi$$

对于 R、L、C 串联单口网络，可知电路的有功功率为

$$P = UI \cos\psi = U_R I = P_R$$

即等于电阻的有功功率。这是因为电路中只有电阻是耗能元件；电感和电容都是储能元件，它们只进行能量的"吞吐"而不消耗能量。可以证明，对于任意线性无源单口网络，其有功功率等于该网络内所有电阻的有功功率之和。

（2）无功功率

由于储能元件的存在，网络与外部一般会有能量的交换，能量交换的规模仍可用无功功率来衡量，其定义为

$$Q = UI \sin\psi$$

对于 R、L、C 串联电路，可得

$$Q = UI \sin\psi = (U_L - U_C)I = Q_L + Q_C$$

即电路的无功功率等于电感和电容的无功功率之和。可以证明，对于任意线性无源单口网络，其所吸收的无功功率等于该网络内所有电感和电容的无功功率之和。当网络为感性时，阻抗角 $\psi > 0$，则无功功率 $Q > 0$；若网络为容性，阻抗角 $\psi < 0$，则无功功率 $Q < 0$。

需要指出的是，无功功率的正负只说明网络是感性还是容性的，其绝对值才体现网络对外交换能量的规模。电感和电容无功功率的符号相反，标志它们在能量吞吐方面的互补作用。利用它们互相补偿，可以限制网络对外交换能量的规模。以 R、L、C 串联电路为例，由于串联电路各元件的电流相同，但电容和电感的电压反相，因此两元件的瞬时功率符号相反；当其中一个元件吸收能量的同时，另一个元件恰恰在释放能量，一部分能量只在两元件之间往返转移，电路整体与外部交换能量的规模也就相对缩小了。

（3）视在功率

由于网络对外有能量的交换，因此，使网络吸收的有功功率小于电压与电流有效值的乘积，即

$$P = UI \cos\psi < UI$$

此时乘积 UI 虽不是已经实现的有功功率，却是一个有可能达到的"目标"（有可能实现的最大有功功率），故称电压有效值与电流有效值的乘积为网络的视在功率（Apparent Power），用 S 表示，即

$$S = UI$$

为区别于有功功率，视在功率不用瓦（W），而用伏安（VA）为单位。发电机、变压器等电源设备的容量就是用视在功率来描述的，它等于额定电压与额定电流的乘积。

有功功率和无功功率可分别用视在功率表示为

$$P = UI \cos\psi = S \cos\psi$$

$$Q = UI \sin\psi = S \sin\psi$$

（4）功率因数

有功功率与视在功率的比值称为网络的功率因数（Power Factor），用 λ 表示，即

$$\lambda = \frac{P}{S}$$

则可得

$$\lambda = \cos\psi$$

即无源单口网络的功率因数 λ 等于该网络阻抗角（或电压超前于电流的相位差角）ψ 的余弦值，ψ 角因此也被称做功率因数角。显然网络为电阻性时，才有 $\lambda=1$，$P=S$；感性和容性情况下 λ 都小于1，即 $P<S$。

（5）复功率分析

视在功率、有功功率、无功功率和功率因数之间的关系，可用一个复数来统一表示。令 $\tilde{S} = P + jQ = S\angle\psi$，这个复数称为复数功率，简称复功率。

若用 $\overset{*}{I}$ 表示网络电流相量 $\dot{I}$ 的共轭复数，即 $\overset{*}{I} = I\angle-\varphi_i$，则复数 $\overset{*}{I}$ 与网络电压相量 $\dot{U}$ 的乘积为

$$\tilde{S} = \dot{U}\overset{*}{I} = U\angle\varphi_u \cdot I\angle-\varphi_i$$
$$= UI\angle(\varphi_u - \varphi_i) = S\angle\psi = S\cos\psi + jS\sin\psi = P + jQ$$

显然，乘积 $\tilde{S}$ 仍是一个复数，其模为网络的视在功率，幅角即网络的功率因数角；其实部为网络的有功功率，而虚部则是网络的无功功率，故称乘积 $\tilde{S}$ 为网络的复功率。复功率既然是复数，当然也可以用复平面上的有向线段来表示，如图3-62所示。图3-62中，$\tilde{S}$、P 与 jQ 构成一个直角三角形，称为功率三角形。显然，同一无源单口网络的功率三角形与电压三角形、阻抗三角形都相似。

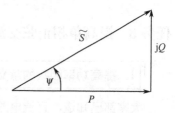

图3-62　功率三角形

$$\tilde{S} = \dot{U}\overset{*}{I} = U\angle\varphi_u \cdot I\angle-\varphi_i$$
$$= UI\angle(\varphi_u - \varphi_i) = S\angle\psi = S\cos\psi + jS\sin\psi = P + jQ$$

例A18　测评目标：计算各种功率。

R、L、C 串联电路接 220V 工频电源，已知 $R=30\Omega$，$L=382mH$，$C=40\mu F$，求电路的功率因数，并计算电路的电流及视在功率、有功功率和无功功率。

【解】
$$X_L = 2\pi fL = 2\times 3.14\times 50\times 382\times 10^{-3} = 120\,\Omega$$
$$X_C = \frac{1}{2\pi fC} = \frac{1}{2\times 3.14\times 50\times 40\times 10^{-6}} = 80\,\Omega$$

电路的复阻抗　$Z = R + jX = 30 + j(120-80) = 30 + j40 = 50\angle 53.1°\,\Omega$

电路的功率因数　$\lambda = \cos\psi = \dfrac{R}{|Z|} = \dfrac{30}{50} = 0.6$

电路的电流　$I = \dfrac{U}{|Z|} = \dfrac{220}{50} = 4.4A$

视在功率　$S = UI = 220\times 4.4 = 968\,VA$

有功功率　$P = S\cos\psi = 968\times 0.6 = 580.8\,W$

无功功率　$Q = S\sin\psi = S\dfrac{X}{|Z|} = 968\times\dfrac{40}{50} = 774.4\,var$

交流电力系统中的负载多为感性负载，功率因数普遍小于1。如广泛使用的异步电动机，功率因数在满载时不过0.8左右，空载和轻载时仅为0.2～0.5；照明用的日光灯功率因数也只有0.3～0.5。

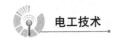

【课堂练习】

A18-1 电路如图 3-63 所示，已知 $R=X_L=X_C=20\Omega$，电路的平均功率为80W，求电流 $\dot{I}_C$、$\dot{I}$ 及 $\dot{U}$。

A18-2 电路如图 3-64 所示，已知 $\dot{U}_{ab}=1V$，求电流 $\dot{I}$ 和 $\dot{U}$。

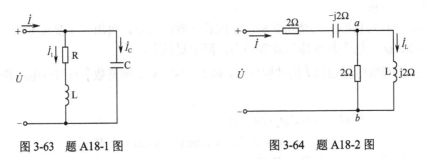

图 3-63　题 A18-1 图　　　　　　　图 3-64　题 A18-2 图

任务3　提高单相正弦交流电路的功率因数

1. 提高功率因数的意义

大家都已知道，直流电路的功率等于电流与电压的乘积，但交流电路则不然。在计算交流电路的平均功率时还要考虑电压与电流间的相位差 ψ，即

$$P = UI\cos\psi$$

式中的 $\cos\psi$ 是电路的功率因数。前面已知道，电压与电流间的相位差或电路的功率因数决定于电路（负载）参数。只有在电阻负载（如白炽灯、电阻炉等）的情况下，电压和电流才同相，其功率因数为1。对其他负载来说，其功率因数均介于0与1之间。

当电压与电流之间有相位差时，即功率因数不等于1，电路中发生能量互换，出现无功功率 $Q = UI\sin\psi$。这样就引起下面两个问题：

（1）发电设备的容量不能充分利用。

$$P = U_N I_N \cos\psi = S_N \cos\psi$$

其中，$S_N = U_N I_N$ 为电源的容量。显然，当负载的功率因数小于1时，而发电机的电压和电流又不允许超过额定值，这时发电机所能发出的有功功率就减小了。功率因数越低，发电机所发出的有功功率就越小，而无功功率却越大。无功功率越大，即电路中能量互换的规模越大，则发电机发出的能量就不能充分利用，其中有一部分在发电机与负载之间进行互换，就这一部分能量而言，电源可谓劳而"无功"。

（2）增加线路和发电机绕组的功率损耗。

当发电机的电压 U 和输出的功率 P 一定时，电流 I 与功率因数成反比，而线路和发电机绕组上的功率损耗 ΔP 则与 $\cos\psi$ 的平方成反比，即

$$\Delta P = rI^2 = \left(r\frac{P^2}{U^2}\right)\frac{1}{\cos^2\psi}$$

式中，r 是发电机绕组和线路的电阻。

可见，提高网络的功率因数，对于充分利用电源设备的容量，提高供电效率和供电质量，是十分必要的。

2. 提高功率因数的方法

提高功率因数最简便的方法，就是在感性负载的两端并联一个容量合适的电容器。感性负载之所以功率因数小于 1，是因为其运行时建立的磁场必须与外电路不断交换能量而要求一定的无功功率。电容的无功功率与电感的无功功率符号相反，标志着它们在能量吞吐方面的互补作用。利用这种互补作用，在感性负载的两端并联电容器，由电容器代替电源就近提供感性负载所要求的部分或全部无功功率，这样就能减轻电源的"无功"之劳，从而提高网络的功率因数。

如图 3-65（a）所示为一感性负载的电路模型，由电阻 R 与电感 L 串联组成。其两端并联电容器之前，线路电流 $\dot{I}$（也就是负载电流 $\dot{I}_1$）滞后于电压 $\dot{U}$ 的相位差为 ψ_1，如图 3-65（b）所示。感性负载两端并联电容 C 之后，负载电流 $\dot{I}_1$ 不变，但电压 $\dot{U}$ 与线路电流 $\dot{I}$ 之间的相位差变小为 ψ_2，如图 3-65（b）所示。显然

$$\cos\psi_2 > \cos\psi_1$$

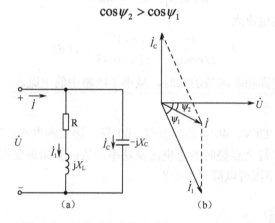

图 3-65 用并联电容的方法提高网络功率因数

即并联电容后，网络整体的功率因数高于感性负载本身的功率因数。可见，提高功率因数是指提高电源或电网的功率因数，而不是指提高某个电感性负载的功率因数。并联电容器没有影响负载的复阻抗，因而也不会改变负载的功率因数。

在电感性负载上并联了电容器以后，减少了电源与负载之间的能量互换。这时电感性负载所需的无功功率大部分由电容器供给，能量的互换主要发生在电感性负载与电容器之间，因而使发电机容量能得到充分利用。

其次，由图 3-65 可见，并联电容器以后线路电流也减小了，因而减小了功率损耗。

应该注意，并联电容器以后有功功率并未改变，因为电容器是不消耗电能的。

> **例 A19** 测评目标：提高功率因数。
>
> 有一感性负载，其功率 $P=10\text{kW}$，功率因数 $\cos\psi_1=0.6$，接 220V 工频电源，欲将功率因数提高为 $\cos\psi_2=0.95$，应与该负载并联一个多大的电容？并联电容前后线路中的电流分别是多少？
>
> 解：由图 3-65（b）可得
>
> $$I_C = \omega CU = I_1\sin\psi_1 - I\sin\psi_2$$

$$= \frac{P}{U\cos\psi_1}\sin\psi_1 - \frac{P}{U\cos\psi_2}\sin\psi_2$$

$$= \frac{P}{U}(\tan\psi_1 - \tan\psi_2)$$

所以

$$C = \frac{P}{\omega U^2}(\tan\psi_1 - \tan\psi_2)$$

由 $\cos\psi_1 = 0.6$ 得 $\tan\psi_1 = 1.33$，由 $\cos\psi_2 = 0.95$ 得 $\tan\psi_2 = 0.33$，代入上式得

$$C = \frac{10\times10^3}{2\times3.14\times50\times220^2}(1.33 - 0.33) = 658\mu F$$

并联电容前的线路电流（负载电流）为

$$I_1 = \frac{P}{U\cos\psi_1} = \frac{10\times10^3}{220\times0.6} = 75.8A$$

并联电容后的线路电流为

$$I = \frac{P}{U\cos\psi_2} = \frac{10\times10^3}{220\times0.95} = 47.8A$$

可见，并联电容提高功率因数的同时，减小了线路中的电流。

【课堂练习】

A19-1 某教学楼有 220V、40W 的日光灯 100 只，接工频电网，日光灯工作时功率因数为 0.5，求：①该楼日光灯全点亮时的总电流及功率因数；②如果要把功率因数提高到 0.9，应并联多大的电容？总电流可以降至多少？

课题 4　谐振现象

由于谐振是频率选择的基础，所以电路中的谐振对于某些类型的电子系统的工作，特别是通信领域的电子系统的工作而言尤为重要。例如，收音机或者电视机接收器选台的能力（选择某个电台的发射频率，同时屏蔽其他电台的频率）就是基于谐振原理的。

任务 1　串联谐振

所谓谐振（Reronantce），是指含电容和电感元件的线性无源二端网络对某一频率的正弦激励（达稳态时）所表现的端口电压与电流同相的现象。能发生谐振的电路称为谐振电路。谐振电路又分为串联谐振电路和并联谐振电路。本小节讨论串联谐振电路。

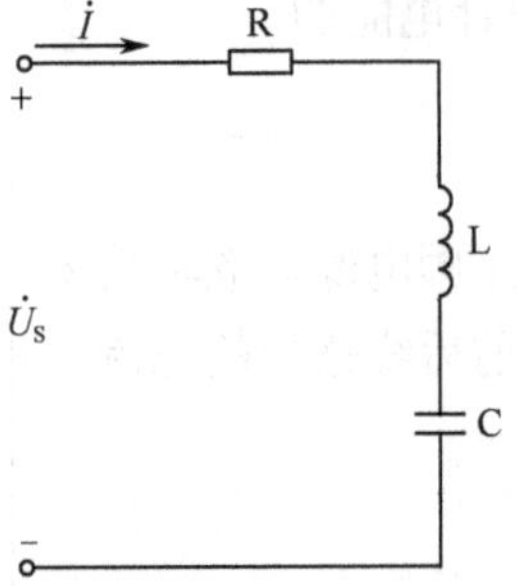

串联谐振电路由电感线圈和电容器串联组成，其电路模型如图 3-66 所示。其中，R 和 L 分别为线圈的电阻和电感，C 为电容器的电容。在角频率为 ω 的正弦电压作用下，该电路的复阻抗为

$$Z = R + j\left(\omega L - \frac{1}{\omega C}\right)$$

$$= R + j(X_L - X_C) = R + jX \qquad (3\text{-}21)$$

$$= |Z|\angle\psi_Z = \sqrt{R^2 + X^2}\angle\arctan\frac{X}{R}$$

图 3-66　串联谐振电路

式中，感抗 $X_L = \omega L$，容抗 $X_C = \dfrac{1}{\omega C}$，电抗 $X = X_L - X_C$，阻抗角 $\psi_Z = \arctan\dfrac{X}{R}$ 均为电源角频率 ω 的函数。

1. 串联谐振的条件

谐振时 $\dot{U}_S$ 和 $\dot{I}$ 同相，即 $\psi = 0$，所以电路谐振时应满足

$$X = 0$$
$$X_L = X_C \qquad\qquad (3\text{-}22)$$
$$\omega L = \frac{1}{\omega C}$$

2. 串联谐振的频率、电路的固有频率

当电源角频率 $\omega = \omega_0$（或 $f = f_0$）时，电路发生串联谐振，由式（3-22）得

$$\omega_0 = \frac{1}{\sqrt{LC}}$$
$$f_0 = \frac{1}{2\pi\sqrt{LC}} \qquad\qquad (3\text{-}23)$$

上式说明，R、L、C 串联电路谐振时 ω_0（或 f_0）仅取决于电路参数 L 和 C，当 L、C 一定时，ω_0（或 f_0）也随之而定，故称 ω_0（或 f_0）为电路的固有频率。

对于给定的 R、L、C 串联电路，当电源角频率等于电路的固有角频率时，电路发生谐振。

若电源频率 ω 一定，要使电路谐振，可以通过改变电路参数 L 或 C，以改变电路的固有频率 ω_0，使 $\omega = \omega_0$ 时电路谐振。调节 L 或 C 使电路发生谐振的过程称为调谐。由谐振条件可知，调节 L 或 C 使电路谐振，电感元件与电容元件的关系为

$$L = L_0 = \frac{1}{\omega^2 C}$$
$$C = C_0 = \frac{1}{\omega^2 L}$$

3. 串联谐振的特征

（1）串联谐振时的阻抗及电路的特性阻抗

串联谐振时电路的电抗 $X=0$，因而电路的复阻抗为

$$Z = Z_0 = R + jX = R \qquad\qquad (3\text{-}24)$$

因此，串联谐振时，阻抗最小且为纯阻抗，而感抗和容抗分别为

$$X_{L0} = \omega_0 L = \frac{1}{\sqrt{LC}} L = \sqrt{\frac{L}{C}} = \rho \qquad\qquad (3\text{-}25)$$

$$X_{C0} = \frac{1}{\omega_0 C} = \sqrt{LC}\,\frac{1}{C} = \sqrt{\frac{L}{C}} = \rho \qquad\qquad (3\text{-}26)$$

$$\omega_0 L = \frac{1}{\omega_0 C} = \sqrt{\frac{L}{C}} = \rho \qquad\qquad (3\text{-}27)$$

ρ 称为电路的特性阻抗，单位为 Ω，ρ 的大小仅取决于 L 和 C，式（3-27）说明谐振时

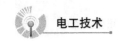

感抗和容抗相等，并且等于电路的特性阻抗 ρ 。

（2）谐振时的电流

串联电路谐振时，电路的复阻抗为纯电阻 $Z_0 = R$ ，若设端口正弦电压为 $\dot{U}_{\mathrm{S}}$ （如图 3-67 所示），则电路中的电流为

$$\dot{I}_0 = \frac{\dot{U}_{\mathrm{S}}}{Z_0} = \frac{\dot{U}_{\mathrm{S}}}{R} \tag{3-28}$$

与端口电压相同，其大小关系为

$$I_0 = \frac{U_{\mathrm{S}}}{R}$$

此时电流 I_0 最大。

（3）串联谐振时的电压及电路的品质因数

① 电阻上的电压。

$$\dot{U}_{\mathrm{R0}} = R\dot{I}_0 = R\frac{\dot{U}_{\mathrm{S}}}{R} = \dot{U}_{\mathrm{S}} \tag{3-29}$$

可见，串联谐振时电阻上的电压等于端口电压（即电源电压）。

② 电感电压和电容电压。

$$\dot{U}_{\mathrm{L0}} = jX_{\mathrm{L0}}\dot{I}_0 = j\omega_0 L\frac{\dot{U}_{\mathrm{S}}}{R} = jQ\dot{U}_{\mathrm{S}} \tag{3-30}$$

$$\dot{U}_{\mathrm{C0}} = -jX_{\mathrm{C0}}\dot{I}_0 = -j\frac{1}{\omega_0 C}\frac{\dot{U}_{\mathrm{S}}}{R} = -jQ\dot{U}_{\mathrm{S}} \tag{3-31}$$

其中

$$Q = \frac{\omega_0 L}{R} = \frac{1}{\omega_0 CR} = \frac{\rho}{R} \tag{3-32}$$

Q 称为电路的品质因数。在实际电路中，Q 值比较大（几十到几百），所以串联谐振时，电感和电容上的电压往往高出电源电压很多倍（ $U_{\mathrm{L0}} = U_{\mathrm{C0}} = QU_{\mathrm{S}}$ ），因此，串联电路也称为电压谐振。在实际应用中，应注意这一现象。

③ 串联谐振时，端口电压和电流的相量图如图 3-67 所示，从相量图可以看出电路中各电压间的关系为

$$\begin{aligned}\dot{U}_{\mathrm{S}} &= \dot{U}_{\mathrm{R0}} + \dot{U}_{\mathrm{L0}} + \dot{U}_{\mathrm{C0}}\\ &= \dot{U}_{\mathrm{R0}} + jQ\dot{U}_{\mathrm{S}} - jQ\dot{U}_{\mathrm{S}}\\ &= \dot{U}_{\mathrm{R0}}\end{aligned} \tag{3-33}$$

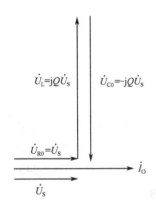

图 3-67　串联谐振时的电压、电流相量图

（4）串联谐振时的功率

串联电路谐振时，因为 $\psi = 0$ ，所以电路的无功功率为零，即

$$Q = Q_{\mathrm{L}} - Q_{\mathrm{C}} = U_{\mathrm{S}}I\sin\psi = 0 \tag{3-34}$$

上式说明，谐振时电感和电容之间进行着能量的相互交换，而与电源之间无能量交换，电源只向电阻提供能量。

例 A20　测评目标：串联谐振特点。

如图 3-66 所示电路中，$R=10\Omega$，$L=50\mu H$，$C=200pF$，求电路的谐振频率 f_0、特性阻抗 ρ 和品质因数 Q；若电源电压 $U_S=1mV$，求谐振时电路中的电流和电容两端的电压。

【解】　由式（3-23）得

$$f_0 = \frac{1}{2\pi\sqrt{LC}} = \frac{1}{2\pi\sqrt{50\times10^{-6}\times200\times10^{-12}}} = 1.59MHz$$

由式（3-27）得

$$\rho = \sqrt{\frac{L}{C}} = \sqrt{\frac{50\times10^{-6}}{200\times10^{-12}}} = 500\Omega$$

由式（3-32）得

$$Q = \frac{\rho}{R} = \frac{500}{10} = 50$$

谐振时的电流为

$$I_0 = \frac{U_S}{R} = \frac{10^{-3}}{10} = 0.1mA$$

谐振时的电容电压可由式（3-31）求得

$$U_{C0} = QU_S = 50\times1\times10^{-3} = 0.05V$$

或

$$U_{C0} = X_{C0}I_0 = \rho I_0 = 500\times0.1\times10^{-3} = 0.05V$$

4.串联谐振电路的频率特性

（1）阻抗和导纳的频率特性

当电源频率变化时，串联谐振电路的复阻抗 Z 随频率变化，其中复阻抗的模值随频率的变化称为幅频特性，阻抗角随频率的变化称为相频特性，其特性曲线如图 3-68（a）、（b）所示。

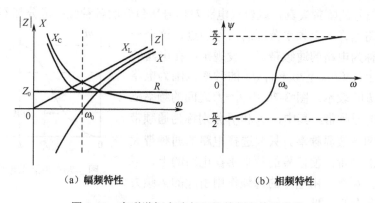

（a）幅频特性　　　　　　　　　　（b）相频特性

图 3-68　串联谐振电路复阻抗的频率特性曲线

如图 3-68 为 X_C、X_L 与阻抗随频率变化时各曲线变化的图示。频率为零时，电容可看做开路，且电感可看做短路，故 X_C 与 Z 均为无穷大，且 X_L 为零。随着频率增加，X_C 逐渐减小而 X_L 逐渐增加。在频率低于固有频率时，X_C 大于 X_L，Z 随着 X_C 减小的趋势逐渐减小。当频率等于固有频率时，$X_L = X_C$，$Z=R$。当频率高于固有频率时，X_L 较 X_C 增长的速度要快一些，因此导致 Z 增加。

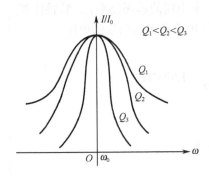

图 3-69　串联谐振电路的电流谐振曲线

（2）电流的谐振曲线

在串联电路中，电流的谐振曲线如图 3-69 所示。由曲线分析可知，当 $\omega = \omega_0$ 时，回路中的电流最大，若 ω 偏离 ω_0，电流将减小，即远离 ω_0 的频率，回路产生的电流很小。这说明串联谐振电路具有选择所需频率信号的能力，即可通过调谐选出 ω_0 点附近的信号，同时对远离 ω_0 点的信号给予抑制。所以在实际电路中常作为选频电路。

从曲线可看出：Q 值越大，谐振曲线越尖锐，回路的选择性越好；相反，若 Q 值小，则曲线越平坦，回路的选择性越差。

$\Delta f = f - f_0$ 是频率离开谐振点的绝对值，称为绝对失调，$\dfrac{\Delta f}{f_0}$ 称为相对失调。

（3）串联谐振电路的通频带

① 幅频失真和通频带。

实际信号一般都含有多种频率成分而占有一定的频率范围，或者说占有一定的频带。例如，无线电调幅广播电台信号的频带宽度为 9kHz，调频广播电台信号的频带宽度为 200kHz。当实际信号电压作用于串联谐振电路时，由于电路的选频作用，电路中的电流和各元件的电压不可能保持实际信号中各频率成分振幅之间原有的比例，其中偏离谐振频率的成分会受到不同程度的抑制而被相对削弱，这种情况称为幅频失真。假设串联谐振电路的输入信号电压中含有振幅相等的几种不同频率成分，则由图 3-69 不难看出，电路的电流中这些频率成分的振幅是不可能相等的，即电流将产生幅频失真。电流谐振曲线的形状越尖锐，即电路的 Q 值越高，选择性越好，选用 Q 值较高的谐振回路有利于从众多的信号中选择所需的频率信号，抑制其他信号的干扰。

为了限制信号的幅频失真，就要求电路对信号所包含的各种频率成分都不要过分抑制，或者说要求电路允许一定频率范围的信号通过，这个一定的频率范围称为电路的通频带。一般规定：在电路的电流谐振曲线上，I / I_0 不小于 $1/\sqrt{2}$ 的频率范围为电路的通频带，用 BW 表示。图 3-70 中 $f_1 \sim f_2$ 之间的频率范围即为某电路的通频带，其中，f_2 和 f_1 分别称为通频带的上边界频率和下边界频率。只要选择电路的通频带大于或等于信号的频带，使信号的频带落在电路的上、下边界频率之间，那么，由电路的选频作用引起的幅频失真就被认为是允许的，即

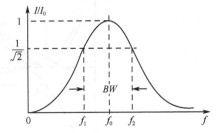

图 3-70　串联谐振电路的通频带

$$BW = f_2 - f_1 = (f_2 - f_0) + (f_0 - f_1) \approx \Delta f + \Delta f = 2\Delta f$$

② 通频带与品质因数的关系。

由通频带的定义可知，在通频带的边界频率上，有

$$\frac{I}{I_0} = \frac{1}{\sqrt{2}} \tag{3-35}$$

可得到

$$BW = 2\Delta f = \frac{f_0}{Q} \tag{3-36}$$

式（3-36）表明，串联谐振电路的通频带 BW 与电路的品质因数 Q 成反比，Q 值越大，谐振曲线越尖锐，通频带越窄，回路的选择性越好；相反，Q 值越小，通频带宽了，回路的选择性越差。所以，在实际应用中，应根据需要适当选择 BW 和 Q 的值。

例 A21　测评目标：串联谐振通频带。

串联谐振电路谐振于 770kHz，已知电路的电阻 $R=10\Omega$，若要求电路的通频带 $BW=10$kHz，则电路的品质因数是多少？电路的参数 L 和 C 分别为何值？

【解】　因为

$$BW = \frac{f_0}{Q}$$

所以

$$Q = \frac{f_0}{BW} = \frac{770}{10} = 77$$

$$\rho = QR = 77 \times 10 = 770\Omega$$

$$L = \frac{\rho}{2\pi f_0} = \frac{770}{2 \times 3.14 \times 770 \times 10^3} = 159\mu H$$

$$C = \frac{1}{2\pi f_0 \rho} = \frac{1}{2 \times 3.14 \times 770 \times 10^3 \times 770} = 268pF$$

【课堂练习】

A21-1 R、L、C 串联电路中，$L=10\mu H$，$C=100pF$，$R=20\Omega$，求电路的谐振频率 ω_0、特性阻抗 ρ 和品质因数 Q；若电路谐振时信号源电压 $U_S=2$mV，求 U_{C0}、U_{L0}。

A21-2 R、L、C 串联电路的特性阻抗 $\rho=100\Omega$，且当信号源频率 $\omega_0=1500$rad/s 时发生谐振。试求元件参数 L 和 C。

A21-3 R、L、C 串联电路，当电源频率 $f=500$Hz 时发生谐振，已知谐振时电容的容抗 $X_C=314\Omega$，且电容电压是电源电压的 20 倍。试求该电路的电阻和电感。

A21-4 已知 R、L、C 串联谐振电路中，$R=10\Omega$，$C=1\mu F$，$L=0.01$H，求电路的通频带。

任务 2　并联谐振

并联谐振电路由电感线圈和电容器并联组成。如图 3-71 所示为并联谐振电路的模型，其中 R 和 L 分别为电感线圈的电阻和电感，C 为电容器的电容。为了便于将并联谐振电路同串联谐振电路进行比较，对并联谐振电路同样定义其固有频率、特性阻抗和品质因数分别如下。

$$\omega_0 = \frac{1}{\sqrt{LC}}、\quad \rho = \sqrt{\frac{L}{C}}、\quad Q = \frac{\rho}{R}$$

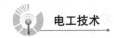

1. 并联谐振的条件

由图 3-71 所示电路可得电路的复导纳为

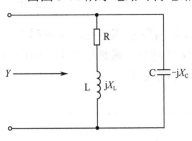

图 3-71 并联谐振电路

$$Y = \frac{1}{R + j\omega L} + j\omega C$$

$$= \frac{R}{R^2 + (\omega L)^2} + j\left[\omega C - \frac{\omega L}{R^2 + (\omega L)^2}\right]$$

$$= G + jB$$

并联谐振时，端口电压与电流同相，此时电路表现为纯阻性，电路的电纳为零，即复导纳的虚部为零，则并联谐振的条件为

$$\omega C - \frac{\omega L}{R^2 + \omega^2 L^2} = 0$$

即

$$\omega C = \frac{\omega L}{R^2 + \omega^2 L^2} \tag{3-37}$$

在实际电路中，由于均满足 $Q \gg 1$ 的条件 $\omega_0 L \gg R$，式（3-37）可简化为

$$\omega_0 L \approx \frac{1}{\omega_0 C}$$

所以，当 $Q \gg 1$ 时，并联谐振电路发生谐振时的角频率和频率分别为

$$\omega_0 \approx \frac{1}{\sqrt{LC}}$$

$$f_0 \approx \frac{1}{2\pi\sqrt{LC}} \tag{3-38}$$

调节 L、C 的参数值，或者改变电源频率，均可使并联电路发生谐振。

2. 并联谐振的特征

（1）谐振阻抗

并联谐振时，回路阻抗为纯电阻，端口电压与总电流同相，当 $Q \gg 1$ 时，电路阻抗为最大值，电路导纳为最小值。

在电子技术中，因为 $Q \gg 1$，所以并联谐振电路的谐振阻抗很大，一般在几十千欧至几百千欧之间。

（2）并联谐振时电路的端电压

若并联谐振电路外接电流源，如图 3-72 所示，则谐振时电路的端口电压为

$$\dot{U}_0 = \dot{I}_S Z_0 = \frac{L}{RC}\dot{I}_S$$

由于谐振时电路的阻抗接近最大值，因而在电流源激励下电路两端的电压最大。

（3）并联谐振时电路的电流

如图 3-72 所示电路中，设谐振时回路的端电压为 $\dot{U}_0$，则 $\dot{U}_0 = \dot{I}_S Z_0 = \dot{I}_0 Q \omega_0 L \approx \dot{I}_0 Q \frac{1}{\omega_0 C}$，

电感和电容支路的电流分别为

$$\dot{I}_{C0} = \frac{\dot{U}_0}{\dfrac{1}{j\omega_0 C}} = j\omega_0 C\dot{U}_0 = jQ\dot{I}_0 \qquad (3\text{-}39)$$

$$\dot{I}_{L0} = \frac{\dot{U}_0}{R + j\omega_0 L} \approx \frac{\dot{U}_0}{j\omega_0 L} = \dot{I}_0 Q\omega_0 L\left(-j\frac{1}{\omega_0 L}\right) = -jQ\dot{I}_0$$

上式表明，并联谐振时，在 $Q \gg 1$ 的条件下，电容支路电流和电感支路电流的大小近似相等，是总电流 I_0 的 Q 倍，所以并联谐振又称为电流谐振，而它们的相位接近相反，其电压和电流的相量图如图 3-73 所示。

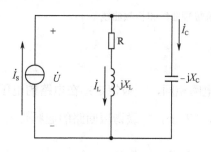

图 3-72 并联谐振电路外接电流源

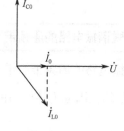

图 3-73 并联谐振的电压和电流的相量图

例 A22　测评目标：并联谐振特点。

电路如图 3-72 所示，已知电路参数 $R=10\Omega$，$L=0.01H$，$C=0.01\mu F$，求电路的品质因数 Q，并联谐振频率 f_0 和谐振阻抗 $|Z_0|$；若电流源的电流 $I_S=1mA$，求并联谐振时各支路的电流和电路两端的电压。

【解】

$$\rho = \sqrt{\frac{L}{C}} = \sqrt{\frac{0.01}{0.01 \times 10^{-6}}} = 1k\Omega$$

$$Q = \frac{\rho}{R} = \frac{10^3}{10} = 100 \gg 1$$

$$f_0 = \frac{1}{2\pi\sqrt{LC}} = \frac{1}{2 \times 3.14 \times \sqrt{0.01 \times 0.01 \times 10^{-6}}} = 15.9kHz$$

$$|Z_0| = Q^2 R = 100^2 \times 10 = 100k\Omega$$

$$I_{L0} = I_{C0} = QI_S = 100 \times 1 \times 10^{-3} = 0.1A$$

$$U_0 = |Z_0| I_S = 100 \times 10^3 \times 1 \times 10^{-3} = 100V$$

3. 并联谐振电路的频率特性

并联电路的电压幅频曲线和相频曲线分别如图 3-74（a）、（b）所示。

并联谐振电路电压幅频特性曲线与串联谐振电路的电流幅频特性曲线具有相同的形状，说明 Q 值越大，曲线越尖锐，选择性越好。

相频特性曲线用来说明信号通过谐振回路产生的相位失真。实验表明，相频特性曲线在 ω_0 点附近越接近直线，产生的相位失真越小，由图 3-74 可知，Q 值越大，相位失真越小。

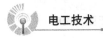

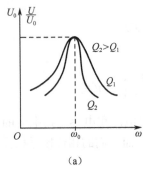

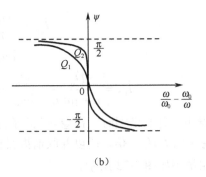

| (a) | (b) |

图 3-74　并联电路的电压幅频曲线和相频曲线

4. 并联谐振电路的通频带

并联谐振电路的通频带的定义和串联谐振电路相同，一般规定：在电路的电压谐振曲线上 $U \geqslant \dfrac{1}{\sqrt{2}}U_0$ 的范围称为该回路的通频带，用 BW 表示。并联谐振回路的通频带为

$$BW = f_2 - f_1 = 2\Delta f = \frac{f_0}{Q} \tag{3-40}$$

因此，并联谐振电路同样存在通频带与选择性之间的矛盾，应根据需要选择参数。例如，电视机在接收某频道射频信号时，其接收信号部分即要有较宽的通频带（8MHz），又要选择性好（抑制相邻频道信号）。

【课堂练习】

A22-1　某并联谐振电路在其谐振频率附近可近似等效为 R、L、C 三元件并联，已知 L=20mH，C=8pF，R=2.5kΩ。求电路的谐振频率 f_0、品质因数 Q，以及通频带 BW。

课题 5　基于实际任务的综合技能训练

任务　基于日光灯的实验设计

【技能目标】　日光灯是交流电路最常用的负载，了解其工作特性；学习设计相关电路及措施测量，处理其参数，是电工的基础职能。

1. 实验目的

（1）了解日光灯电路的组成、工作原理和线路的连接。

（2）研究日光灯电路中电压、电流相量之间的关系。

（3）理解改善电路功率因数的意义并掌握其应用方法。

2. 实验原理

（1）日光灯电路的组成

日光灯电路是一个 R、L 串联电路，由灯管、镇流器、起辉器组成，如图 3-75 所示。由于有感抗元件，功率因数较低，提高电路功率因数实验可以用日光灯电路来验证。

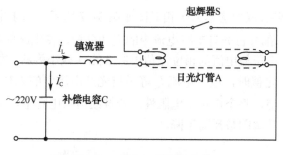

图 3-75 日光灯的组成电路

灯管：内壁涂上一层荧光粉，灯管两端各有一个灯丝（由钨丝组成），用来发射电子，管内抽真空后充有一定的氩气与少量水银，当管内产生辉光放电时，发出可见光。

镇流器：绕在硅钢片铁芯上的电感线圈。它有两个作用，一是在启动过程中，起辉器突然断开时，其两端感应出一个足以击穿管中气体的高电压，使灯管中气体电离而放电。二是正常工作时，它相当于电感器，与日光灯管相串联产生一定的电压降，用来限制、稳定灯管的电流，故称为镇流器。实验时，可以认为镇流器是由一个等效电阻 R_L 和一个电感 L 串联组成的。

起辉器：一个充有氖气的玻璃泡，内有一对触片，一个是固定的静触片，一个是用双金属片制成的 U 形动触片。动触片由两种热膨胀系数不同的金属制成，受热后，双金属片伸张与静触片接触，冷却时又分开。所以起辉器的作用是使电路接通和自动断开，起一个自动开关的作用。

（2）日光灯点亮过程

电源刚接通时，灯管内尚未产生辉光放电，起辉器的触片处在断开位置，此时电源电压通过镇流器和灯管两端的灯丝全部加在起辉器的两个触片上，起辉器的两触片之间的气隙被击穿，发生辉光放电，使动触片受热伸张而与静触片构成通路，于是电流流过镇流器和灯管两端的灯丝，使灯丝通电预热而发射热电子。与此同时，由于起辉器中动、静触片接触后放电熄灭，双金属片因冷却复原而与静触片分离。在断开瞬间镇流器感应出很高的自感电动势，它和电源电压串联加到灯管的两端，使灯管内水银蒸汽电离产生弧光放电，并发射紫外线到灯管内壁，激发荧光粉发光，日光灯就点亮了。

灯管点亮后，电路中的电流在镇流器上产生较大的电压降（有一半以上电压），灯管两端（也就是起辉器两端）的电压锐减，这个电压不足以引起起辉器氖管的辉光放电，因此它的两个触片保持断开状态。即日光灯点亮正常工作后，起辉器不起作用。

（3）日光灯的功率因数

日光灯点亮后的等效电路如图 3-76 所示。灯管相当于电阻负载 R_A，镇流器用内阻 R_L 和电感 L 等效代之。由于镇流器本身电感较大，故整个电路功率因数很低，整个电路所消耗的功率 P 包括日光灯管消耗功率 P_A 和镇流器消耗的功率 P_L。只要测出电路的功率 P、电流 I、总电压 U 及灯管电压 U_R，就能算出灯管消耗的功率 $P_A=I \times U_R$，镇流器消耗的功率 $P_L=P-P_A$，$\cos\varphi = \dfrac{P}{UI}$。

（4）功率因数的提高

日光灯电路的功率因数较低，一般在 0.5 以下，为了提高电路的功率因数，可以采用与电感性负载并联电容器的方法。此时总电流 I 是日光灯电流 I_L 和电容器电流 I_C 的相量和：

$\dot{I} = \dot{I}_L + \dot{I}_C$，日光灯电路并联电容器后的相量图如图 3-77 所示。由于电容支路的电流 I_C 超前电压 U 90°，抵消了一部分日光灯支路电流中的无功分量，使电路的总电流 I 减小，从而提高了电路的功率因数。电压与电流的相位差角由原来的 φ_1 减小为 φ，故 $\cos\varphi > \cos\varphi_1$。

当电容量增加到一定值时，电容电流 I_C 等于日光灯电流中的无功分量，$\varphi=0$，$\cos\varphi=1$，此时总电流下降到最小值，整个电路呈电阻性。若继续增加电容量，总电流 I 反而增大，整个电路变为容性负载，功率因数反而下降。

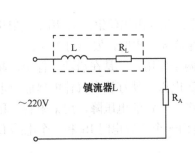

图 3-76　日光灯工作时的等效电路

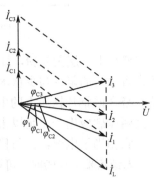

图 3-77　日光灯并联电容器后的相量图

3. 实验预习要求

（1）预习日光灯工作原理，并联电容器对提高感性负载功率因数的原理、意义及其计算公式。

（2）如图 3-76 所示电路中，日光灯管（R_A）与镇流器（R_L、L）串联后，接于 220V、50Hz 的交流电源上，点亮后，测得其电流 $I=0.35A$，功率 $P=40W$，灯管两端电压 $U_A=100V$。要求写出下列各待求量的计算式。

① 求 $\cos\varphi_1=?$　$\varphi_1=?$　$R_A=?$　$R_L=?$　$L=?$　灯管消耗的功率 P_A 和镇流器消耗的功率 P_L 为多少？

② 并联 $C=3\mu F$ 后，求 $I_C=?$　$I=?$　$\cos\varphi=?$

③ 按比例画出并联电容器后的相量图（计算出电压与总电流的相位差角 φ）。

（3）熟悉交流电压表、电流表和单相自耦调压器的主要技术特性，并掌握其正确的使用方法。

4. 实验设备与器件

交流电压表、交流电流表、功率表、自耦调压器、镇流器、电容器、起辉器、日光灯管。

5. 实验内容与步骤

日光灯实验线路如图 3-78 所示。

提高感性负载功率因数实验：实验线路中，按 2.2μF、4.7μF、6.9μF，依次并上电容器 C_1、C_2、C_3。当电容变化时，分别记录功率表及电压表读数，测得三条支路电流 I、I_L、I_C 的值。测量数据记入表 3-1 中。

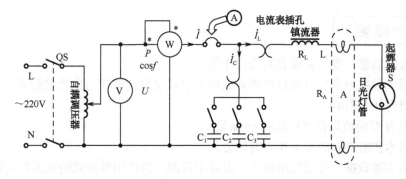

图 3-78　日光灯实验线路

表 3-1　日光灯功率因数提高实验参数测量

电容值	测量数据					计算值		
（μF）	P（W）	U（V）	I（mA）	I_L（mA）	I_C（mA）	$\cos\varphi$	φ	I'（mA）
0								
2.2								
4.7								
6.9								

注：表中 I' 为 I 的计算值，$\dot{I}=\dot{I}_L+\dot{I}_C$，其中 I_L 和 I_C 为表中测量值。

6.　实验思考题

（1）给出计算 R_A、R_L、L 的计算过程及公式。

（2）计算出本实验中灯管消耗的功率 P_A 和镇流器消耗的功率 P_L。

（3）画出当电容为 0、2.2μF、4.7μF、6.9μF 时类似图 3-67 的电压、电流相量图，要求计算出各总电流 $\dot{I}$ 与总电压 $\dot{U}$ 的相位差角，给出公式及计算过程。

（4）若要使本实验中日光灯电路完全补偿（也就是功率因数提高到 1），需要并联多大容值的电容？请给出计算式并计算出最后结果。

（5）是否并联电容越大，功率因数越高？为什么？

（6）当电容量改变时，功率表有功功率的读数、日光灯的电流、功率因数是否改变？为什么？

7.　实验注意事项

（1）本实验用交流市电 220V，用单相自耦调压器来实现电压调节，当供电电源电压为 220V 时，调压器的输出可在 0～250V 之间连续调节，务必注意人身和设备的安全。注意电源的火线和地线，在实际安装日光灯时，开关应接在火线上。

（2）在使用自耦调压器过程中，接通电源前，都必须将电压调至零电压处（即逆时钟旋转到头，然后再合上电源，逐渐增大电压至需要值）。

（3）不能将 220V 的交流电源不经过镇流器而直接接在灯管两端，否则将损坏灯管。

（4）功率表、电压表、电流表要正确接入电路，电流表应串入电路中测量电流。

（5）电路接线正确，日光灯不能起辉时，应检查起辉器及其接触是否良好。

（6）每次改接线路，一定要在断开电源的情况下进行，以免发生意外。

8. 实验报告要求

（1）结合实验思考题，完成表的数据计算。

（2）根据实验数据说明日光灯电路并联电容器后总电流变化与电容量的关系，电容量过大对电路性质有什么影响。

（3）以电容 C 的值为自变量绘制 cosφ 曲线。

（4）小结本实验得到的结论和心得体会。

（5）根据实验数据，分别绘出电压、电流相量图，验证相量形式的基尔霍夫定律。

复习题

1. 交流电与直流电的区别是（　　）。

A. 交流电的电压变化而直流电的电压不变化

B. 交流电的方向变化而直流电的方向不变化

C. A 和 B 都包括

D. A 和 B 不都包括

2. 一个周期内正弦波（　　）到达峰值。

A. 一次　　　　　B. 两次　　　　　C. 四次　　　　　D. 取决于频率，可以有很多次

3. 频率为 12kHz 的正弦波比以下（　　）频率的正弦波变化更快。

A. 20kHz　　　　B. 15kHz　　　　C. 10kHz　　　　D. 1.25MHz

4. 周期为 2ms 的正弦波比以下（　　）的正弦波变化更快。

A. 1ms　　　　　B. 2.5ms　　　　C. 1.5ms　　　　D. 1000us

5. 正弦波的频率为 60Hz 时，10s 内正弦波经历了（　　）周期。

A. 6 个　　　　　B. 10 个　　　　C. 1/16 个　　　　D. 600 个

6. 如果正弦波的峰值为 10V，那么峰峰值是（　　）。

A. 20V　　　　　B. 5V　　　　　C. 100V　　　　D. 以上值都不是

7. 如果正弦波的峰值为 20V，那么均方根值是（　　）。

A. 14.14V　　　B. 6.37V　　　　C. 7.07V　　　　D. 0.707V

8. 如果正弦波的平均值为 10V，那么一个完整周期内其平均值是（　　）。

A. 0V　　　　　B. 6.37V　　　　C. 7.07V　　　　D. 5V

9. 正弦波的峰值为 20V，半个周期的平均值为（　　）

A. 0V　　　　　B. 6.37V　　　　C. 12.74V　　　　D. 14.14V

10. 一个正弦波正向穿越零点时的相位角是 10°，另外一个正弦波正向穿越零点时的相位角是 45°，两个正弦波间的相位差是（　　）。

A. 55°　　　　　B. 35°　　　　　C. 0°　　　　　D. 以上值都不是

11. 如图 3-79 所示，试计算电阻 R_1 与 R_2 上电压的半周期平均值，图中所示的电压值为均方根值。

12. 如图 3-80 所示，$i_s = 50\sqrt{2}\sin(10t + 53.1°)$A，$i_1 = 40\sqrt{2}\sin(10t + 90°)$A，$u = 300\sqrt{2}\sin 10t$V，试判断阻抗 z_2 的性质，并求出参数。

13. 如图 3-81 所示，已知 I_1=3A，I_2=4A。

（1）若 $z_1=R_1$，$z_2=-jX_C$，则 I 为多少？

（2）若 $z_1=R$，问 z_2 为何参数，才能使 I 最大？此时 I 为何值？

（3）若 $z_1=jX_L$，问 z_2 为何值时 I 最小？此时 I 为何值？

14．RLC 串联的交流电路，$R=10\Omega$，$X_C=8\Omega$，$X_L=6\Omega$，通过该电路电流为 21.5A。求该电路的有功功率、无功功率和视在功率。

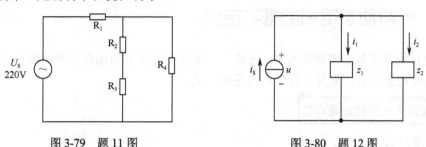

图 3-79　题 11 图　　　　　　图 3-80　题 12 图

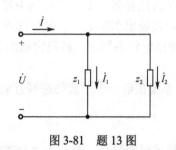

图 3-81　题 13 图

模块 4　一阶动态电路的分析

课题 1　一阶动态电路的基本描述

这里将详细解读我们的研究对象，何谓"一阶动态电路"；引出我们将从哪一些层面展开对一阶动态电路的分析；研究一阶动态电路的意义。

1. 何谓"一阶动态电路"

（1）何谓"动态"

"动态"，就是过渡的过程，是自然界各种事物在运动中普遍存在的现象。停在站内的火车速度为零，是一种稳定状态；若其驶出车站后，在某区间内以一定速度匀速直线行驶，则是另一种稳定状态。火车从前一种稳定状态到后一种稳定状态，需经历一个加速行驶的过程，这就是过渡过程。

简言之，"动态"就是物体或系统在前一个平衡稳态被打破，与下一个平衡稳态建立之前的过渡过程。

（2）一阶动态电路

显然，如果研究对象是电系统的过渡过程，就称为"动态电路"。

电路中为何会产生"动态"呢？产生电路的过渡过程必备条件是什么呢？

打破前一个稳态的平衡，就是动态的开始，这个瞬间称为"换路"。"换路"的实现，可以是电路开关的接通或切断、激励或参数的突变等，对一个稳态的电路而言就是一个外加的扰动，这也是电路产生过渡过程的外部必备条件。

此时，如果电路含有电感或电容这样的储能元件，阻碍新的稳态的建立，才使得两个稳态之间产生明显的过渡过程。因此，电路中存在储能元件就是电路产生过渡过程的内部必备条件。

生活中最常见实例发生在日光灯上。把开关接通，灯通常不会马上亮，眼睛会观察到明显的过渡过程。一般这个过程历时很短，故也称为暂态过程。

暂态过程虽然短暂，却是不容忽视的。脉冲数字技术中，电路的工作状态主要是暂态，也是本书研究的领域；而在电力系统中，过渡过程产生的瞬间过电压或过电流，则可能危及设备甚至人身安全，必须采取措施加以预防。所以，我们研究动态电路的意义就在于一方面利用、发挥其特性，为我所用；另一方面又要在特殊领域避免其危害。

电容元件的电流与电压的变化率成正比，电感元件的电压则与其电流的变化率成正比，因而储能元件也称为动态元件。由于动态元件的 VCR 是微分关系，所以，含动态元件的电路即动态电路的 KCL、KVL 方程都是微分方程。只含一个动态元件的电路只需用一阶微分方程来描述，故称为一阶电路。简单判别，即有且只有一个储能元件的电路，就是一阶电路，如果研究其过渡过程，就称为"一阶动态电路"。

如图 4-1（a）中，含有一个储能元件为电感且由开关控制通断，这样的电路就具备产生过渡过程的条件，称为"一阶 RL 动态电路"。

如图 4-1（b）中，和图（a）一样，只是储能元件为电容，所以称为"一阶 RC 动态电路"。

这两个电路就是我们这一模块的研究对象。

本书的研究对象就建立在一阶 RC/RL 电路上。

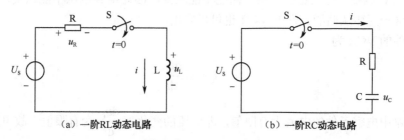

（a）一阶RL动态电路　　　　　　　（b）一阶RC动态电路

图 4-1　典型一阶动态电路

（3）动态电路的研究内容

将前面对动态电路的描述，图解如下。

图 4-2 中清晰可见一个完整的动态过程，经过了 3 个阶段：前一个稳态、动态和下一个稳态。

虽然我们的研究定位在动态过程中某一个物理量随时间的变化规律 $f(t)$，但其起点与终点却和 $t=0$、$t=\infty$ 时刻的稳态有关。

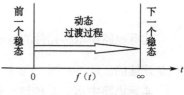

图 4-2　动态电路的描述

因此，下一步需要研究的内容包括：

① 在前一个稳态中，对后面的动态有影响的物理量是什么？怎么量化计算？

② 在换路的瞬间到底发生了什么？怎么量化分析？这就是"换路定律"的研究内容。

③ 在过渡过程中，各元件各物理量间变化的约束规律是什么？显然元件的伏安特性、电路结构的 KCL、KVL 约束规律，是研究的基础。

④ 下一个稳态发生在什么时刻？怎么量化分析？

2. 换路定律及初始值

（1）换路定律

含储能元件的电路换路后之所以会发生过渡过程，是由储能元件的能量不能跃变所决定的。电容元件和电感元件都是储能元件。实际电路中电容和电感的储能都只能连续变化，这是因为实际电路所提供的功率只能是有限值。如果它们的储能发生跃变，则意味着功率为

$$p = \frac{\mathrm{d}w}{\mathrm{d}t} \to \infty$$

即电路需向它们提供无限大的功率，这实际上是办不到的。

电容元件储存的能量为

$$w_\mathrm{C} = \frac{1}{2}Cu_\mathrm{C}^2 \tag{4-1}$$

而电感元件储存的能量为

$$w_L = \frac{1}{2} L i_L^2 \tag{4-2}$$

从式（4-1）、式（4-2）可以看出，由于储能不能跃变，因此电容电压不能跃变，电感电流也不能跃变。这一规律从储能元件的 VCR 也可以看出。

电容元件的 VCR 为

$$i_C = C \frac{\mathrm{d}u_C}{\mathrm{d}t}$$

实际电路中电容元件的电流为有限值，即电压的变化率 $\dfrac{\mathrm{d}u_C}{\mathrm{d}t}$ 为有限值，故电压 u_C 的变化是连续的。

电感元件的 VCR 为

$$u_L = L \frac{\mathrm{d}i_L}{\mathrm{d}t}$$

实际电路中电感元件的电压 u_L 为有限值，即电流的变化率 $\dfrac{\mathrm{d}i_L}{\mathrm{d}t}$ 为有限值，故电流 i_L 的变化是连续的。

实际电路中 u_C、i_L 的这一规律适合于任一时刻，当然也适合于换路瞬间。即换路瞬间电容电压不能跃变，电感电流不能跃变，这就是换路定律。设瞬间（$t=0$）发生换路，则换路定律可用数学式表示为

$$\left. \begin{aligned} u_C(0_+) &= u_C(0_-) \\ i_L(0_+) &= i_L(0_-) \end{aligned} \right\} \tag{4-3}$$

其中，0_- 表示 t 从负值趋于零的极限，即换路前的最后瞬间，代表换路前一个稳态的信息；0_+ 则表示 t 从正值趋于零的极限，即换路后的最初瞬间，代表换路后的初始状态。

（2）$t=0$ 时刻储能元件参数的计算

从式（4-3）可知，$t=0$ 时刻包含两种状态，需要研究两类信息：

① 换路前一瞬间记为 $t=0_-$ 时刻，代表换路前一个稳态的信息。而这个与换路后有关联的信息，有且只有储能元件的能量值，而由式（4-1）和式（4-2）可知实际表征物理量是电容 $u_C(0_-)$ 和电感 $i_L(0_-)$，称为 $t=0_-$ 时刻的稳态值。

② 换路后一瞬间记为 $t=0_+$ 时刻，代表换路后动态过程的初始。而这个与换路前有关联的信息，有且只有储能元件的能量值，而由式（4-1）和式（4-2）可知实际表征物理量是电容 $u_C(0_+)$ 和电感 $i_L(0_+)$，称为 $t=0_+$ 时刻的初始值。

下面通过例题说明 $t=0$ 时刻，储能元件的稳态值与初始值的计算。

例 A1 　测评目标：电路中过渡过程的判定。

如图 4-3 所示，判断各电路有没有过渡过程。

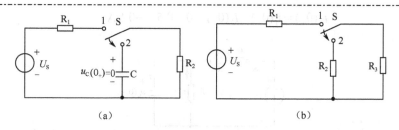

图 4-3 例 A1 图

【解】 图（a）没有过渡过程发生。换路前（1 点闭合）电路与电容无关，换路后（2 点闭合），由于 $u_C(0_+)=0$，所以没有可释放的能量，同时换路后没有外加电源激励当然电容也没有可吸收的能量。

图（b）没有过渡过程。开关动作前后的电路，不存在储能元件，所以不具备发生的可能。

例 A2 测评目标：RC 直流电路中稳态值 $u_C(0_-)$ 的求解。

如图 4-4（a）RC 电路中，$U_s=10\,V$，$R_1=15\Omega$，$R_2=5\Omega$，开关 S 闭合电路处于稳态。求此时稳态值 $u_C(0_-)$。

【解】 换路前开关 S 闭合不动作，即处于直流稳态，电容 C 相当于开路，等效为图（b）所示电路，两电阻串联分压，故

$$u_C(0_-)=u_2(0_-)=\frac{R_2}{R_1+R_2}U_s=\frac{5}{15+5}\times10=2.5\,V$$

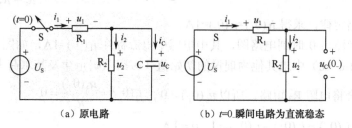

图 4-4 例 A2 图

例 A3 测评目标：利用换路定律求 RC 电路的 $t=0_+$ 初始值。

如图 4-4（a）所示 RC 电路，求开关 S 断开瞬间电路中各个电压和电流的初始值。

【解】 （1）求储能元件 0_- 时刻对应的物理量稳态值（如例 A2）：$u_C(0_-)=2.5V$。

（2）由换路定律，求得 $u_C(0_+)=u_C(0_-)=2.5V$。

（3）作出换路后 0_+ 时刻电路图，其中电容端电压标注 $u_C(0_+)=2.5V$，如图 4-5 所示。

（4）在图中求其他物理量的初始值（应用欧姆定律及基尔荷夫定律）。

电阻 R_2 与电容 C 并联，故 R_2 的电压：$u_{R2}(0_+)=u_C(0_+)=2.5V$。

通过 R_2 的电流：$i_2(0_+)=\frac{u_2(0_+)}{R_2}=\frac{2.5}{5}=0.5A$。

由于 S 已断开，根据 KCL 得 $i_1(0_+)=0$。

$$i_C(0_+) = i_1(0_+) - i_2(0_+) = 0 - 0.5 = -0.5\,\text{A}$$

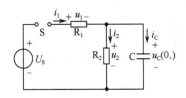

图 4-5 例 A3 图

通过以上例题求解过程请理解：

① 换路前的电路（$t=0_-$ 瞬间）直流稳态下，电容相当于开路、电感相当于短路。

② 换路前的电路（$t=0_-$ 瞬间）只求电感中电流 $i_L(0_-)$ 或者电容中电压 $u_C(0_-)$。

这是因为只有 $u_C(0_-)$、$i_L(0_-)$ 的信息影响到换路后（换路定律），其他电压、电流在 $t=0$ 瞬间可能跃变，因而计算它们在 $t=0_-$ 的瞬时值对分析过渡过程是毫无价值的。

③ 以初始状态即电容电压、电感电流的初始值为已知条件，根据换路后（$t=0_+$）的电路进一步计算其他电压、电流的初始值。

例 A4 测评目标：RL 直流电路中电压、电流初始值的求解。

如图 4-6（a）所示电路中，$U_s=12\text{V}$，$R_1=4\Omega$，$R_3=8\Omega$，开关 S 闭合前电路处于稳态。求换路后电路中电压和电流初始值。

【解】（1）将 L 短路作图 4-6（b），求换路前稳态值：$i_L(0_-)=\dfrac{U_s}{R_1+R_3}=\dfrac{12}{4+8}=1\text{A}$。

（2）由换路定律，求得 $i_L(0_+)=i_L(0_-)=1\text{A}$。

（3）作出换路后 0_+ 时刻电路图，其中电感中电流标注 $i_L(0_+)=1\text{A}$，如图 4-6（c）所示。

（4）在图 4-6（c）中求其他物理量的初始值（应用欧姆定律及基尔荷夫定律）。

由于 S 闭合将电阻 R_3 短路，所以 $u_3(0_+)=0$，$i_3(0_+)=\dfrac{u_3(0_+)}{R_3}=0$。

由 KCL 得 $i_2(0_+)=i_L(0_+)-i_3(0_+)=1-0=1\text{A}$。

由 KVL 得 $u_L(0_+)=U_s-R_1\,i_L(0_+)=12-4\times1=8\text{V}$。

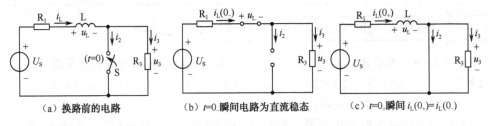

（a）换路前的电路　　　（b）$t=0$ 瞬间电路为直流稳态　　　（c）$t=0$ 瞬间 $i_L(0_+)=i_L(0_-)$

图 4-6 例 A4 图

3. 动态电路的分类

基于不同的切入点，将动态电路分为三种：

（1）以储能元件个数分类

如果含有储能元件个数为 1 个、2 个和多个，则对应称为一阶动态电路、二阶动态电路和高阶动态电路。本书只涉及一阶电路。

（2）以储能元件的性质分类

单一含有电感的（如图 4-7（a）），可以称为 RL 动态电路；单一含有电容的（如图 4-7（b）），可以称为 RC 动态电路；同时含有电感和电容的，可以称为 RLC 动态电路。

（3）以激励源的性质分类

如图 4-7 所示，换路后电路的激励源如果仅仅由储能元件的初始值产生，即初始值非零、外电源输入为零，这类称为零输入响应动态电路；如果仅仅由外电源提供，即储能元件的初始值为零，这类称为零状态响应动态电路；如果由外电源和储能元件的初始值同时提供，即储能元件的初始值非零，外电源输入非零，这类称为全响应动态电路。

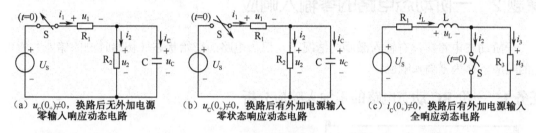

（a）$u_C(0_+)\neq0$，换路后无外加电源
零输入响应动态电路

（b）$u_C(0_+)\neq0$，换路后有外加电源输入
零状态响应动态电路

（c）$i_C(0_+)\neq0$，换路后有外加电源输入
全响应动态电路

图 4-7 按激励源的性质分类

以例 A2 电路为例，计算出电容电压初始值 $u_C(0_+)=2.5V\neq0$，同时开关 S 断开后（换路后）的电路不再有任何外加激励源存在，故称为零输入响应动态电路。

如果把例 A2 电路开关状态改变一下，其他参数不变，显然，电容电压初始值 $u_C(0_+)=0V$，同时开关 S 闭合后（换路后）的电路激励源来自外加电源，故称为零状态响应动态电路。

以例 A4 电路为例，计算出电感电流初始值 $i_L(0_+)=1A\neq0$，同时开关 S 合上后（换路后）的电路，还有外加激励源存在，故称为全响应动态电路。

后面的课题将研究一阶 RC/RL 动态电路的零输入响应、零状态响应和全响应。

【课堂练习】

A1-1 直流信号因为不随时间而改变大小，故认为是稳态；那么正弦交流电信号随时间大小与方向都变化，所以不能视为稳态。这样理解对吗？以类比思路帮助自己分析理解。

A1-2 如图 4-8 所示，判断电路有无过渡过程发生。

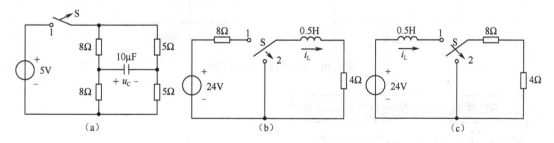

（a）

（b）

（c）

图 4-8 题 A1-2 图

A2-1 如图 4-8 所示，求储能元件的 0 稳态值。

A3-1 电路如图 4-9 所示，开关闭合时电路已处于稳态，$t=0$ 瞬间开关断开。已知 $U_S=16V$，

$R_1=10\Omega$，$R_2=5\Omega$，$R_3=30\Omega$，$C=1\mu F$。求初始值 $u_C(0_+)$，$i_1(0_+)$，$i_3(0_+)$。

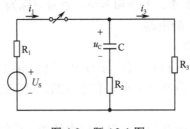

图 4-9　题 A3-1 图

A4-1　如图 4-8 所示，求有过渡过程发生的电路中储能元件及电阻上响应的初始值。

课题 2　一阶动态电路的零输入响应

一阶动态电路在没有输入激励的情况下，仅由电路的初始状态（初始时刻的储能）所引起的响应，称为零输入响应。

任务 1　一阶 RC 动态电路的零输入响应分析

1. RC 零输入响应的定性描述

如图 4-10（a）所示电路，换路前电容已被充电至电压 $u_C(0)=U_0=U_S$，储存的电场能量为 $W_C=CU_0^2/2$。$t=0$ 瞬间将开关 S 从 a 换接到 b 后，电压源被断开，输入跃变为零，电路进入电容 C 通过电阻 R 放电的过渡过程。换路后的电路如图 4-10（b）所示，电容电压的初始值根据换路定律为 $u_C(0_+)=u_C(0_-)=U_0$，而电流 i 则从换路前的 0 跃变为 $i(0_+)=-U_0/R$。放电过程中，电容的电压逐渐降低，其储存的能量逐渐释放，放电电流逐渐减小，最终电压降为零，其储能全部释放，放电电流也减小到零，放电过程结束。下面分析放电过程中电容电压随时间的变化规律，即电路的零输入响应。

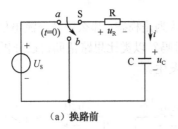
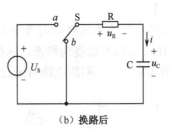

（a）换路前　　　　　　　　　　　　　（b）换路后

图 4-10　RC 电路的放电过程

2. RC 零输入响应的微分方程分析法

如图 4-10（b）所示为换路后的电路。

由 KVL 得 $u_C+u_R=0$。

由欧姆定律有 $u_R=Ri$。

电容伏安特性为 $i = C\dfrac{\mathrm{d}u_C}{\mathrm{d}t}$ 。

联立故有 $RC\dfrac{\mathrm{d}u_C}{\mathrm{d}t} + u_C = 0$ 。 （4-4）

这是一个关于变量 u_C 的一阶线性常系数齐次常微分方程。设方程的通解 $u_C = Ae^{pt}$ ，式中，p 为特征根，A 为待定系数。代入式（4-4）得

$$RCApe^{pt} + Ae^{pt} = 0$$

方程两边同除以 Ae^{pt} ，即得式（4-4）的特征方程为

$$RCp + 1 = 0$$

解得

$$p = -\frac{1}{RC}$$

于是

$$u_C = Ae^{-\frac{t}{RC}}$$

式（4-5）即微分方程（4-4）的通解，其中积分常数 A 由电路的初始状态即电容电压的初始值确定。将 $t = 0_+$、$u_C(0_+) = U_0$ 代入式（4-5）求得

$$A = U_0$$

所以

$$u_C = U_0 e^{-\frac{t}{RC}}$$ （4-5）

上式即放电过程中电容电压的变化规律。

根据电路定律，电阻电压和放电电流分别为

$$u_R = -u_C = -U_0 e^{-\frac{t}{RC}}$$

$$i = \frac{u_R}{R} = -\frac{U_0}{R} e^{-\frac{t}{RC}}$$

式中的负号说明电阻电压 u_R 和放电电流 i 的实际方向与图示的参考方向相反。u_C、u_R 和 i 随时间变化的曲线如图 4-11 所示。

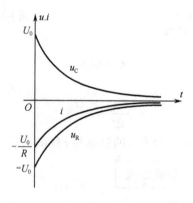

图 4-11 RC 电路的零输入响应曲线

从以上结果可见，电容通过电阻放电的过程中，u_C、$|u_R|$、$|i|$ 均随时间按指数函数的规律衰减。

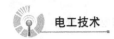

3. 时间常数的意义

令 $\tau = RC$ ，则 u_C、u_R 和 i 可分别表示为

$$u_C = U_0 e^{-\frac{t}{\tau}}$$ (4-6)

$$u_R = -U_0 e^{-\frac{t}{\tau}}$$

$$i = \frac{U_0}{R} e^{-\frac{t}{\tau}}$$

对于已知 R、C 参数的电路来说，$\tau = RC$ 是一个仅取决于电路参数的常数。τ 的单位为

$$[\tau] = [R] \cdot [C] = \Omega\text{（欧）} \times \text{F（法）}$$
$$= \frac{\text{V（伏）}}{\text{A（安）}} \cdot \frac{\text{C（库）}}{\text{V（伏）}} = \text{s（秒）}$$

由于 τ 具有时间单位，故称为时间常数。

时间常数 τ 的大小决定过渡过程中电压、电流变化的快慢。以电容电压 u_C 为例，其随时间衰减的情况见表 4-1。

表 4-1　放电过程中电容电压随时间而衰减的情况　（特征时刻表）

t	τ	2τ	3τ	4τ	5τ
$e^{-\frac{t}{\tau}}$	0.368	0.135	0.05	0.018	0.007
u_C	$0.368U_0$	$0.135U_0$	$0.05U_0$	$0.02U_0$	$0.007U_0$

从表 4-1 中可以看出，$t=\tau$ 时电容电压降至初始值的 36.8%。图 4-12 则表明，放电过程中，电容电压和放电电流衰减至初始值的 36.8% 所需的时间都等于时间常数 τ。这一时间越长，放电进行得越慢；反之，放电进行得越快。

从理论上说，$t \to \infty$ 电容电压才衰减为零；实际上对一阶系统 $t=3\tau$ 时，电容电压已衰减至初始值的 5%，足可以说明电路已经达到新的稳态。

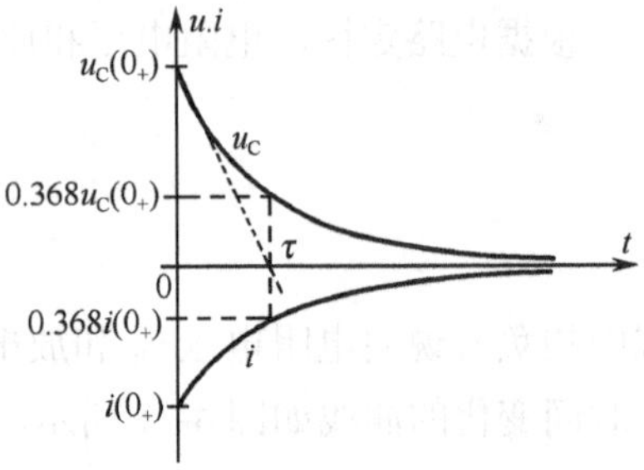

对电容电压，由式（4-6）可得

$$u_C = U_0 e^{-\frac{t}{\tau}}$$

则

$$\frac{\mathrm{d}u_C}{\mathrm{d}t} = -\frac{U_0}{\tau}$$

可见时间常数还可以看做在初始零点的斜率与 t 轴的交点，如图 4-12 中虚线所示。

图 4-12　时间常数与放电快慢的示意图

4. 零输入响应的暂态及一般表达式

当 $t=0_+$ 时，由式（4-6）可得

$$u_C(0_+) = U_0$$

故 RC 电路的零输入响应可表示成一般形式，即

$$f(t) = f(0_+)e^{-\frac{t}{\tau}} \qquad (4\text{-}7)$$

其中，$f(t)$ 表示 RC 电路的任一零输入响应，而 $f(0_+)$ 则表示该响应的初始值。

也就是说，在零输入响应下，如果知道初始值及时间常数，就可以确定对应的指数函数。

同时，$f(0_+)e^{-\frac{t}{\tau}}$ 称为暂态分量，因为 $t \to \infty$ 时，$f(0_+)e^{-\frac{t}{\tau}} - U_S e^{-\frac{t}{\tau}} = -U_S e^{-\infty} = 0$，说明该分量仅存在于过渡过程中，如图 4-12 响应曲线过程。可见，零输入响应就是暂态分量，会随着时间的递增逐步衰减为 0，也就意味着过渡过程的结束。

5. RC 零输入响应放电过程的能量描述

电路中只有储能元件中能量是持续变化的，这正是动态过程发生的原因。

如前所述，电路的初始储能也是最大能量储备，$w_C(0_+) = \frac{1}{2}CU_0^2$。

电容储存的电能随着时间而逐步释放到电路中被电阻元件吸收，直至消耗殆尽。

故放电过程中电阻吸收的能量为

$$W_R = \int_0^\infty i^2 R\,dt = \int_0^\infty \frac{U_0^2}{R}e^{-\frac{2t}{\tau}}\,dt = \frac{1}{2}CU_0^2$$

可见，整个放电过程中电阻消耗的能量就是电容的初始储能。

例 A5　测评目标：零输入响应的判定。

（1）通过电路特征参数，判定"零输入响应"状态。

设通过电压表测 RC 电路中，开关未动作时电容电压为 10V；开关动作后好久再测电压为 0。

【分析】　换路前稳态初始值 $u_C(0_+)=10\neq0$，且换路后稳态值 $u_C(\infty)=0$，说明换路后电路没有外部激励给电容充电，电路在电容初始值激励下向换路后电路放电直至 0。

（2）通过电路结构图，判定"零输入响应"状态。

如图 4-13（a）所示，换路前开关置 1，电容被充电，$u_C(0_+)=U_S\neq0$，且换路后开关置 2，无外加电源作用，判定为"零输入响应"状态。

（3）通过储能元件的特征响应函数，判定"零输入响应"状态。

设已知 $u_C(t)=12e^{-0.1t}$ V，显然只存在暂态分量，电容电压从 $u_C(0_+)=12$V 衰减至 0。

（4）通过储能元件的特征响应曲线，判定"零输入响应"状态。

如图 4-13（b）所示，电容电压从初始值 U_0 开始衰减至 0，典型的零输入响应特性。

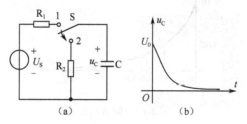

图 4-13　例 A5 图

例 A6   测评目标：理解时间常数对动态过程的影响。

某电路中有一个 $40\mu F$ 的电容器，断电前已充电至电压 $u_C(0_-)$ =3.5kV。断电后电容器经本身的漏电阻放电。若电容器的漏电阻 R=100MΩ，1h 后电容器的电压降至多少？如果此时电路需要检修，可以直接进行吗？如果并联一个 10kΩ 电阻情况又如何？

【解】 ① 由题意知电容电压的初始值：$u_C(0_+) = u_C(0_-) = 3.5 \times 10^3 \text{ V}$。

② 放电时间常数：$\tau = RC = 100 \times 10^6 \times 40 \times 10^{-6} = 4000\text{s}$。

③ 代入零输入响应一般式，可得 $u_C(t) = u_C(0+)e^{-\frac{t}{\tau}} = 3500e^{-\frac{t}{4000}}$。

④ 当 t=1h=60×60s=3600s 时，$u_C = 3.5e^{-\frac{3600}{4000}} \times 10^3 = 3.5e^{-0.9} \times 10^3 = 1423\text{V}$。

可见断电 1h 后，电容器仍有很高的电压，不能直接检修。

⑤ 显然在漏电阻达 100MΩ 的两端并联 100kΩ 的电阻，其等效电阻近乎为 100kΩ，故

$$\tau = RC = 100 \times 10^3 \times 40 \times 10^{-6} = 4\text{s} \text{ 且 } t = \tau = 4\text{s 时，} u_C(4) = 3500e^{-4} = 63\text{V}。$$

为安全起见，需待电容器充分放电后才能进行线路检修。为缩短电容器的放电时间，可用一阻值较小的电阻并联于电容器两端以加速放电过程。

例 A7   测评目标：已知 RC 电路参数求零输入响应及曲线绘制。

如图 4-13 所示电路中，开关 S 在位置 a 为时已久，已知 U_S=10V，R=5kΩ，C=3μF，t=0 瞬间，开关 S 从 a 换接至 b，求：换路后 $u_C(t)$ 的表达式，并绘出变化曲线。

【解】 电压、电流的参考方向如图 4-13 所示。

① 换路前电路已达稳态，电容电压：$u_C(0_-) = U_S = 10\text{V}$。

② 根据换路定律，电容电压的初始值为

$$u_C(0_+) = u_C(0_-) = 10\text{V}$$

③ 电路的时间常数：$\tau = RC = 5 \times 10^3 \times 3 \times 10^{-6} = 15 \text{ ms}$。

④ 判定电路状态：换路后电容有初始值且电路无外加激励源，故为零输入响应；由式

(4-7) 得换路后的电容电压：$u_C(t) = u_C(0_+)e^{-\frac{t}{\tau}} = 10e^{-\frac{t}{15 \times 10^{-3}}} \text{ V}$。

⑤ 其变化曲线如图 4-14 所示。

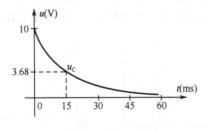

图 4-14 例 A7 图

任务2 一阶 RL 动态电路的零输入响应分析

如图 4-15（a）所示电路中，开关 S 原置于位置 a，电路已达稳态，电流 $i_L = U_S / R = I_0$。电感元件储存的磁场能量为 $W_L = \dfrac{1}{2}LI_0^2$。$t=0$ 瞬间将开关 S 从 a 换接至 b 后，电压源被短路代替，输入跃变为零，电路进入过渡过程。过渡过程中的电感电流即为电路的零输入响应。

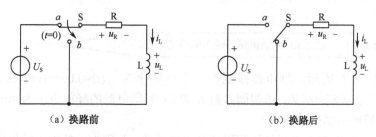

（a）换路前 　　　　　　　（b）换路后

图 4-15 RL 电路换路

1. RL 零输入响应的定量分析

（1）RL 零输入响应下微分方程的列写。

如图 4-15（b）所示，换路后的电路的 KVL 方程为

$$u_R + u_L = 0$$

将 $u_R = i_L R$，$u_L = L\dfrac{di_L}{dt}$ 代入后为

$$i_L R + L\frac{di_L}{dt} = 0 \tag{4-8}$$

微分方程的求解毕竟复杂，这里不再赘述。实际中我们更多应用直观的抽象分析法即一般表达式。

（2）利用零输入响应的一般表达式求解。

由图 4-15 可求电路的初始状态，即（电感）交流的初始值：$i_L(0_+) = i_L(0_-) = I_0 = \dfrac{U_S}{R}$。

代入零输入响应的暂态表达式（4-7），即可得过渡过程中的电流为

$$i_L = I_0 e^{-\frac{R}{L}t} = I_0 e^{-\frac{t}{\tau}} \tag{4-9}$$

其中，$\tau = L/R$ 为 RL 电路的时间常数，其意义及单位与 RC 电路的时间常数相同。

电阻元件和电感元件的电压分别为

$$u_R = Ri_L = RI_0 e^{-\frac{t}{\tau}}$$

$$u_L = -u_R = -RI_0 e^{-\frac{t}{\tau}}$$

电压、电流随时间变化的曲线如图 4-16 所示。

由于电感电流不能跃变，因此，换路后虽然输入跃变为零，但电流却以逐渐减小的方式继续存在。电

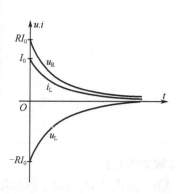

图 4-16 RL 电路的零输入响应曲线

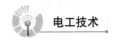

感电压则因电流 i_L 减小 $\left(\dfrac{\mathrm{d}i_L}{\mathrm{d}t}<0\right)$ 而与电流反向（为负值）。

2. RL 零输入响应磁场能量的描述

电感的储能随电流减小而逐渐释放，并为电阻所消耗。当电流减小到零时，电感储存的磁场能量全部释放，过渡过程结束。可见，R、L 短接后的过渡过程就是电感元件释放储存的磁场能量的过程。

例 A8　　测评目标：已知 RL 动态电路零输入响应求参数。

电路如图 4-17 所示，继电器线圈电流变换规律为 $i_L(t)=0.05\mathrm{e}{-10t}$（A），已知电阻 $R_1=230\Omega$，电源电压 $U_S=24\mathrm{V}$，求线圈参数 R 和 L；若继电器的释放电流为 4mA，求开关 S 闭合后多长时间继电器能够释放？

【分析】 ① 继电器是由感性线圈组成的电磁开关。利用电感的电磁特性工作，当电流为某一阈值时，实现吸合/释放控制。

② 换路前外加电压赋予电感电流初始值，换路后线圈两端被短路，直接释放能量，所以为零输入响应。

【解】 ①对照公式（4-9），从 $i_L(t)=0.05\mathrm{e}{-10t}$（A）可知：

$$i_L(0_+)=I_0=0.05\mathrm{A}; \qquad \tau=\frac{1}{10}=0.1\mathrm{s}$$

② 换路后电感电流的初始值：$i_L(0_+)=i_L(0_-)=I_0=\dfrac{U_S}{R+R_1}=\dfrac{24}{230+R}=0.05\mathrm{A}$。

解之：$R=250\Omega$。

③ 电路的时间常数：$\tau=\dfrac{L}{R}=\dfrac{L}{250}=0.1\mathrm{s}$。

解之：$L=25\mathrm{H}$。

④ 继电器开始释放时，电流 i_L 等于释放电流，即 $0.05\mathrm{e}^{-10t}=4\times10^{-3}$。

解之：$t=0.25\mathrm{s}$。

即开关 S 闭合 0.25s 后，继电器开始释放。

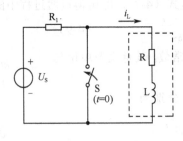

题 4-17　例 A8 图

【课堂练习】

A7-1　如图 4-18 为电子闪光灯电路，它是 RC 电路的一个应用例子。它由一个直流高压源 U_S、一个限流大电阻 R_1 和一个与闪光灯并联的电容 C 组成，闪光灯用小电阻 R_2 等效。开关处于位置 1 时，很久后换路开关置于 2，试①分析电路状态；②画出电容电压响应及曲线；

③分析为什么选取两个阻值相差很大的电阻。

A8-1 电路如4-19图所示，换路前电路已处于稳态，$t=0$瞬间换路，求$t>0$时的$i_L(t)$，并绘制波形图。

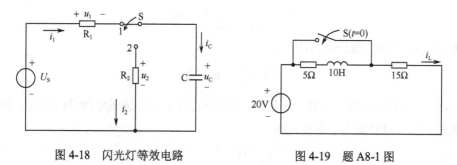

图 4-18 闪光灯等效电路 图 4-19 题 A8-1 图

课题3 一阶动态电路的零状态响应

如果换路前电路中的储能元件均未储能，即电路的初始状态为零，换路瞬间电路接通直流激励，则换路后由外施激励在电路中引起的响应称为零状态响应。

任务1 一阶RC动态电路的零状态响应分析

1. RC动态电路零状态响应的定性描述

如图4-20（a）所示电路中，开关S原置于b位已久，电容已充分放电，电压$u_C(0_-)=0$。$t=0$瞬间将开关S从b换接至a接通直流电压源U_S，此后电路进入U_S通过电阻R向电容C充电的过渡过程。过渡过程中电容的电压即为直流激励下RC电路的零状态响应。

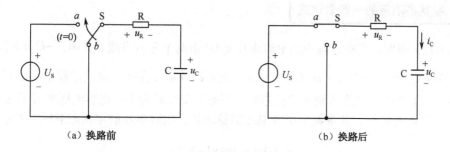

（a）换路前 （b）换路后

图 4-20 RC 电路接通直流激励

2. RC动态电路零状态响应的微分方程分析法

对如图4-20（b）所示换路后的电路，由KVL得

$$u_R + u_C = U_S$$

将$i_C = C\dfrac{du_C}{dt}$、$u_R = i_C R = RC\dfrac{du_C}{dt}$代入上式得

$$RC\frac{du_C}{dt} + u_C = U_S \tag{4-10}$$

这是一个关于变量 u_C 的一阶线性常系数非齐次常微分方程，其完全解由两部分组成，即

$$u_C = u_{Cp} + u_{Ch}$$

其中

$$u_{Ch} = A e^{-\frac{t}{\tau}}$$

为原方程（4-10）所对应的齐次方程

$$RC\frac{\mathrm{d}u_C}{\mathrm{d}t} + u_C = 0$$

的通解，而 u_{Cp} 则为原方程的任意一个特解。特解 u_{Cp} 具有和外施激励相同的形式，现激励为直流电压源，故可设特解为一常数，即

$$u_{Cp} = K$$

将其代入原式（4-10）得

$$K = U_S$$

所以，原方程的完全解为

$$u_C = A e^{-\frac{t}{\tau}} + U_S \tag{4-11}$$

其中，$\tau = RC$，A 则根据电路的初始状态来确定。由于换路前电容已充分放电，电容电压 $u_C(0_-) = 0$，根据换路定律，换路后电路的初始状态即

$$u_C(0_+) = u_C(0_-) = 0$$

代入式（4-11）得

$$A = -U_S$$

故得充电过程中的电容电压为

$$u_C(t) = U_S - U_S e^{-\frac{t}{\tau}} = U_S(1 - e^{-\frac{t}{\tau}}) \tag{4-12}$$

3. 零状态响应的一般表达式

式（4-12）表明，充电过程中的电容电压 $u_C(t)$ 由两个分量组成。其中，$-U_S e^{-\frac{t}{\tau}}$ 称为暂态分量，因为 $t \to \infty$ 时，$-U_S e^{-\frac{t}{\tau}} = -U_S e^{-\infty} = 0$，说明该分量仅存在于过渡过程中；而 U_S 则称为稳态分量，当 $t \to \infty$，电路达到新的稳态时，暂态分量衰减为零，电容电压即等于这一分量，即 $u_C(\infty) = U_S$，所以稳态分量就是电容电压的稳态值，电容电压的零状态响应可表示为

$$u_C(t) = u_C(\infty)(1 - e^{-\frac{t}{\tau}}) \tag{4-13}$$

进一步抽象（4-13），假设零状态响应函数为 $f(t)$，其稳态值记为 $f(\infty)$，则一般式为

$$f(t) = f(\infty)(1 - e^{-\frac{t}{\tau}})$$

$$f(t) = f(\infty) - f(\infty)e^{-\frac{t}{\tau}}$$

$$= 稳态 + 暂态 \tag{4-14}$$

进一步不难得到电阻两端电压和充电电流分别为

$$u_R(t) = U_S - u_C = U_S e^{-\frac{t}{\tau}}$$

$$i_C(t) = \frac{u_R}{R} = \frac{U_S}{R}e^{-\frac{t}{\tau}}$$

电阻电压和充电电流均只含有暂态分量，它们的稳态分量都等于零。

显然，电阻电压和充电电流的零状态响应与电容电压的零状态响应变化规律不同。所以，所谓"零状态"仅仅指储能元件状态。

式（4-11）～式（4-14）中的 $\tau = RC$ 为电路的时间常数，当 $t = \tau$ 时，电容电压为

$$u_C(\tau) = U_S(1 - e^{-1}) = 0.632U_S$$

如图 4-21（a）可见，在数值上等于电容电压充电至稳态值 63.2% 所需的时间。和放电时一样，充电过程进行的快慢取决于时间常数 τ，即取决于电阻 R 和电容 C 的乘积。

过渡过程中 u_C、u_R 和 i_C 随时间变化的曲线如图 4-21 所示。和放电时一样，充电过程中的响应也都是时间的指数函数。只是其中电容电压的变化为从零初始值按指数规律上升到非零稳态值，而电阻电压和充电电流都在换路瞬间一跃而为非零初始值（最大），而后按指数规律下降到零稳态值。从理论上说，$t \to \infty$ 时电容电压才升至稳态值，同时充电电流降至零，充电过程结束。实际上 $t = 5\tau$ 时，有

$$u_C(5\tau) = U_S(1 - 0.007) = 0.993U_S$$

电容电压已充电至稳态值的 99.3%，可以认为充电过程到此基本结束。

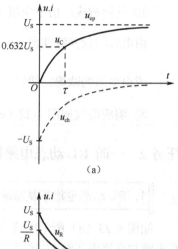

图 4-21　RC 电路的零状态响应

例 A9　测评目标：已知电路参数求响应及曲线。

如图 4-22（a）所示电路中 $I_S=1A$，$R=10\Omega$，$C=10\mu F$，换路前开关 S 是闭合的。$t=0$ 瞬间 S 断开，求 S 断开后电容两端的电压 u_C、电流 i_C 和电阻的电压 u_R，并绘出电压、电流的变化曲线。

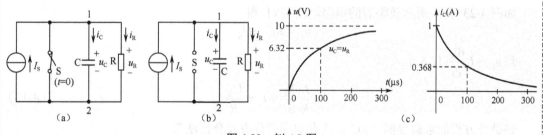

图 4-22　例 A9 图

【解】

① 求初始值判定电路状态：如图 4-22（a）所示，换路前电容被开关短路，$u_C(0_-) = 0 = u_C(0_+)$，故为零状态响应。

② 求稳态值：如图 4-22（b）所示，稳态时电容视为开路，故电流源 I_S 全部流入电阻 R，且电容与电阻并联：$u_C(\infty) = U_S = I_S R = 1 \times 10 = 10V$。

③ 求时间常数：$\tau = RC = 10 \times 10 \times 10^{-6} = 10^{-4}$ s。

④ 零状态响应一般表达式：$u_C = u_C(\infty)(1 - e^{-\frac{t}{\tau}}) = 10(1 - e^{-10^4 t})$ V。

⑤ 其他响应：由于电阻 R 与电容 C 并联，故 $u_R = u_C = 10(1 - e^{-10^4 t})$ V。

由电容的伏安特性得：$i_C = C \dfrac{du_C}{dt} = 10 \times 10^{-6} \times (-10e^{-10^4 t}) \times (-10^4) = e^{-10^4 t}$ A。

或由电阻的欧姆定律得：$i_C = \dfrac{U_S}{R} e^{-\frac{t}{\tau}} = \dfrac{10}{10} e^{-\frac{t}{10^{-4}}} = e^{-10^4 t}$ A。

⑥ 响应曲线如图 4-22（c）所示。

任务 2　一阶 RL 动态电路的零状态响应分析

1. RL 动态电路零状态响应的定性描述

如图 4-23（a）所示电路中，开关 S 未闭合时，电流为零。$t=0$ 瞬间合上开关 S，RL 串联电路与直流电压源 U_S 接通后，电路进入过渡过程。过渡过程中的电感的电流为直流激励下 RL 电路的零状态响应。

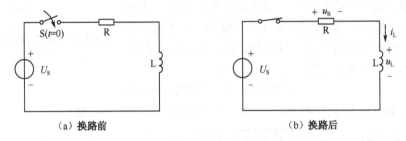

（a）换路前　　　　　　　　　　　　　　　（b）换路后

图 4-23　RL 电路接通直流激励

2. RL 零状态响应的定量分析

（1）RL 动态电路零状态响应下的微分方程的列写。

如图 4-23（b）所示换路后的电路，由 KVL 得

$$u_L + Ri_L = U_S$$

将 $u_L = L \dfrac{di_L}{dt}$ 代入上式得

$$\frac{L}{R} \frac{di_L}{dt} + i_L = \frac{U_S}{R} \tag{4-15}$$

该微分方程的求解参照"RC 零状态响应微分方程分析法"。

（2）利用零状态响应的一般表达式求解。

显然换路后的稳态下电感视为短路，则

$$i_L(\infty) = \frac{U_S}{R}$$

且 $\tau = \dfrac{L}{R}$，所以代入零状态一般表达式（4-15）得

$$i_{\mathrm{L}}(t) = i_{\mathrm{L}}(\infty)(1-\mathrm{e}^{-\frac{t}{\tau}})\ i_{\mathrm{L}} = \frac{U_{\mathrm{S}}}{R} - \frac{U_{\mathrm{S}}}{R}\mathrm{e}^{-\frac{t}{\tau}} = \frac{U_{\mathrm{S}}}{R}(1-\mathrm{e}^{-\frac{t}{\tau}}) \qquad (4\text{-}16)$$

$\tau = \dfrac{L}{R}$ 为 RL 电路的时间常数，其意义与 RC 电路的时间常数相同。τ 的大小也同样决定 RL 电路过渡过程的快慢。

与 RC 电路中电容电压的零状态响应一样，RL 电路中电感电流的零状态响应也由稳态分量和暂态分量组成。

进而求得电阻元件和电感元件的电压分别为

$$u_{\mathrm{R}} = Ri_{\mathrm{L}} = U_{\mathrm{S}}(1-\mathrm{e}^{-\frac{t}{\tau}})$$

$$u_{\mathrm{L}} = U_{\mathrm{S}} - u_{\mathrm{R}} = U_{\mathrm{S}}\mathrm{e}^{-\frac{t}{\tau}}$$

显然，电感电压的零状态响应与电感电流的零状态响应变化规律不同。电压、电流随时间变化的曲线如图 4-24 所示。

由于电感电流不能跃变，因此，换路后 i_{L} 和电阻电压 $u_{\mathrm{R}} = Ri_{\mathrm{R}}$ 都只能从零初始值按指数规律上升到非零稳态值；而电感电压 u_{L} 在换路瞬间则从零一跃而为非零初始值（最大），而后按指数规律下降到零稳态值。

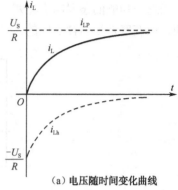

（a）电压随时间变化曲线

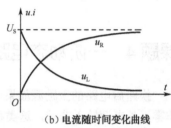

（b）电流随时间变化曲线

3. RL 零状态响应磁场能量的描述

过渡过程中电感的储能将随电流的增大而逐渐增加。当 $t \to \infty$，电路达到稳态时，其储能为

图 4-24　RL 电路的零状态响应

$$W_{\mathrm{L}}(\infty) = \frac{1}{2}Li^2(\infty)$$

例A10　测评目标：已知 RL 电路参数求响应及能量。

如图 4-23 所示的电路中，U_{s}=18V，R=500Ω，L=5H。求换路后①i_{L}、u_{L} 的变化规律；②电流增至 $i_{\mathrm{L}}(\infty)$ 的 63.2% 所需的时间；③电路储存磁场能量的最大值。

【解】　① 电路的时间常数：$\tau = \dfrac{L}{R} = \dfrac{5}{500}$=0.01（s）=10（ms）。

② 电路换路后稳态值：$i_{\mathrm{L}}(\infty) = \dfrac{U_{\mathrm{S}}}{R} = \dfrac{18}{500} = 0.36$（A）=36（mA）。

③ 由零状态响应一般式求响应：$i_{\mathrm{L}}(t) = i_{\mathrm{L}}(\infty)(1-\mathrm{e}^{-\frac{t}{\tau}}) = 0.036(1-\mathrm{e}^{-\frac{t}{0.01}})$

$$= 0.036(1-\mathrm{e}^{-100t})(\mathrm{A}) = 36(1-\mathrm{e}^{-100t})\mathrm{mA}。$$

由电感伏安特性：$u_{\mathrm{L}} = L\dfrac{\mathrm{d}i_{\mathrm{L}}}{\mathrm{d}t} = 18\mathrm{e}^{-100t}$ V。

④ 当 $i_{\mathrm{L}} = 0.632i_{\mathrm{L}}(\infty) = 36(1-\mathrm{e}^{100t}) = 36 \times 0.632 = 22.752$，故得 $t = \tau = 0.01\mathrm{s} = 10\mathrm{ms}$，即换路经过 τ 后电流增至稳态值的 63.2%。

⑤ 因为电路中的电流达到稳态值时最大，所以电感储存的最大磁场能量为

$$W_{\mathrm{Lmax}} = \frac{1}{2}Li^2(\infty) = \frac{1}{2} \times 5 \times 0.036^2 = 0.003\mathrm{J}$$

【课堂练习】

A9-1 例 A9 中，如果希望 1 小时后电容电压充到 9.8V，请问该如何设计？

A10-1 汽车的汽油发动机启动时，需要在合适的时候点燃汽缸中的燃料空气混合气体，完成这一功能的装置叫火花塞，如图 4-25 所示为汽车电子点火电路。分析气隙是如何被击穿的，火花塞是如何被点燃的。

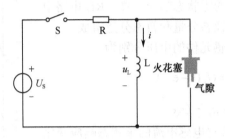

图 4-25　题 A10-1 图

课题 4　一阶动态电路的全响应

换路后电路的激励源如果由外电源和储能元件的初始值同时提供，即储能元件的初始值非零，外电源输入非零，这类称为全响应动态电路。

任务 1　一阶 RC 动态电路的全响应分析

1. RC 动态电路的全响应的定性描述

如图 4-26 所示电路中，开关 S 闭合前电容已充电至电压 $u_C(0_-) = U_0$。$t = 0$ 瞬间合上开关后，接通外加电压源 U_S，此时电路中的响应是由外加激励源和储能元件的初始能量源共同作用的，称为全响应。如图 RC 电路存在两种可能：当外加激励 U_S 大于电容初始电压值 U_0 时，电容在过渡过程中继续被充电直至为 U_S；当外加激励 U_S 小于电容初始电压值 U_0 时，电容在过渡过程中则向回路释放电能，直至为 U_S。

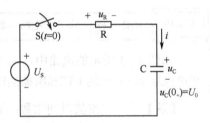

图 4-26　RC 电路接通直流激励

2. RC 全响应的微分方程分析法

如图 4-27 所示电路，开关接通后，回路 KVL 方程：

$$RC \frac{du_C}{dt} + u_C = U_S$$

上式方程的完全解为 $u_C = u_{Cp} + u_{Ch} = U_S + A e^{-\frac{t}{\tau}}$。

电路的初始状态为

$$u_C(0_+) = u_C(0_-) = U_0$$

代入上式，得

$$A = U_0 - U_S$$

故得电容电压的全响应为

$$u_C(t) = U_S + (U_0 - U_S)e^{-\frac{t}{\tau}} \tag{4-17}$$

式（4-17）中，$(U_0 - U_S)e^{-\frac{t}{\tau}}$ 为暂态分量，$t \to \infty$ 时，$(U_0 - U_S)e^{-\frac{t}{\tau}} = (U_0 - U_S)e^{-\infty} = 0$，说明该项仅存在过渡过程中；而 U_S 为稳态分量，当 $t \to \infty$，电路达到新的稳态时，暂态分量衰减为零，电容电压即等于这一分量，即 $u_C(\infty) = U_S$。式（4-17）说明：

全响应=稳态分量+暂态分量

其中，稳态响应与外施激励有关，当激励为恒定（直流）时，稳态响应也是恒定量；暂态响应总是时间的函数，其变化规律与激励无关。

电阻 R 的电压为

$$u_R(t) = U_S - u_C = (U_S - U_0)e^{-\frac{t}{\tau}}$$

电路中的电流为

$$i(t) = \frac{u_R}{R} = \frac{U_S - U_0}{R}e^{-\frac{t}{\tau}}$$

过渡过程中 u_C、u_R 和 i 随时间变化的曲线如图 4-27 所示。

从曲线可以看出：由于 $U_S > U_0 > 0$，所以，过渡过程中电容电压从初始值按指数规律上升至稳态值，即电容进一步充电。

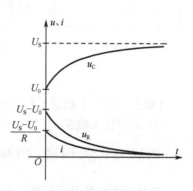

图 4-27 RC 电路的全响应

3. RC 全响应的叠加思想分析法

所谓全响应，即电路中存在两个激励源，因此可以运用叠加思想求解。

（1）零输入响应

当外加激励源为 0，电容初始电压 U_0 视为电路中唯一激励源时，电路处于"零输入响应"状态，应用零输入响应的一般表达式直接可得

$$u'_C = U_0 e^{-\frac{t}{\tau}}$$

（2）零状态响应

当电容初始电压 0，外加激励源为 U_S 视为电路中唯一激励源时，电路处于"零状态响应"，应用零状态响应的一般表达式直接可得

$$u''_C = U_S((1 - e^{-\frac{t}{\tau}})$$

（3）全响应

当外加激励源为 U_S，电容初始电压 U_0 同时作用时，电路处于"全响应"状态，应用叠加思想可得

$$u_C = u'_C + u''_C = U_0 e^{-\frac{t}{\tau}} + U_S(1 - e^{-\frac{t}{\tau}})$$

可见，应用叠加思想分析得出结论为

全响应=零输入响应+零状态响应

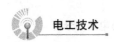

如图 4-28 所示电路中，$U_S=100\text{V}$，$R_1=R_2=4\Omega$，$L=4\text{H}$，电路原已处于稳态。$t=0$ 瞬间开关 S 断开。①用叠加定理求 S 断开后电路中的电流 i_L；②求电感的电压 u_L；③绘出电流、电压的变化曲线。

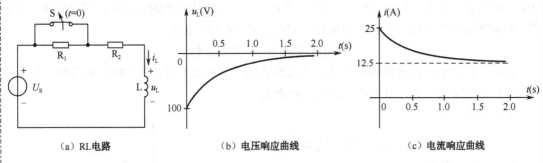

（a）RL电路   （b）电压响应曲线   （c）电流响应曲线

图 4-28   例 A11 图

【解】   （1）求过渡过程中的电流 i_L。

① 求零输入响应。

换路前电路已处于稳态，由换路前的电路得 $i_L(0_-) = \dfrac{U_S}{R_2} = \dfrac{100}{4} = 25\text{A} = i_L(0_-)$。

换路后电路的时间常数：$\tau = \dfrac{L}{R_1 + R_2} = \dfrac{4}{8} = 0.5\,\text{s}$。

故得电路的零输入响应：$i_L'(t) = i_L(0_+)\text{e}^{-\frac{t}{\tau}} = 25\text{e}^{-2t}$。

② 求零状态响应。

设电感电流初始状态为零，则换路后在外施激励作用下 i_L 从零按指数规律上升至稳态

值：$i_L(\infty) = \dfrac{U_S}{R_1 + R_2} = \dfrac{100}{4+4} = 12.5\text{A}$。

故得电路的零状态响应：$i_L''(t) = i_L(\infty)(1 - \text{e}^{-\frac{t}{\tau}}) = 12.5(1 - \text{e}^{-2t})\text{A}$。

③ 全响应：$i_L(t) = i_L'(t) + i_L''(t) = 25\text{e}^{-2t} + 12.5(1 - \text{e}^{-2t}) = 12.5(1 + \text{e}^{-2t})\text{A}$。

（2）求电感电压：$u_L = L\dfrac{\text{d}i_L}{\text{d}t} = 4 \times 12.5\text{e}^{-2t} \times (-2) = -100\text{e}^{-2t}\text{V}$。

（3）电压、电流的变化曲线如图 4-28（b）、（c）所示。

任务 2   一阶电路的全响应的一般表达式（三要素法）

由上节知道，RC 电路中电容电压的全响应为 $u_C(t) = U_S + (U_0 - U_S)\text{e}^{-\frac{t}{\tau}}$。

当 $t = 0_+$ 时即为电容电压的初始值：$u_C(0_+) = U_S + (U_0 - U_S)\text{e}^{-\frac{0}{\tau}} = U_0$。

若 $t \to \infty$ 则为电容电压的稳态值：$u_C(\infty) = U_S + (U_0 - U_S)\text{e}^{-\frac{\infty}{\tau}} = U_S$。

以 $u_C(0_+)$、$u_C(\infty)$ 分别代替上式 U_0、U_S 得

$$u_C(t) = U_C(\infty) + \left[u_C(0_+) - u_C(\infty)\right]e^{-\frac{t}{\tau}} \tag{4-18}$$

可见，只要求出电容电压的初始值、稳态值和电路的时间常数，即可由式（4-18）写出电容电压的全响应。初始值、稳态值和时间常数称为一阶电路的三要素。求出三要素，然后按式（4-18）写出全响应的方法称为三要素法。不仅求电容电压可用三要素法，求一阶电路过渡过程中的其他响应都可用三要素法。若用 $f(t)$ 表示一阶电路的任意响应，$f(0_+)$、$f(\infty)$ 分别表示该响应的初始值和稳态值，则

$$f(t) = f(\infty) + \left[f(0_+) - f(\infty)\right]e^{-\frac{t}{\tau}} \tag{4-19}$$

式（4-19）即为用三要素法求一阶电路过渡过程中任一响应的公式。

由式（4-19）可见，过渡过程中之所以存在暂态响应，是因为初始值与稳态值之间有差别 $\left[f(0_+) - f(\infty)\right]$。暂态响应的作用就是消灭这个差别使其按指数规律衰减。一旦差别没有了，电路也就达到了新的稳态，响应即为稳态响应 $f(\infty)$。

应用三要素法时，一阶电路中与动态元件连接的可以是一个多元件的线性含源电阻单口网络，这时，$\tau = RC$ 或 $\tau = \dfrac{L}{R}$ 中的 R 应理解为该含源电阻网络的等效电阻。

同时仔细研究式（4-19）全响应一般表达式，归纳如下：

① 零输入响应是其特例：当 $f(\infty) = 0$ 时，$f(t) = f(0_+)e^{-\frac{t}{\tau}}$。

② 零状态响应是其特例：当 $f(0_+) = 0$ 时，$f(t) = f(\infty) + f(\infty)]e^{-\frac{t}{\tau}}$。

③ 全响应＝零输入响应＋零状态响应：$f(t) = f(0_+)e^{-\frac{t}{\tau}} + f(\infty)(1 - e^{-\frac{t}{\tau}})$。

④ 全响应＝稳态分量＋暂态分量：$f(t) = f(\infty) + \left[f(0_+) - f(\infty)\right]e^{-\frac{t}{\tau}}$。

例 A12　测评目标：通过电路结构参数计算时间常数。

计算过程如图 4-29、图 4-30 所示。

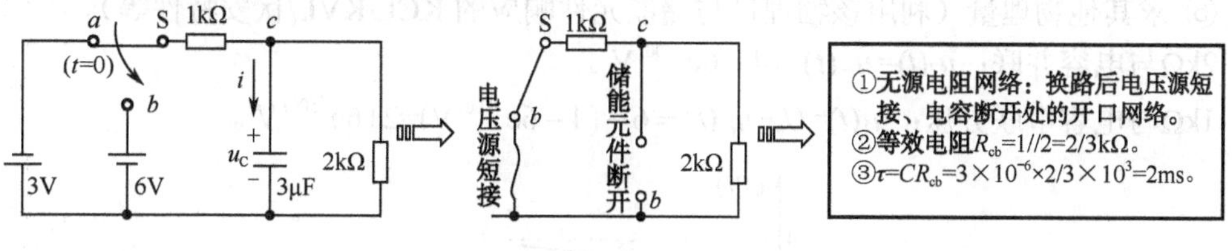

图 4-29　电压源激励下的 RC 全响应电路

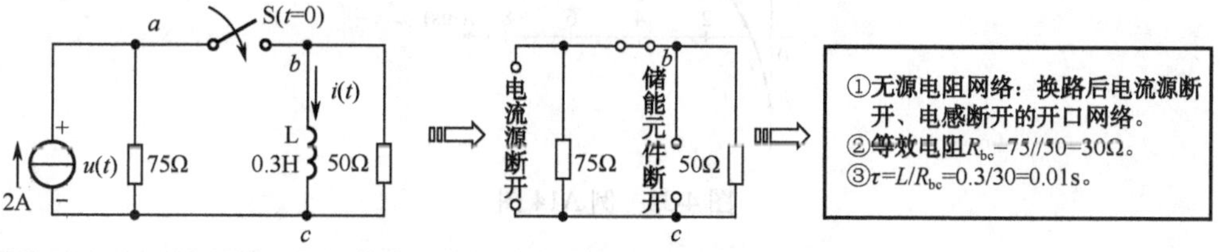

图 4-30　电流源激励下的 RL 全响应电路

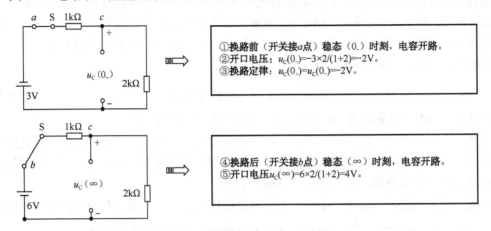

例 A13 测评目标：储能元件的初始值及稳态值求解。

图 4-29 电路中，储能元件的初始值及稳态值求解如图 4-31 所示。

① 换路前（开关接 a 点）稳态（0₋）时刻，电容开路。
② 开口电压：$u_C(0_-)=-3\times2/(1+2)=-2\text{V}$。
③ 换路定律：$u_C(0_+)=u_C(0_-)=-2\text{V}$。

④ 换路后（开关接 b 点）稳态（∞）时刻，电容开路。
⑤ 开口电压 $u_C(\infty)=6\times2/(1+2)=4\text{V}$。

图 4-31　储能元件的初始值及稳态值求解

例 A14 测评目标：熟悉三要素法求解全响应的方法。

图 4-29 电路中，求电容的电压响应曲线及两个电阻上的电压响应。

【解】 ① 求时间常数，见例 A12，$\tau=2\text{ms}$。

② 求储能元件的初始值，见例 A13，$u_C(0_+)=-2\text{V}$。

③ 求储能元件的稳态值，见例 A13，$u_C(\infty)=4\text{V}$。

④ 代入三要素对应全响应的一般式，求储能元件的响应及曲线，如图 4-32 所示。

$$u_C(t)=4+(-2-4)\mathrm{e}^{-\frac{t}{2\times10^{-3}}}=4-6\mathrm{e}^{-500t}\text{V}$$

⑤ 求其他物理量（利用该物理量与储能元件响应的 KCL/KVL/伏安特性等）。

2kΩ 与电容并联：$u_2(t)=u_C(t)=4-6\mathrm{e}^{-500t}\text{V}$。

1kΩ 与电容串联分压：$u_1(t)=U_S-u_C(t)=6-(4-6\mathrm{e}^{-500t}\text{V})=2+6\mathrm{e}^{-500t}\text{V}$。

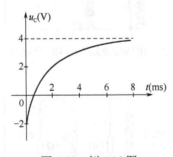

图 4-32　例 A14 图

【课堂练习】

A12-1　电路如图 4-33 所示，换路前电路已处于稳态，t =0 瞬间 S 闭合。求换路后的时间常数。

A13-1 图 4-33 电路中，求储能元件电压的初始值和稳态值。

A14-1 图 4-33 电路中，求 $t > 0$ 时的 $u_C(t)$ 和 $i(t)$。

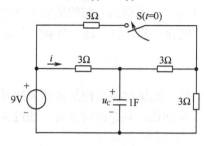

图 4-33　题 A12-1 图

课题 5　基于实际任务的综合技能训练

任务 1　图解法分析"黑匣子"电路参数

【技能目标】　在实际工程中，经常会遇到"黑匣子"系统，了解掌握这类问题的分析思路，对提高解决实际问题的能力有很大帮助，也是电子工程师重要的职业技能之一。

1. "黑匣子"系统

电路分析的思路，一般有两种：解析法和实验法。

所谓解析法，是在电路系统结构参数已知情况下，根据电路及元件各变量之间所遵循的各种约束定律列写出各变量之间的数学表达式从而演绎推导出来一些结论。这也是电路理论课程研究的一般性思路。

所谓实验法，是指电路系统结构参数未知，故俗称"黑匣子"问题。研究思路往往是逆向的，即通过一些实验手段，对电系统和元件加入一定形式的输入信号，观察或检测出输出响应，根据输入与输出关系，分析计算出"黑匣子"系统的结构和参数。这也是在工程实践环节常用的研究方法。

2. 观察输出响应曲线判定动态电路状态

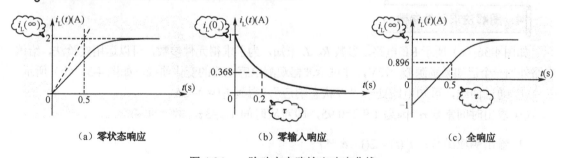

（a）零状态响应　　　　　（b）零输入响应　　　　　（c）全响应

图 4-34　一阶动态电路输出响应曲线

图 4-34（a）特点：初始值为 0，稳态值为最大值，动态过程是储能元件能量从无到有，

逐步储存的过程，是"零状态响应"状态。

图 4-34（b）特点：初始值为为最大值，稳态值为 0，动态过程是储能元件能量从最大储备逐步释放为 0 的过程，是"零输入响应"状态。

图 4-34（c）特点：初始值非 0，稳态值为非初始值的非 0 值，动态过程是储能元件能量从一个储存点逐步变化到另一个储存点的过程，是"全响应"状态。

3. 图解法求时间常数

动态电路都具备时间常数特性，如果电路结构及参数未知时，可以通过示波器测试其响应曲线。已知一阶 RC 电路的响应曲线，判定时间常数。通过曲线与时间常数的特征关系，归纳以下方法：

① 零点切线法。

如图 4-34（a）为单调上升曲线，从零时刻初值处作曲线的切线，与稳态值交点对应的时间点，即为时间常数 τ；如图 4-35（a）为单调下降曲线时，从零时刻初值处作曲线的切线，与时间轴交点的坐标即为时间常数 τ。

② 时间常数特征时刻法。

对于零状态响应曲线，有 $f(\tau)=0.632f(\infty)$，即经过一个时间常数 τ 的时间，其输出响应上升至某一个特征点，如图 4-34（a）所示。

对于零输入响应曲线，有 $f(\tau)=0.368f(\infty)$，即经过一个时间常数 τ 的时间，其输出响应下降至某一个特征点，如图 4-34（b）所示。

③ 稳态误差带特征时刻法。

一个电系统设计之初往往有期望误差，一般认为达到±5%误差带需要经过 3τ 的时间，如图 4-35（b）所示；达到±2%误差带需要经过 4τ 的时间，如图 4-35（c）所示。

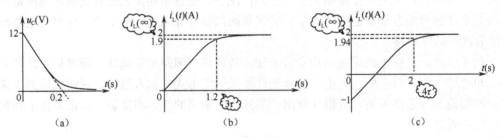

图 4-35　图解法求时间常数

4. 图解法求元件参数

如图 4-36（a）所示 RL 电路，参数 R、L 未知，为了求得元件参数，可以运用实验法，给该电路外加一个已知激励源 U_S=12V，通过示波器观测电感电流的变化曲线，如图 4-35（b）所示。

① 通过曲线，可知电路处于"零状态响应"，得到 $i_L(\infty)$=2A。

② 求出时间常数 τ：因为 1.9/2=0.95，即对应时间 1.2=3τ，故 τ=0.4s。

③ 输出响应函数：$i_L(t)=2(1-e^{-\frac{t}{0.4}})$。

④ 求元件参数：换路后稳态电路如图 4-36（b）所示，可知 $i_L(\infty)=U_S/R=12/R=2A$，故 R=6Ω。

电路时间常数 $\tau=L/R=L/6=0.4s$，故 L=2.4H。

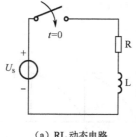
（a）RL 动态电路

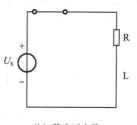
（b）稳态时电路

图 4-36　图解法求元件参数

【课堂练习】

B-1　求图 4-34、图 4-35 中各个时间常数。

B-2　求图 4-34、图 4-35 输出响应函数表达式。

B-3　图 4-36 中，其他条件不变，假设外加激励源为 5V，求其元件参数 R 和 L。

任务2　人工心脏起搏器的设计

【技能目标】　通过对实际案例的分析，理解一阶 RC 电路的应用及设计思路。

1. 人工心脏起搏器介绍

有节奏的电脉冲使心肌收缩，脉冲频率由起搏细胞控制，对于成人，起搏细胞产生的静息心率每分钟约 72 次，不过有时候起搏细胞会受损以致产生一个非常的静息心率（心动过缓），或产生一个非常高的静息心率（心动过速）。

植入人工心脏起搏器可以输送电脉冲到心脏，模仿起搏细胞，使心脏恢复正常心率，图 4-37 给出了人工心脏起搏器的例子，图中描述了人体外和人体内的人工心脏起搏器。

人工心脏起搏器非常小且非常轻，其中有一个可编程的微处理器用来监控几个数据和调节心率，有一个寿命可达十五年的高效电池，还有一个产生脉冲的电路。最简单的电路包含了一个电阻器和一个电容器，就是这一模块学习的一阶 RC 电路。下面就来研究人工心脏起搏器中的 RC 电路设计。

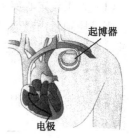

图 4-37　人工心脏起搏器

2. 人工心脏起搏器 RC 电路分析

现在来分析一个简单的电路，如图 4-38 所示，它能够产生周期性的电脉冲，这种 RC 电路可以用于人工心脏起搏器，用来建立正常的心率。标有控制器的框图在电容器上的电压未达到预设的限制时，相当于开路，一旦达到限制时，电容器通过放电释放存储的能量为心脏提供电脉冲然后开始重新充电，并重复这个过程。

在推导描述这个电路行为的解析表达式之前，先来看看电路是如何工作的。

如图 4-38（a）所示，首先直流电压源 V_s 通过电阻器 R 对电容器 C 充电，使其接近 V_s，在此过程中控制器的行为相当于开路；但是一旦电容器上的电压达到最大值 V_{cmax} 时，控制器的行为相当于短路，一旦电容器放电完成，控制器再次相当于开路，使电容器重新开始充电。

电容器充电和放电的周期建立了所需的心率，如图 4-38（b）所示。

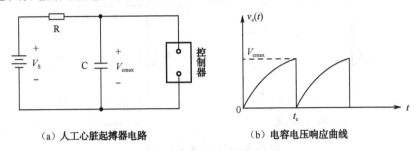

（a）人工心脏起搏器电路　　　　　　（b）电容电压响应曲线

图 4-38　人工心脏起搏器原理分析

在绘制图 4-38（b）时，选择 $t=0$ 时刻电容器开始充电，也假定电路已经运行在重复阶段，电容器的放电时间与充电时间相比可以忽略不计。人工心脏起搏器电路的设计需要建立关于电容电压 $v_c(t)$ 的一个方程，它是 R 和 C 的函数。

分析之前先假定电路已经运行了很长时间。$t=0$ 时刻选择在电容器正好放完电，控制器处于开路状态。

根据电路特性可知：

$$v_c(\infty)=V_s$$
$$v_c(0)=0$$
$$\tau=RC$$

因此，电容器充电为零状态响应：$v_c(t)=V_s(1-e^{-\frac{t}{RC}})$。

3. 人工心脏起搏器电路的参数设计

（1）人工设定心率 H 的计算

假设控制器已经通过编程，设定电容电压经过 t_c 时间达到 V_{cmax} 时，发送一个电脉冲刺激心脏，已知电路参数 RC，则有

$$v_c(t_c)=V_s(1-e^{-\frac{t_c}{RC}})=V_{cmax}$$

两边取对数求解得

$$t_c=-RC\ln\left(1-\frac{V_{cmax}}{V_s}\right)$$

即一个脉冲周期时间为 t_c。

那么，每分钟心率 H 为

$$H=\frac{60}{t_c}=\frac{60}{-RC\ln\left(1-\frac{V_{cmax}}{V_s}\right)}$$

（2）RC 电路参数的设计

在实际操作中，往往根据病人病情的需求设置不同的搏击心率，假设为获得每分钟心率 H 次，电容 C 已知，则需要选择电阻 R 的大小，以满足需求。

显然此时

$$R = \frac{60}{-HC\ln\left(1 - \dfrac{V_{cmax}}{V_s}\right)}$$

因此，人工心脏起搏器的挡位开关，通常以不同的电阻匹配不同的搏击心率需求来实现。

【课题练习】

B-1 假设人工心脏起搏器的 $R=150\text{k}\Omega$，$C=6\mu\text{F}$，且当电容电压达到 75%电源电压时，电容放电，计算每分钟心率 H。

B-2 如果电容为 2.5μF，且当电容电压达到 60%电源电压时，电容放电，欲获得每分钟心率 70 次，计算相应电阻值 R。

复习题

1. 电路产生过渡过程必备条件是什么？开关在动态电路中有什么作用？
2. 描述换路定律内容。
3. 描述一阶动态电路，并量化描述稳态值、暂态值、初始值。
4. 描述一阶动态电路零输入响应状态的特征。
5. 描述一阶动态电路零状态响应的特征。
6. 描述一阶动态电路全响应状态的特征。
7. 描述一阶动态电路的三要素分析法。
8. 总结初始值求解的步骤。
9. 总结时间常数的求解方法。
10. 总结稳态值求解的注意事项。
11. 列举常见动态电路的实例（至少 3 例）。
12. RC/RL 电路的能量量化公式。
13. 分析如图 4-39 所示 RC 电路，回答：

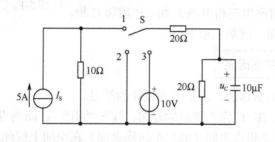

图 4-39 题 13 图

（1）换路前开关 S 在 1 点闭合很久，换路瞬间置向 2 点，请描述该电路状态，求电容电压响应函数及绘制曲线。

（2）换路前开关 S 在 1 点闭合很久，换路瞬间置向 3 点，请描述该电路状态，求电容电压响应函数及绘制曲线，量化分析电容的储能变化。

（3）在图 4-39 的基础上，希望实现电容电压的零状态电路，请设计开关位置并分析电路输出响应。

模块 5　三相交流电路

我国绝大多数家庭照明的电气设备用的都是"220V，50Hz"的单相正弦交流电，房间内的灯和其他用电设备都并联在 220V 的线路上面；大功率电器，如中央空调、烤箱和洗碗机等，都接在 380V 的电源线上。供电部门一般通过 12000V 的输电线路，将电能输送到用户附近，再通过降压变压器获得 220V/380V 交流电。一个小区或者一栋大楼一般均匀分配给三部分用户，以获得基本对称的三相负载。

课题 1　三相电路的分析

任务 1　三相电源

1. 三相电源的产生

如图 5-1 所示是最简单的三相交流发电机的示意图。

其工作原理：在磁极 N、S 间放一圆柱形铁芯，圆柱表面上缠绕线圈，称为绕组，如绕组 AX、BY、CZ。当铁芯旋转时，带动线圈做切割磁力线的运动，从而在端口产生感应电压。

所谓"单相电源"，就是铁芯上的单一绕组产生电信号源的电路。如图 5-1 中有三个单相电源 A 相、B 相和 C 相。单相电源供电的电路，就是单相电路。

所谓"三相电源"，就是对称安置了三个完全相同的线圈，称做三相绕组，同时产生三相电源 A 相、B 相和 C 相，且同时对负载供电的电路，就是三相电路。

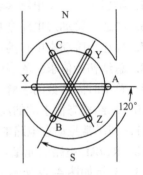

图 5-1　三相交流发电机的示意图

2. 三相电源的对称性描述

三相电源之间一定是对称的，这是人为设计的结果。

每相绕组的端点 A、B、C 作为绕组的起端，称做"相头"；而端点 X、Y、Z 当做绕组的末端，称做"相尾"。三个相头之间（或三个相尾之间）在空间上彼此相隔 120°。电枢表面的磁感应强度沿圆周做正弦分布，它的方向与圆柱表面垂直。在发电机的绕组内，规定每相电源的正极性分别标记为 A、B、C，负极性分别标记为 X、Y、Z。当电枢逆时针方向等速旋转时，各绕组内感应出频率相同、振幅值相同、相位相差 120° 的电动势（或电压源），这三个电动势称为对称三相电动势（或对称三相电源）。

以第一相绕组 AX 产生的电压 u_A 经过零值时为计时起点，则第二相绕组 BY 产生的电压 u_B 滞后于第一相电压 u_A $\frac{1}{3}$ 周期，第三相绕组 CZ 产生的电压 u_C 滞后于第一相电压 u_A $\frac{2}{3}$ 周期或超前 $\frac{1}{3}$ 周期，它们的解析式为

$$u_A = U_m \sin \omega t$$

$$u_B = U_m \sin\left(\omega t - \frac{2\pi}{3}\right)$$ （5-1）

$$u_C = U_m \sin\left(\omega t + \frac{2\pi}{3}\right)$$

用相量表示为

$$\dot{U}_A = U\angle 0°$$

$$\dot{U}_B = U\angle -120° = Ue^{-j\frac{2\pi}{3}} = U\frac{-1-j\sqrt{3}}{2}$$ （5-2）

$$\dot{U}_C = U\angle 120° = Ue^{j\frac{2\pi}{3}} = U\frac{-1+j\sqrt{3}}{2}$$

如图 5-2 所示是对称三相电源的相量图和波形图。

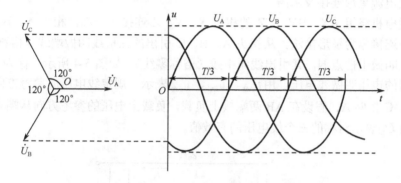

图 5-2　对称三相电源的相量图和波形图

由式（5-1）、式（5-2）和图 5-2 可以看出：对称三相正弦量（包括对称三相电动势、对称三相电压、对称三相电流）中三个正弦量的瞬时值之和为零，这可以从图 5-2 的波形图中看出。也可由式（5-2）推出，表示对称三相正弦量的三个相量之和等于零。

通常三相发电机产生的都是对称三相电源。本书今后若无特殊说明，提到三相电源时均指对称三相电源。

三相电压到达振幅值（或零值）的先后次序称为相序。在图 5-2 中，三相电压到达振幅值的顺序为 u_A、u_B、u_C，其相序为 A—B—C—A。对于三相电压其相序为 A—B—C—A 的称为顺相序，简称顺序或正序。当电枢顺时针旋转时，三相电压达到振幅值按 u_A—u_C—u_B—u_A 的顺序循环出现，这时三相电动势的相序 A—C—B—A 称为逆相序，简称逆序或负序。工程上通用的相序是顺相序，如果不加说明，都是指的这种相序。

3. 三相电源的星形连接

（1）三相电源的连接方式

三相发电机的每一相绕组都是独立的电源，可以单独接上负载，成为不相连接的三个单相电路。它需要六根导线来输送电能，如图 5-3 所示，这样使用的导线根数太多，所以这种电路实际上是不应用的。

实际的三相电源的三相绕组一般都按两种方式连接起来供电。一种方式是星形（又叫 Y）连接，一种方式是三角形（又叫△）连接。对三相发电机来说，通常采用星形连接，但三相变压器也有接成三角形的。

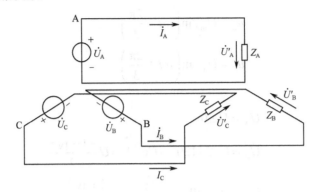

图 5-3　三相六线制

（2）三相电源星形连接及术语

将三相发电机绕组 AX、BY、CZ 的相尾 X、Y、Z 连接在一起，相头 A、B、C 引出作输出线，这种连接称为星形接法。从相头 A、B、C 引出的三根线叫做端线（俗称火线）。相尾接成的一点叫做中性点 N，其引出线叫中线（俗称零线）。如图 5-4 所示，称为三相四线制连接。端线间的电压叫做线电压，用 u_{AB}、u_{BC}、u_{CA} 表示。规定线电压的参考方向由 A 指向 B，B 指向 C，C 指向 A。假设在 AB 两端接上负载，负载上电压的参考方向从端点 A 指向端点 B。通常用 U_L 表示对称的三个线电压的有效值。

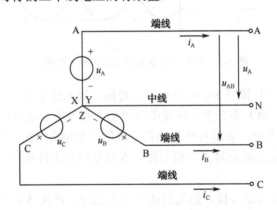

图 5-4　三相电源的星形接法

电源每相绕组两端的电压称为电源的相电压，电源相电压用符号 u_A、u_B、u_C 表示。电源做星形连接又有中线引出时，电源引出处端线与中线之间的电压就是电源的相电压，如图 5-4 所示。一般电源绕组的阻抗很小，故不论电源绕组中有无电流，常认为电源各相电压的大小就等于电动势。用 U_P 表示对称三个相电压的有效值。

（3）三相电源星形连接的表达式

① 三相对称电源线电压之和为零。

如图 5-4 所示，根据基尔霍夫电压定律，可知三个线电压之和为零，即

$$u_{AB}+u_{BC}+u_{CA}=0$$

② 三相对称电源相电压之和为零。

由图 5-2 相量图，可得三个相电压之和为零，即

$$u_A + u_B + u_C = 0$$

③ 三相对称电源线电压与相电压间的关系。

根据基尔霍夫电压定律可得

$$u_{AB} = u_A - u_B, \quad u_{BC} = u_B - u_C, \quad u_{CA} = u_C - u_A$$

用相量表示为

$$\dot{U}_{AB} = \dot{U}_A - \dot{U}_B, \quad \dot{U}_{BC} = \dot{U}_B - \dot{U}_C, \quad \dot{U}_{CA} = \dot{U}_C - \dot{U}_A$$

若三相电压对称，相量图如图 5-5 所示，可得

$$U_L = \sqrt{3}U_P$$

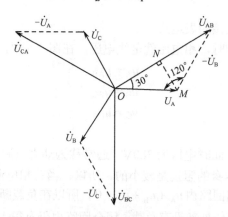

图 5-5　三相电源星形接法时电压相量图

即可得出结论：当三个相电压对称时，三个线电压也是对称的，线电压的有效值是相电压有效值的 $\sqrt{3}$ 倍。线电压 $\dot{U}_{AB}$ 超前相电压 $\dot{U}_A$ 为 30°，线电压 $\dot{U}_{BC}$ 超前相电压 $\dot{U}_B$ 为 30°，线电压 $\dot{U}_{CA}$ 超前相电压 $\dot{U}_C$ 为 30°。它们之间的相量关系为

$$\dot{U}_{AB} = \sqrt{3}\dot{U}_A \angle 30°$$
$$\dot{U}_{BC} = \sqrt{3}\dot{U}_B \angle 30° \tag{5-3}$$
$$\dot{U}_{CA} = \sqrt{3}\dot{U}_C \angle 30°$$

电源星形连接并引出中线可供应两套对称三相电压，一套是对称的相电压，另一套是对称的线电压。目前电力网的低压供电系统（又称民用电）中，电源就是中性点接地的星形连接，并引出中线（零线）。此系统供电的线电压为 380V，相电压为 220V，常写做"电源电压 380/220V"。

4. 三相电源的三角形连接

（1）三相电源三角形连接及术语

三相电源内三相绕组按相序依次连接，即 A 相的相尾 X 和 B 相的相头 B 连接，B 相的相尾 Y 和 C 相的相头 C 连接，C 相的相尾 Z 和 A 相的相头 A 连接，引向负载的三根端线分别与相头 A、B、C 相连，这样的连接方式称为三角形（又叫△）连接，如图 5-6 所示，只有三条引出端线，所以又称为"三相三线制电路"。

每相电源两端电压即相电压，如图 5-6 中 u_A、u_B、u_C，两两端线电压即为线电压，如图 5-6 中 u_{AB}、u_{BC}、u_{CA}。

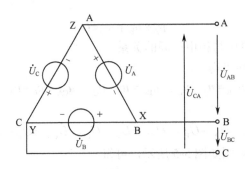

图 5-6　三相电源的三角形接法

（2）三相电源三角形连接的表达式

三相电源做三角形连接时，相电压就是线电压。在图 5-6 中，可以明显看出：

$$u_A = u_{AB}$$
$$u_B = u_{BC}$$
$$u_C = u_{CA}$$

即 $\dot{U}_P = \dot{U}_L$。

显然，在市电系统中，此时电压为 380V，通常称为动力电源。

由于发电机每相绕组本身的阻抗是较小的，所以，当三相电源接成三角形时，其闭合回路内的阻抗并不大。通常因回路内 $u_A + u_B + u_C = 0$，所以在负载断开时电源绕组内并无电流。若回路内电压和不为零，即使外部没有负载，闭合回路内仍有很大的电流，这将使绕组过热，甚至烧毁。所以三相电源做三角形连接时，连接之前必须检查。

任务 2　三相负载

1. 三相对称负载概念

三相电源分别送电给各自负载，因此对应负载称为 A 相负载"Z_A"、B 相负载"Z_B"、C 相负载"Z_C"，如图 5-7 所示。

所谓"三相对称负载"，即要求三相负载完全相同：

$$Z_A = Z_B = Z_C = Z_P = |Z_P| \angle \psi = R_P + jX_P$$

其中，Z_P 称为相负载。

不满足上式，就称为不对称三相负载。简单理论分析通常以对称负载为例，而实际三相系统通常为不对称负载。

2. 三相负载的星形连接和术语

三相电路中负载的连接也有星形与三角形两种。三相负载的连接方式与电源的连接方式不一定相同。三相负载的连接方式与负载是否对称及负载的额定电压等因素有关。

如图 5-7 所示为三相电源绕组和三相负载都是星形连接的三相四线制。三相四线制的负载最常见的为照明用的电灯等。电灯、电烙铁、电风扇等属于单相负载。当这些负载的额定电压是 220V 时应接在低压供电系统（电压为 380/220V）的端线与中线之间。当这些单相负载分别接到不同相的端线上就构成一组三相星形负载。

如图 5-7 所示，每相负载的电压称为负载的相电压，负载相电压的参考方向规定为自端线指向负载中性点 N，显然电源相电压就是负载相电压，用 u_A、u_B、u_C 表示。

通过端线的电流叫做线电流。规定线电流的参考方向为自电源端指向负载端，以 i_A、i_B、i_C 表示，中线电流的参考方向为自负载端指向电源端，以 i_N 表示。流过每相负载的电流叫做相电流。显然，线电流就是相电流。

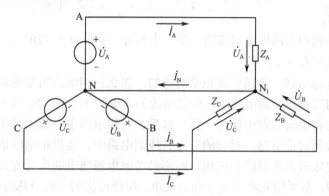

图 5-7　三相负载的星形接法

3. 三相负载星形电路分析

（1）三相负载星形连接时，线电流等于相电流。

由图 5-7 可以看出，电路中的线电流与相应的相电流显然是相等的，即 i_A、i_B、i_C 既表示线电流又表示相电流。

（2）三相负载星形连接时，线电压和相电压关系如下。

由图 5-7 可以看出，电源侧相电压就是负载侧相电压，即 u_A、u_B、u_C。

负载端的线电压与相电压的关系式：$u_{AB} = u_A - u_B$，$u_{BC} = u_B - u_C$，$u_{CA} = u_C - u_A$。

这与电源星形连接时线电压与相电压关系类似。前面三相电源星形连接时推出的一些关系式，此处也适用。

（3）负载电流求解。

在三相四线制中，因为有中线的存在，每相负载的工作情况与单相电流电路相同。若忽略连接导线的阻抗（线路上损耗），则负载相电压等于电源对应的相电压，故负载各相电流为

$$\dot{I}_A = \frac{\dot{U}_A}{Z_A}, \quad \dot{I}_B = \frac{\dot{U}_B}{Z_B}, \quad \dot{I}_C = \frac{U_C}{Z_C}$$

即 $\dot{I}_P = \frac{\dot{U}_P}{\dot{Z}_P}$。

相电压与相电流的相位差等于各相负载的阻抗角，即

$$\tan \psi_A = \frac{X_A}{R_A}, \quad \tan \psi_B = \frac{X_B}{R_B}, \quad \tan \psi_C = \frac{X_C}{R_C}$$

规定中线电流的参考方向为自负载端指向电源端，根据基尔霍夫电流定律可知中线电流为

$$\dot{I}_N = \dot{I}_A + \dot{I}_B + \dot{I}_C$$

例 **A1** 　测评目标：星形对称负载计算。

如果为三相对称负载，即 $Z_A = Z_B = Z_C = Z_P = |Z_P| \angle \psi = R_P + jX_P$。

所以，$\dot{I}_A = \dfrac{\dot{U}_A}{Z_P}$，$\dot{I}_B = \dfrac{\dot{U}_B}{Z_P} = \dfrac{\dot{U}_A}{Z_P} \angle -120°$，$\dot{I}_C = \dfrac{\dot{U}_C}{Z_P} = \dfrac{\dot{U}_A}{Z_P} \angle 120°$。

显然，此时三相相电流也是对称的，即大小相等、相位互差 120°。

那么，$\dot{I}_N = \dot{I}_A + \dot{I}_B + \dot{I}_C = 0$。

即对于三相对称负载，各相电流也是对称的，那么三相电流的相量和等于零，即中线电流为零。对称的三相四线制电路中，中线电流为零说明 N 点与 N_1 点等电位，中线断开后负载中相电压与相电流与有中线时一样。可见在对称电路中中线不起作用，故可省去中线，成为三相三线制对称电路。对称的三相三线制电路中，负载相电压是对称的，故可根据对称条件由线电压求出负载的相电压，而不必考虑电源绕组的连接方式。三相感应电动机是对称三相负载，故采用对称三相三线制供电。星形连接的负载对称时，如需计算电压、电流有效值，根据对称性只计算一相就可以了。

星形接法的对称负载：

负载	电压	电流	每相功率因数
$Z = R + jX$	$U_P = \dfrac{U_L}{\sqrt{3}}$	$I_P = \dfrac{U_P}{|Z|}$	$\lambda = \cos\psi = \dfrac{R}{|Z|}$

其中，$|Z|$ 是每相负载的阻抗模，R 是每相负载复数阻抗中的电阻分量。ψ 是每相负载的阻抗角。

4. 三相负载三角形连接和术语

当单相负载的额定电压等于线电压时，负载就应接于两端线之间；当三个单相负载分别接于 A、B 间，B、C 间，C、A 间，就构成三相三角形负载，如图 5-8 所示。负载为三角形连接时不用中线，故不论负载对称与否电路均为三相三线制。

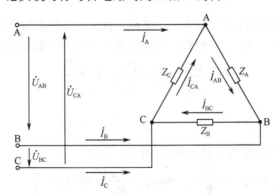

图 5-8　连接成三相三角形的负载

按三角形接法的三相电源与负载连接时，每相负载两端电压即为相电压，如图 5-8 中显然端线间电压（即为线电压）就是负载相电压，如 u_{AB}、u_{BC}、u_{CA}。

绕组内及线路上均有电流通过，显然，流过端线的电流称为线电流，方向由电源端流向负载端，如 i_A、i_B、i_C。

同时，流过负载的电流为相电流，方向按正相序指向，如 i_{AB}、i_{BC}、i_{CA}，双下标的顺序表示参考方向。

5. 三相负载三角形电路分析

（1）三角形连接电路中，每相负载的相电压等于端线间线电压。

$$u_A = u_{AB} \quad u_B = u_{BC} \quad u_C = u_{CA}$$

（2）三角形连接电路中，线电流与相电流关系如下。

如图 5-8 所示，根据基尔霍夫电流定律可得

$$i_A = i_{AB} - i_{CA}、\quad i_B = i_{BC} - i_{AB}、\quad i_C = i_{CA} - i_{BC}$$

若电源三个相电流是对称正弦量，那么三个线电流也是对称正弦量。对称电流相量图如图 5-9 所示。若对称相电流的有效值为 I_P，对称线电流的有效值为 I_L，则线电流的有效值是相电流有效值的 $\sqrt{3}$ 倍，线电流比对应相电流滞后 $30°$ ，即

$$I_L = \sqrt{3} I_P$$

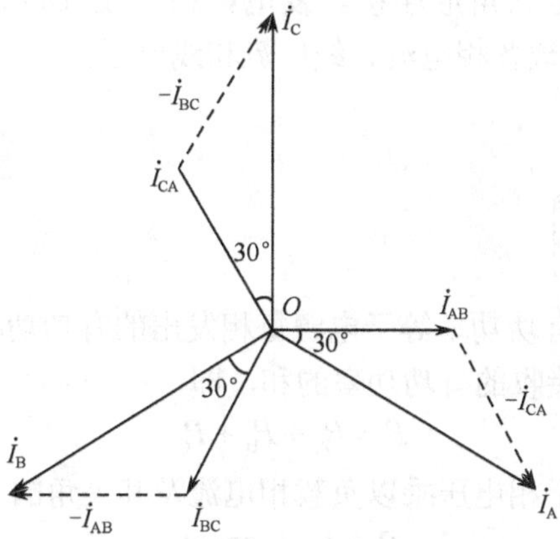

图 5-9 三相电源三角形连接时电流相量图

（3）负载电流计算。

因为三角形负载相电压等于线电压，故各相电流为

$$\dot{I}_{AB} = \frac{\dot{U}_{AB}}{Z_{AB}} = \dot{U}_{AB} Y_{AB}, \quad \dot{I}_{BC} = \frac{\dot{U}_{BC}}{Z_{BC}} = \dot{U}_{BC} Y_{BC}, \quad \dot{I}_{CA} = \frac{\dot{U}_{CA}}{Z_{CA}} = \dot{U}_{CA} Y_{CA}$$

各线电流为

$$\dot{I}_A = \dot{I}_{AB} - \dot{I}_{CA}, \quad \dot{I}_B = \dot{I}_{BC} - \dot{I}_{AB}, \quad \dot{I}_C = \dot{I}_{CA} - \dot{I}_{BC}$$

例 A2 测评目标：三角形对称负载计算。

如图 5-8 所示，如果为三相对称负载，即 $Z_A = Z_B = Z_C = Z_P = |Z_P| \angle \psi = R_P + jX_P$，电源电压也是对称的。

所以，$\dot{I}_{AB} = \dfrac{\dot{U}_{AB}}{Z_P}$，$\dot{I}_{BC} = \dfrac{\dot{U}_{BC}}{Z_P} = \dfrac{\dot{U}_{AB}}{Z_P} \angle -120°$，$\dot{I}_{CA} = \dfrac{\dot{U}_{CA}}{Z_P} = \dfrac{\dot{U}_{AB}}{Z_P} \angle -120°$。

显然，此时三相相电流也是对称的，即大小相等、相位互差 $120°$ 。

因此，线电流也是对称的，即

$$\dot{I}_\mathrm{A} = \sqrt{3}\dot{I}_\mathrm{AB}\angle 30°$$

$$\dot{I}_\mathrm{B} = \sqrt{3}\dot{I}_\mathrm{BC}$$

$$\dot{I}_\mathrm{C} = \sqrt{3}\dot{I}_\mathrm{CA}$$

三角形接法的对称负载：

负载	电压	电流	每相功率因数
$Z = R + \mathrm{j}X$	$U_\mathrm{P}=U_\mathrm{L}$	$I_\mathrm{P}=\dfrac{I_\mathrm{L}}{\sqrt{3}}=\dfrac{U_\mathrm{P}}{|Z|}$	$\lambda = \cos\psi = \dfrac{R}{|Z|}$

【课堂练习】

A1-1 三相四线制电路，电源线电压为380V，负载各相复阻抗均为 $Z=110+\mathrm{j}91\Omega$。画出电路图；求各相电流及中线电流，并画出各相电压、电流的相量图。

A1-2 根据所学的知识，画一幅大楼配电系统分布图。提示：一般采用三相四线制，三根火线和零线分别用红、黄、绿和黑色线。

A2-1 发电机和负载都是三角形连接。发电机相电压 $U_\mathrm{P}=1000\mathrm{V}$，感性负载每相电阻 $R=50\Omega$，感抗 $X_\mathrm{L}=25\Omega$。求负载各相电流、线电流和线电压。

任务3 三相电路功率

1. 三相电路有功功率

一个三相电源发出的总有功功率等于电源每相发出的有功功率的和，一个三相负载接收的总有功功率等于每相负载接收的有功功率的和，即

$$P = P_\mathrm{A} + P_\mathrm{B} + P_\mathrm{C}$$

每相负载的有功功率等于相电压乘以负载相电流及其夹角的余弦，即

$$P_\mathrm{P} = U_\mathrm{P}I_\mathrm{P}\cos\psi$$

代入即得

$$P = U_\mathrm{A}I_\mathrm{A}\cos\psi_\mathrm{A} + U_\mathrm{B}I_\mathrm{B}\cos\psi_\mathrm{B} + U_\mathrm{C}I_\mathrm{C}\cos\psi_\mathrm{C}$$

在对称三相电路中，每相有功功率相同，即

$$P = 3U_\mathrm{P}I_\mathrm{P}\cos\psi \qquad\qquad (5\text{-}4)$$

对于星形接法，考虑到相电流就是线电流，而相电压等于 $1/\sqrt{3}$ 倍电压，则式（5-4）可写成

$$P = 3I_\mathrm{L}\frac{U_\mathrm{L}}{\sqrt{3}}\cos\psi = \sqrt{3}I_\mathrm{L}U_\mathrm{L}\cos\psi \qquad\qquad (5\text{-}5)$$

对于三角形接法，相电压等于线电压，负载相电流等于 $1/\sqrt{3}$ 倍线电流，则式（5-4）可写成

$$P = 3U_\mathrm{L}\frac{I_\mathrm{L}}{\sqrt{3}}\cos\psi = \sqrt{3}I_\mathrm{L}U_\mathrm{L}\cos\psi$$

由此可见对称负载时不论何种接法，求总功率的公式都是相同的。注意式（5-4）中 ψ 是负载相电压和负载相电流之间的相位差，而不是线电压与线电流之间的相位差。

三相发电机、三相电动机铭牌上标明的有功功率都指的是三相总有功功率。

2. 三相电路无功功率和视在功率

一个三相电源发出的总无功功率等于电源每相发出的无功功率的和，即

$$Q=Q_A+Q_B+Q_C$$

对称三相电路的无功功率的代数和为

$$Q = 3U_P I_P \sin\psi = \sqrt{3}U_L I_L \sin\psi \tag{5-6}$$

一个三相电源发出的总视在功率等于电源每相发出的视在功率的和，即

$$S=S_A+S_B+S_C$$

对称三相电路的视在功率的和为

$$S = \sqrt{P^2 + Q^2} = \sqrt{3}U_L I_L \tag{5-7}$$

例 A3 测评目标：三相对称负载功率计算。

一台 3kW 的三相电动机，绕组是星形连接，接在 $U_L = 380$V 三相电源上，$\lambda = \cos\psi = 0.8$，试求负载的相电压及相电流。

【解】 星形接法：

$$I_P = I_L = \frac{P}{\sqrt{3}U_L \cos\psi} = \frac{3000}{\sqrt{3} \times 380 \times 0.8} = 5.7\text{A}$$

$$U_P = \frac{U_L}{\sqrt{3}} = \frac{380}{\sqrt{3}} = 220\text{V}$$

【课堂练习】

A3-1 三相四线制电路，电源线电压为 380V，负载每相复阻抗 $Z=110+j120\Omega$。求各相电流及中线电流，三相负载的有功功率、无功功率和视在功率及功率因数。

A3-2 已知三相对称负载三角形连接，其线电流 $I_L=5\sqrt{3}$A，总功率 $P=2633$W，$\cos\varphi=0.8$，求线电压 U_L、电路的无功功率 Q 和每相阻抗 Z。

A3-3 三相电动机接在线电压为 380V 的电源上运行，测得线电流为 14.9A，功率因数为 0.866，求电动机的功率。

课题2 基于实际任务的综合技能训练

任务 三相电路故障分析

【技能目标】 实际三相电路经常会发生故障，因此了解掌握这类问题的故障检测、分析思路，提高应变突发故障检修的能力，也是电子工程师重要的职业技能之一。

1. 一相负载短路故障分析

对称负载的三相三线制电路如图 5-10（a）所示，假设 A 相负载短路，各相负载的电压和电流会有什么样的变化呢？

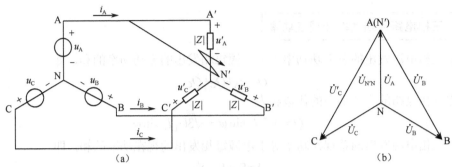

图 5-10　A 相负载短路

A 相负载短路后 A 相负载电压为零（$U'_A = 0$），负载中性点 N$'$ 与电源中性点 N 之间的电压等于 A 相电源的电压，$U_{N'N} = U_A = U_P$。

这时 B 相负载相当于直接接在 B、A 两端线上，C 相负载相当于直接接于 C、A 两端线上，因此 B、C 两相负载的电压分别为 $U'_B = U_{AB} = \sqrt{3}U_P$、$U'_C = U_{CA} = \sqrt{3}U_P$。负载电压相量图如图 5-10（b）所示，短路后，B、C 两相负载的相电压（也是线电压）为 $I_B = \dfrac{U_{AB}}{|Z|} = \sqrt{3}\dfrac{U_P}{|Z|} = I_C$，A 相的线电流为 $i_A = -(i_B + i_C)$，$I_A = 3\dfrac{U_P}{|Z|}$。

可见，在电源电压恒定且不计线路阻抗的情况下，在负载星形连接的对称三相三线制电路中，一相负载短路时，短路相的负载电压为零，其线电流增至原来的 3 倍，其他两相负载上的电压和电流均增至原来的 $\sqrt{3}$ 倍。

2.　一相负载断路分析

如图 5-11 所示，对称负载三相三线制电路，假设 A 相负载发生断路。

A 相电流为零，这时，B、C 两相负载串联，构成一个新的闭合回路。B、C 两相负载上的总电压就是电源的线电压 u_{BC}，由于 B、C 两相负载的阻抗相等，B、C 两相负载电压分别为 $U'_B = \dfrac{1}{2}U_{CB} = \dfrac{\sqrt{3}}{2}U_P = U'_C$。

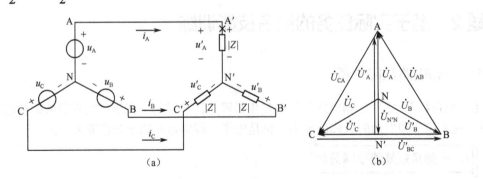

图 5-11　A 相负载断路

负载中性点于电源中性点之间的电压为 $u_{N'N} = u_B - u'_B$。A 相断路处的电压为 $u'_A = u_A - u_{N'N}$。

负载电压的相量图如图 5-10（b）所示，可见，$U_{N'N} = \frac{1}{2} U_A = \frac{1}{2} U_P$，$U'_A = \frac{3}{2} U_A = \frac{3}{2} U_P$。

B、C 两相电流为 $I_B = \frac{1}{2} \frac{U_{BC}}{|Z|} = \frac{\sqrt{3}}{2} \frac{U_P}{|Z|} = I_C$。

可见在电源电压稳定，线路阻抗忽略不计的情况下，负载是星形连接的对称三相三线制电路一相负载断路时，断路相电流为零，负载电压为零，断路处电压为原来相电压的 $\frac{3}{2}$ 倍，其他两相负载上的电压和电流均减小到原来的 $\frac{\sqrt{3}}{2}$ 倍。

3. 中线断路故障分析

如图 5-12 所示为一个负载不对称的三相四线制电路中线断路的情况。

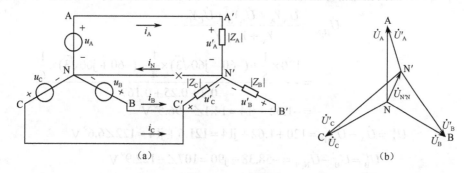

图 5-12 中线断路

如果是对称负载，此时中线电流 $i_{N'N} = i_A + i_B + i_C = 0$，所以，中线是不起作用的。

如果是不对称负载，此时中线电流 $i_{N'N} = i_A + i_B + i_C \neq 0$，此时电路变为不对称的 Y-Y 连接的三相三线制电路。此时 $U_{N'N} \neq 0$，负载中性点 N' 与电源中性点 N 的电位不相等，这一现象称为中性点位移，负载和电源的中性点之间的电压称为中性点位移电压。

如图 5-11（b）中相电压的相量图，可以看出中线断路后三相负载的相电压是不对称的，由于中线断路后三相负载的相电压和负载阻抗都不相等，因此三相电流也将是不对称的。

负载不对称的三相四线制电路中线断路后由于中心点位移电压的出现，负载上的相电压不对称，使得有的相电压过高，高于负载额定电压，有的相电压过低低于负载的额定电压，电压过高则可能造成负载、设备损坏；电压过低，用电设备则不能正常工作，显然这都是不允许的，中线的存在可以避免上述现象的产生。中线的主要作用就在于减小中性点位移电压，使星形连接的不对称负载相电压对称或接近对称。简单说，中线的作用在于保证各相负载独立工作，不受其他相负载变化的影响。

因此，应避免中线断路，中线应具备足够的机械强度，同时中线上不应装熔断器和开关。

例 B1　测评目标：星形不对称负载计算。

如图 5-13 所示，三相四线制中的负载为纯电阻，其数值为 $R_A = 5\Omega$，$R_B = 4\Omega$，$R_C = 6\Omega$，负载相电压为 120V，中线阻抗 $Z_N = 0$，试求：①各相负载上和中线上的电流并画出相量图；②若中线断开，求各相负载电压并画出相量图。

【解】① 设以 $\dot{U}_A$ 为参考相量，则 $\dot{U}_A = 120\angle 0° \text{V}$，$\dot{U}_B = 120\angle -120° \text{V}$，$\dot{U}_C = 120\angle 120° \text{V}$。

各相负载上的电流为

$$\dot{I}_A = \frac{\dot{U}_A}{Z_A} = \frac{120\angle 0^\circ}{5} = 24\angle 0^\circ \ (A), \quad I_A = 24A$$

$$\dot{I}_B = \frac{\dot{U}_B}{Z_B} = \frac{120\angle -120^\circ}{4} = 30\angle -120^\circ \ (A), \quad I_B = 30A$$

$$\dot{I}_C = \frac{\dot{U}_C}{Z_C} = \frac{120\angle 120^\circ}{6} = 20\angle 120^\circ \ (A), \quad I_C = 20A$$

$$\dot{I}_N = \dot{I}_A + \dot{I}_B + \dot{I}_C = 24\angle 0^\circ + 30\angle -120^\circ + 20\angle 120^\circ$$
$$= 24 + (-15 - j15\sqrt{3}) + (-10 + j10\sqrt{3})$$
$$= -1 - j5\sqrt{3} = 8.7\angle -96.6^\circ \ A$$

② 中线断开后，以电源中性点 N 为参考点，用节点电压法求得

$$\dot{U}_{N_1N} = \frac{\dot{U}_A Y_A + \dot{U}_B Y_B + \dot{U}_C Y_C}{Y_A + Y_B + Y_C}$$

$$= \frac{120 \times \dfrac{1}{5} + (-60 - j60\sqrt{3}) \times \dfrac{1}{4} + (-60 + j60\sqrt{3}) \times \dfrac{1}{6}}{0.2 + 0.25 + 0.167}$$

$$= -1.62 - j14 = 14.1\angle -96.5^\circ \ V$$

$$\dot{U}'_A = \dot{U}_A - \dot{U}_{N_1N} = 120 + 1.62 + j14 = 121.6 + j14 = 122\angle 6.6^\circ \ V$$

$$\dot{U}'_B = \dot{U}_B - \dot{U}_{N_1N} = -58.38 - j90 = 107\angle -122.9^\circ \ V$$

$$\dot{U}'_C = \dot{U}_C - \dot{U}_{N_1N} = -58.38 + j118 = 132\angle 116.3^\circ \ V$$

中线断开后，由于中性点电压 U_{N_1} 的存在，使得 $U'_B < U_B$，造成负载 R_B 中的电压降低，工作不良，$U'_C > U_C$ 可能烧坏 C 相电器。

由以上看到，由于中线的存在（中线阻抗忽略），三相负载不平衡时，负载的相电压仍能保持不变。但当中线断开后，三相负载的阻抗不同时，各相的相电压也不相等了。某相电压增大，使这相电器可能烧毁，这是危险的。所以在任何时候中线上都不能装保险丝，有时中线是用铜线做成的。

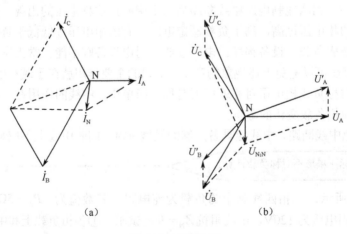

(a)   (b)

图 5-13　例 B1 图

【课堂练习】

B1-1 对称 Y 负载每相复阻抗 $Z=8+j6\Omega$，电源线电压为 380V。若 A 相负载断开，求 B、C 两相的负载电压和电流。

B1-2 三相四线制电器，电源线电压为 380 V，不对称负载各相复阻抗分别为 $Z_A=3+j4\Omega$，$Z_B=8-j6\Omega$，$Z_C=20\Omega$。求：①各线电流和中线电流；②若中线断开，各相电压、电流有何改变？

复习题

1．三相对称电压的特征是什么？对称电流产生的条件是什么？

2．三相对称负载的特征是什么？

3．绘制三相四线制对称负载电路图，并描述其相电压与线电压、相电流与线电流的关系、功率计算公式。

4．绘制三相三线制三角形连接对称负载电路图，并描述其相电压与线电压、相电流与线电流的关系、功率计算公式。

5．分析三相四线制的中线作用。

6．学校照明系统，设计中每相负载为 24 盏白炽灯"220V、60W"，求其相电流及功率。

使用一段时间后，A 相只要 16 盏正常工作，B 相 24 盏，C 相 8 盏，再求各相电流、中线电流及功率。

第2篇 电工技能篇

模块6 变 压 器

课题1 变压器的基础知识

1. 何谓变压器

变压器是电力系统中一种重要的电气设备，如图 6-1 所示。发电站发出的电能要比较经济地远距离传输、合理地分配以及安全地使用，都离不开变压器。当输电线路输送的电功率 P 及功率因数 $\cos\psi$ 一定时，电压 U 越高，则线路电流 I 越小，输电线的截面积越小，节省材料，达到减小投资和降低运行费用、减小线路电能损耗和提高效率的目的。由于发电厂的交流发电机受绝缘和工艺技术的限制，通常输出电压为 10.5kV 或 16kV，而一般高压输电线路的电压为 110、220、330、500 或 750kV，因此需用升压变压器将电压升高后送入输电线路。当电能输送到用电区后，为了用电安全，又必须用降压变压器将输电线路上的高电压降低为配电系统的配电电压，然后再经过降压变压器降压后供电给用户。电力系统的多次升压和降压，使变压器的应用相当广泛。电力系统常采用低压发电、高压输电、低压用电的"发变输变配用"的结构，从发电站发出的电能输送到用户的整个过程中，需要多次变压，因此变压器对电力系统有着极其重要的意义。

配电变压器

降压变压器

升压变压器

图 6-1 常用电力变压器

2. 变压器的基本工作原理

变压器是一种常见的静止电气设备，它是利用电磁感应原理，将某一数值的交变电压变换为同频率的另一数值的交变电压。变压器不仅用于电力系统中电能的传输和分配，而且还广泛应用于电气控制、电子技术、测试技术及焊接技术领域等。变压器不仅可以变换交流电压，还可用来变换交流电流、变换阻抗及产生脉冲信号等。

图 6-2 为一验证电磁感应现象的实验，下面解释磁铁上下运动时，检流计指针变动的原因。

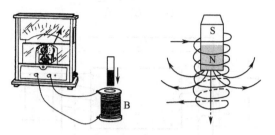

图 6-2　电磁感应实验

分析：通过闭合回路的磁通量发生变化时，在回路中产生电动势的现象称为电磁感应现象。这样产生的电动势称为感应电动势，如果导体是个闭合回路，将有电流流过，其电流称为感生电流。

变压器是利用电磁感应原理工作的，如图 6-3 所示。变压器的主要部件是一个铁芯及套在铁芯上的两个绕组。这两个绕组具有不同的匝数且互相绝缘，两绕组间只有磁的耦合而没有电的联系。其中，接于电源侧的绕组称为初级绕组，又称原绕组或一次绕组；接负载的绕组称为次级绕组，又称副绕组或二次绕组。

若将一次绕组接到交流电源上，绕组中便有交流电流 i_1 流过，在铁芯中产生与外加电压 u_1 相同且与一、二次绕组同时铰链的交变磁通 Φ，根据电磁感应原理，分别在两个绕组中感应出同频率的电动势 e_1 和 e_2，若把负载接在二次绕组上，则在电动势 e_2 作用下有电流 i_2 流过负载，实现了电能的传递。

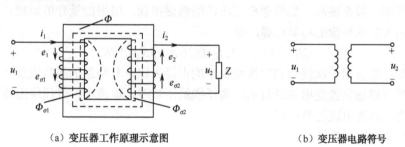

（a）变压器工作原理示意图　　　　　　　　　（b）变压器电路符号

图 6-3　变压器负载运行工作原理

3．变压器的三大作用

（1）变压器的空载运行与电压变换作用

变压器的一次绕组接交流电源，二次绕组不接负载（开路），负载电流为零的情况称为变压器的空载运行，如图 6-4 所示。

空载运行时的电磁情况分析：当变压器的一次绕组加上交流电压 u_1 时，一次绕组内便有一个交变电流 i_0（即空载电流）流过，在 i_0 作用下建立交变磁场，铁芯中产生主磁通，根据电磁感应原理，分别在一、二次绕组产生电动势 e_1、$e_{\sigma1}$ 和 e_2、$e_{\sigma2}$，忽略空载损耗，根据电磁感应原理有

$$u_1 = -e_1 = N_1 \frac{\mathrm{d}\Phi}{\mathrm{d}t} \qquad u_2 = e_2 = -N_2 \frac{\mathrm{d}\Phi}{\mathrm{d}t}$$

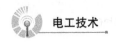

$$E_1 = 4.44 f N_1 \Phi_m \qquad E_2 = 4.44 f N_2 \Phi_m$$

$$\frac{U_1}{U_2} = \frac{E_1}{E_2} = \frac{N_1}{N_2} = K$$

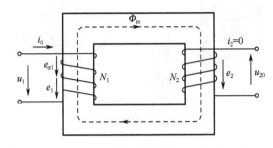

图 6-4　变压器空载运行原理

K 为一、二次绕组的匝数之比，又叫变压比。若 $N_1 > N_2$，则 $K > 1$，$U_1 > U_2$，为降压变压器；若 $N_1 < N_2$，则 $K < 1$，$U_1 < U_2$，为升压变压器。

上式表明：变压器一次绕组和二次绕组两端的电压之比，与绕组的匝数成正比，只要改变绕组的匝数就可以达到改变电压的目的。

（2）变压器的负载运行和电流变换作用

当变压器的一次绕组接交流电源，二次绕组接负载时，负载电流为 i_2 的情况称为变压器的负载运行。

一次组匝数为 N_1，电压 u_1，电流由空载电流 i_0 变为负载电流 i_1，主磁电动势 e_1，漏磁电动势 $e_{\sigma 1}$；副绕组匝数为 N_2，电压 u_2，电流 i_2，主磁电动势 e_2，漏磁电动势 $e_{\sigma 2}$。

变压器效率一般都很高，如果忽略变压器的铁磁损耗，根据能量守恒原理，可以近似认为变压器的输入功率与输出功率相等，即

$$U_1 I_1 = U_2 I_2，\quad I_1/I_2 = U_2/U_1 = N_2/N_1 = 1/K$$

上式表明：变压器一次绕组和二次绕组中的电流之比，与绕组的匝数成反比，只要改变绕组的匝数就可以达到改变电流的目的。高压绕组匝数多，电流小，低压绕组匝数少，电流大。这就是变压器的电流变换作用。

（3）变压器的阻抗变换作用

变压器不仅能变换交流电压和交流电流，还可以进行阻抗变换。如输出变压器和线间变压器，其主要作用就是进行阻抗变换，从而实现阻抗匹配，使信号得到最大限度的传输。

如图 6-5 所示，变压器原边接电源 U_1，副边接负载 Z_L，等效阻抗由下式求得。

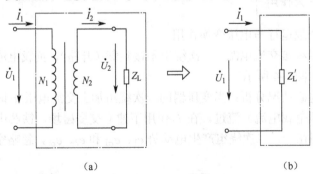

（a）　　　　　　　　　　　　　　　　（b）

图 6-5　变压器的阻抗变换作用

$$\left| Z_{\mathrm{L}}^{'} \right| = \frac{U_1}{I_1} = \frac{\left(\dfrac{N_1}{N_2} \right) U_2}{\left(\dfrac{N_2}{N_1} \right) I_2} = \left(\frac{N_1}{N_2} \right)^2 \left| Z_{\mathrm{L}} \right| = K^2 \left| Z_{\mathrm{L}} \right|$$

上式表明：变压器一次绕组和二次绕组的阻抗之比与它们匝数的平方成正比，这就是变压器的阻抗变换作用。

在电子电路中，为了提高信号的传输功率，常用变压器将负载阻抗变换为适当的数值，使其与放大电路的输出阻抗相匹配，这种做法称为阻抗匹配，如家庭影院音响系统，使音响设备输出的阻抗与扬声器的阻抗尽量相等，实现阻抗匹配，以获得最大的输出功率。

课题2 变压器的分类与结构

任务1 单相变压器的分类

变压器种类繁多，可按相数、用途、铁芯结构、绕组结构、冷却方式等进行分类。

1. 按相数分类

（1）单相变压器：常用于单相交流电路的隔离、电源电压等级变换或组合成三相变压器，如图 6-6（a）所示。

（2）三相变压器：常用于输配电系统中变换电压和传输电能，如图 6-6（b）所示。

（a）单相变压器　　　　　　　　　（b）三相变压器

图 6-6　单相和三相变压器

2. 按用途分类

（1）电力变压器：属于三相变压器，用于输配电系统中变换电压和传输电能，是生产数量最多、使用最广泛的变压器，如图 6-7（a）所示。

（2）仪用互感器：常用于电工测量和自动保护装置，如电压互感器如图 6-7（b）所示，电流互感器如图 6-7（c）所示。

（3）自耦变压器：用于实验室及工业上的电压调节，如图 6-7（d）所示。

（4）电炉变压器：用于冶炼及热处理设备的电源，专供大功率电炉使用的变压器，如图 6-7（e）所示。

（5）电焊变压器：常用于焊接各类钢材的交流电焊机上，如图 6-7（f）所示。

（6）差动变压器：常用于信号的自动检测，如图 6-7（g）所示。

（a）电力变压器　　（b）电压互感器　　（c）电流互感器　　（d）自耦变压器

（e）电炉变压器　　　（f）电焊变压器　　　（g）差动变压器

图 6-7　各种用途的变压器

3. 按冷却方式分类

（1）干式变压器：常用于安全防火要求较高的场合，如地铁、机场和高层建筑等，如图 6-8（a）所示。

（2）油浸自冷变压器：常用于大、中型电力变压器，如图 6-8（b）所示。

（3）油浸风冷变压器：油循环风冷，常用于大型变压器，如图 6-8（c）所示。

（4）自冷式变压器，如图 6-8（d）所示。

（a）干式变压器　　　（b）油浸自冷变压器　　　（c）油浸风冷变压器　　　（d）自冷式变压器

图 6-8　各种冷却方式的变压器

4. 按铁芯结构分类

（1）壳式变压器：用于小型干式变压器，如图 6-9（a）所示。

（2）芯式变压器：常用于大、中型变压器及高压电力变压器，如图 6-9（b）所示。

（a）壳式变压器　　　　（b）芯式变压器

图 6-9　壳式和芯式变压器

任务2　变压器的额定值

变压器的额定值又称铭牌值，标记其型号和主要参数，作为正确使用变压器的依据。

（1）变压器的型号

按照国家标准规定，变压器的型号由汉语拼音字母和几位数字组成，表明变压器的系列和规格。例如型号为 S7-500/10 的变压器，S 表示三相（D 表示单相）变压器，设计序号是第 7 次统一设计，额定容量为 500kVA，高压侧额定电压为 10kV 的电力变压器。

（2）额定容量 S_N

额定容量是变压器在额定工作状态下，二次绕组输出的视在功率，单位为 kV·A。

单相变压器的额定容量为 $S_N = U_{2N}I_{2N} \approx U_{1N}I_{1N}$。

三相变压器的额定容量为 $S_N = \sqrt{3}\, U_{2N}I_{2N} \approx \sqrt{3}\, U_{1N}I_{1N}$。

（3）额定电压 U_{1N} 和 U_{2N}

额定电压是指变压器长时间运行时所能承受的工作电压。一次绕组额定电压 U_{1N} 是指加在一次绕组上正常工作的电压。二次绕组额定电压 U_{2N} 是指一次绕组加额定电压时，二次绕组空载时的端电压。在三相变压器中，额定电压指的是线电压。

（4）额定电流 I_{1N} 和 I_{2N}

额定电流是指变压器在额定容量下允许长期通过的电流。I_{1N} 为一次绕组额定电流，I_{2N} 为二次绕组额定电流，三相变压器的额定电流指的是线电流。

任务3　单相变压器的基本结构

接在单相交流电源上，用来改变单相交流电压的变压器称为单相变压器。变压器的核心部件是铁芯和绕组。

1. 铁芯

铁芯是变压器的磁路部分，也是安装绕组的骨架，由铁芯柱（柱上套装绕组）和铁轭（连接铁芯以形成闭合磁路）组成，为了减小涡流和磁滞损耗，提高磁路的导磁性，铁芯采用 0.30～0.35mm 厚的硅钢片涂绝缘漆后交错叠成。小型变压器铁芯截面为矩形或方形，大型变压器铁芯截面为阶梯形。目前国产硅钢片均采用冷轧无取向硅钢片和冷轧晶粒取向硅钢片。且随着科技的发展，开始采用铁基、铁镍基钴基等非晶带材料来制造变压器的铁芯，它具有体积小、效率高、节能等优点，发展前景广阔。

单相变压器的铁芯可分为叠片式铁芯和卷制式铁芯，叠片式铁芯用冲制成的硅钢片叠压而成，可以构成心式变压器或壳式变压器。为了减小铁芯磁路的磁阻，减小铁芯损耗，要求铁芯装配时，接缝处的空气隙越小越好。

（1）心式变压器：一次绕组和二次绕组分别套装在铁芯的两个铁芯柱上，结构简单，电力变压器一般都采用心式结构。

（2）壳式变压器：铁芯包围绕组的上下和侧面，制造工艺复杂，小型干式变压器一般都采用壳式结构。

心式变压器和壳式变压器结构如图6-10所示，单相小容量变压器铁芯形式如图6-11所示。

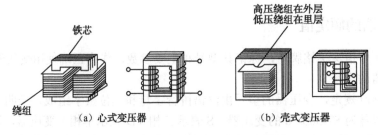

（a）心式变压器　　　　　　　　（b）壳式变压器

图 6-10　心式变压器和壳式变压器结构图

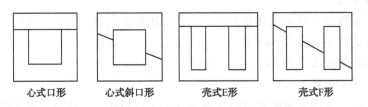

心式口形　　　　心式斜口形　　　　壳式E形　　　　壳式F形

图 6-11　单相小容量变压器铁芯形式

2. 绕组

　　绕组是变压器的电路部分，小型变压器一般用具有绝缘的漆包圆铜线绕制而成，容量稍大的变压器则用扁铜线或扁铝线绕制。一次绕组接电源，二次绕组接负载，接到高压电网的绕组称为高压绕组，接到低压电网的绕组称为低压绕组，变压器的绕组可分为同心式和交叠式两种，如图 6-12 所示。

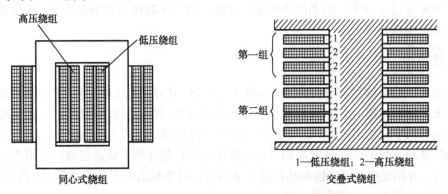

图 6-12　变压器绕组结构图

　　（1）同心式绕组：高、低压绕组同心地套在铁芯柱上，为了便于与铁芯绝缘，低压绕组在里，高压绕组在外，按绕制方法的不同又可分为圆筒式、螺旋式和连续式，其结构简单，制造容易，多用于小型电源变压器、控制变压器、低压照明变压器等。

　　（2）交叠式绕组：又称饼式绕组，将高低压绕组分成若干个线饼沿铁芯柱高度方向交替套装在铁芯柱上。漏抗小、机械强度高、引线方便，主要用在低电压、大电流的变压器上，如容量较大的电炉变压器、电焊机变压器等。

任务4　变压器的损耗与效率

（1）变压器的损耗

变压器在能量传递的过程中会产生损耗，变压器的损耗主要包括铁损耗 P_{Fe} 和铜损耗 P_{Cu} 两部分。铁损耗 P_{Fe} 为铁芯中的磁滞和涡流损耗，其大小与一次绕组上所加电源电压的大小有关，与负载电流的大小无关，当电源电压一定时，铁损耗基本不变，故铁损耗又称为不变损耗。铜损耗 P_{Cu} 是指电流在变压器一、二次绕组的电阻上发热产生的损耗，铜损耗与负载电流的平方成正比，即随负载电流的变化而变化，故铜损耗又称为可变损耗。当铜损耗等于铁损耗时，变压器的效率最高。

（2）变压器的效率

变压器的效率反映了其运行的经济性，是一项重要的运行性能指标。由于变压器是一种静止的电器，没有机械损耗，它的效率比同容量的旋转电动机要高，一般中、小型电力变压器效率在95%以上，大型电力变压器效率可达99%以上。

变压器的效率 η 是指它的输出功率 P_2 与输入功率 P_1 之比，用百分比值表示，即

$$\eta = \frac{P_2}{P_1} \times 100\% = \frac{P_1 - \sum P}{P_1} \times 100\%$$

$$= \left(1 - \frac{\sum P}{P_1}\right) \times 100\% = \left(1 - \frac{\sum P}{P_2 + \sum P}\right) \times 100\%$$

式中，$\sum P = P_{Fe} + P_{Cu}$。

（3）变压器的电压变化率

一次绕组加额定电压且负载功率因数一定时，二次绕组开路时的电压 U_{20} 与二次绕组带负载时的电压 U_2 之差，相对于二次绕组额定电压 U_{2N} 的百分比称为变压器的电压变化率。变压器负载运行时，二次绕组电压随负载大小及功率因数的变化而变化，如果电压变化过大，将对用户产生不利影响。

$$\Delta U = \frac{U_{20} - U_2}{U_{2N}} \times 100\% = \frac{U_{2N} - U_2}{U_{2N}} \times 100\%$$

电压变化率反映了变压器供电质量的稳定性，电压变化率越小越好。常用三相电力变压器的电压变化率约为3%～5%。

任务5　变压器的同名端与连接组

1. 变压器的同名端

变压器的一、二次绕组绕在同一个铁芯上，当同时交链的磁通 $\varPhi$ 交变时，两个绕组中感应出电动势，当一次绕组的某一端点瞬时电位为正时，二次绕组也必有一电位为正的对应端点。这两个对应的端点，称为同极性端或同名端，通常用符号"·"表示。同名端可能在绕组的对应端，也可能在绕组的非对应端，这取决于绕组的绕向。

当原、副绕组的绕向相同时，同名端在两个绕组的对应端（图6-13（a）中A和a为同名端）；U_{AX} 与 U_{ax} 同相位；反之，同名端在两个绕组的非对应端（图6-13（b）中A和x为同名端），这时 U_{AX} 与 U_{ax} 反相位。在单相变压器中，一、二次绕组的感应电动势之间的相位关系要么为同相位，要么为反相位。

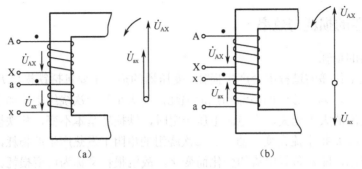

图 6-13　变压器同名端示意图

2. 变压器同名端判断

（1）根据绕组绕向判断同名端

对两个绕向已知的绕组，绕向相同的端点为同名端，如图 6-13（a）中 A 和 a 为同名端。绕向相反的端点为异名端，如图 6-13（b）中 A 和 a 为异名端。

（2）直流法测定同名端

如图 6-14（a）所示，开关 K 合上的一瞬间，如毫伏表指针向正方向摆动，则接直流电源正极的端子与接直流毫伏表正极的端子为同名端。

（3）交流法测定同名端

对一台已经制成的变压器，如图 6-14（b）所示，将 2 端和 4 端用导线连接，1 端和 2 端之间加交流电压，用交流电压表测 1、2 端电压 U_{12}，3、4 端电压 U_{34}，以及 1、3 端电压 U_{13}，若 $U_{13}=U_{12}-U_{34}$，则 N_1 和 N_2 反极性串联，故 1 和 3 为同名端。如果 $U_{13}=U_{12}+U_{34}$，则 1 和 4 为同名端。

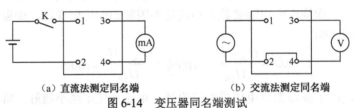

（a）直流法测定同名端　　　　　　　　（b）交流法测定同名端

图 6-14　变压器同名端测试

课题 3　其他用途变压器

任务 1　自耦变压器

1. 自耦变压器的特点及用途

普通双绕组变压器一、二次绕组虽然在同一铁芯上，但相互之间是绝缘的，它们之间只有磁的耦合没有电的直接联系。而自耦变压器的一、二次绕组共用一个绕组，故自耦变压器又称为单绕组变压器。此时一次绕组中的一部分充当二次绕组（自耦降压变压器）或二次绕组中的一部分充当一次绕组（自耦升压变压器）。因此，一、二次绕组之间既有磁的关联，又有电的直接联系。自耦变压器可节省铜和铝的消耗量，从而减小其体积和重量，降低制造成本，便于运输和安装，提高使用效率。在高压输电系统中自耦变压器可作为联络变压器连接两个电压等级相近的电力网。在实验室中，自耦变压器可作为自耦调压器获得可以任意调节的交流电压。自耦变压器还可以作为三相异步电动机降压启动器，自耦调压器的外形、结构及图形符号如图 6-15 所示。

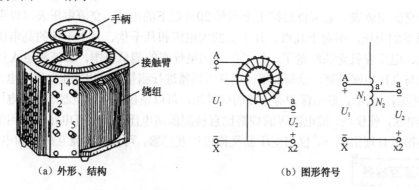

图 6-15　自耦调压器的外形、结构及图形符号

2. 自耦变压器的工作原理

自耦变压器仅有一个绕组，其一、二次绕组之间既有磁的耦合，又有电的联系；实质上，自耦变压器就是利用一个绕组抽头的办法来实现改变电压的一种变压器，如图 6-16 所示为其工作原理图。

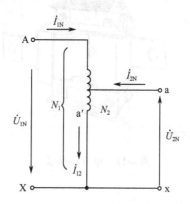

图 6-16　降压自耦变压器的原理图

根据原理图，忽略漏阻抗压降，则有

额定容量：$S_N=U_{1N}I_{1N}=U_{2N}I_{2N}$

电压比：$K=N_1/N_2=E_1/E_2 \approx U_{1N}/U_{2N}$

容量关系：$U_{1N}I_{1N}=U_{2N}I_{2N}=U_{2N}(I_{12}+I_{1N})=U_{2N}I_{12}+U_{2N}I_{1N}$

自耦变压器的优点：效率高、用料省、重量轻、体积小。缺点是当变比 K 较大时，经济效果不显著，内部绝缘和过压保护要加强。

3. 自耦变压器注意事项

（1）公共端接零线（中线）。

（2）接通电源之前，手柄调至零位，使输出电压为零，以后再慢慢调节使输出电压逐步升高。

任务 2　仪用互感器

普通的交流电流表一般可以直接用来测量 20 A 以下的电流，交流电压表可以直接用来测量 450V 以下的电压，而对于几百、几千安的大电流和几千伏、几十千伏的高电压电网，普通的电流表、电压表就无法测量了，为了扩大测量仪表的测量范围，保证测量人员的安全，使测量回路与高压电网隔离，就需要用仪用变压器进行测量。仪用变压器用于电力系统中，作为测量、控制、指示、继电保护等电路的信号源，可以使仪表、继电器等与高电压、大电流的被测电路绝缘，使仪表、继电器等的规格比直接测量高电压、大电流电路时所用的仪表、继电器规格小得多且规格统一。仪用变压器又称仪用互感器，可分为电流互感器和电压互感器。

1. 电流互感器

（1）电流互感器结构和工作原理

电流互感器是在电工测量中用来按比例变换交流电流的仪器，电流互感器类似于一个升压变压器，它的一次绕组与被测电路串联，匝数很少，一般只有一匝到几匝，导线粗，电流大，而二次绕组接交流电流表，匝数很多，导线细，电流小，如图 6-17 所示。

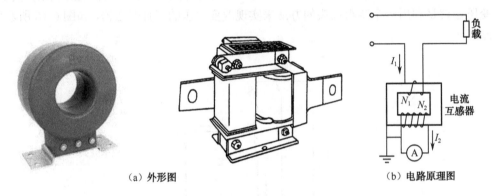

（a）外形图　　　　　　　　　　（b）电路原理图

图 6-17　电流互感器

由变压器的工作原理可知

$$I_2 = \frac{I_1}{K_i}, \quad \frac{I_1}{I_2} = \frac{N_2}{N_1} = K_i, \quad I_1 = K_i I_2$$

K 为电流互感器的匝数比（变比），标在电流互感器的铭牌上，只要读出电流互感器二次侧电流表的读数 I_2，乘以电流互感器的变流比 K_i，就是一次侧的电流 I_1。一般二次侧电流表的量程为 5A，实际中已换算成一次电流，其标度尺即按一次侧电流分度，可以直接读数，不需换算。

在实际工作中，为了方便在带电现场检测线路中的电流，工程上常采用一种钳形电流表，如图 6-18 所示。

（2）钳形电流表

钳形电流表工作原理和电流互感器的相同。就是利用电磁感应现象，将需要测量的导线钳进钳形电流表硅钢片叠成的铁芯边，压动活动手柄，铁芯像一把钳子，可以张合，被测载流导线就是一次绕组（只有一匝）穿过其中。此时借助电磁感应作用，由二次绕组所接的电流表直接读出被测导线中电流的大小，其优点是测量线路电流时不必断开电路，使用方便。

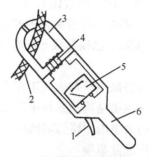

（a）数字式钳形电流表　　　（b）钳形电流表结构

1—活动手柄；2—被测导线；3—铁芯；4—二次绕组；5—表头；6—固定手柄

图 6-18　钳形电流表

（3）电流互感器使用注意事项

① 电流互感器一次绕组应串联在被测电路中。

② 电流互感器在运行时二次绕组绝对不允许开路。如果二次绕组开路，电流互感器就成为空载运行状态，被测线路的大电流就全部成为励磁电流，磁路严重饱和，铁芯过热而毁坏绕组，二次绕组将会感应产生很高的电压，可能使绝缘击穿，危及仪表及操作人员的安全。因此，电流互感器的二次绕组电路中，绝对不允许装熔断器；运行中如果需要拆下电流表等测量仪表，应先将二次绕组短路。

③ 电流互感器的铁芯和二次绕组的一端必须可靠接地，以保证设备和测量人员安全。

④ 电流表的内阻抗必须很小，否则会影响测量精度。

2. 电压互感器

（1）电压互感器结构和工作原理

电压互感器为在电工测量中用来按比例变换交流电压的仪器，其结构和工作原理与单相变压器相似，实际上是一台降压变压器，如图 6-19 所示。一次绕组与被测电路并联，二次绕组接交流电压表。

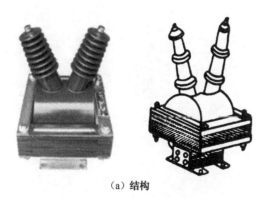

（a）结构　　　　　　　　　　（b）工作原理图

图 6-19　电压互感器

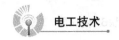

由变压器的工作原理可知

$$\frac{U_1}{U_2} = \frac{N_1}{N_2} = K_u, \quad U_2 = \frac{U_1}{K_u}, \quad U_1 = K_u \cdot U_2$$

K_u 为电压互感器的变压比（匝数比），标在电压互感器的铭牌上，只要读出电压互感器二次侧电压表的读数 U_2，乘以电压互感器的变压比 K_u，就是一次侧的电压 U_1。一般二次侧电压表的量程为 100V，实际中已换算成一次电压，其标度尺即按一次电压分度，可以直接读数，不需换算。

使用电压互感器可以将高电压与电气工作人员隔离。电压互感器虽然也是按照电磁感应原理工作的设备，但它的电磁结构关系与电流互感器相比正好相反。电压互感器二次回路是高阻抗回路，二次电流的大小由回路的阻抗决定。

（2）电压互感器使用注意事项

① 电压互感器一次绕组应并联在被测电路中。

② 电压互感器的铁芯及二次绕组一端必须可靠接地，以保证测量人员和设备安全。

③ 电压互感器二次绕组绝对不允许短路，否则会产生很大的短路电流。二次绕组回路不宜接入过多的仪表，以免影响电压互感器的测量精度。

模块 7 常用低压电器

课题 1 低压电器基础知识

低压电器是指工作电压在交流 1200V 或直流 1500V 以下，用于接通或断开电路或对电路和电气设备进行保护、控制和调节的电工器件。

1. 低压电器的分类

低压电器的种类繁多，功能多样，用途广泛，结构各异。常用的分类方法有以下几种：

（1）按用途分。

① 低压配电电器：主要用于供配电系统中，实现对电能的输送、分配和保护。包括刀开关、转换开关、熔断器、断路器和自动开关。用途：使系统中出现短路电流时，其热效应不会损坏电器。

② 低压控制电器：主要用于生产设备自动控制系统中，对系统进行检测、控制与保护。包括接触器、继电器及各种主令电器、启动器、控制器、电阻器、电磁铁、变阻器等。

（2）按触头动力来源分。

① 手动电器：通过人力驱动使触头动作的电器，如刀开关、按钮、转换开关等。

② 自动电器：通过非人力驱动使触头动作的电器，如接触器、继电器等。

（3）按其执行机能分为有触头电器和无触头电器。

（4）按工作原理分类。

① 电磁式电器：依据电磁感应原理来工作的电器，如接触器、各种类型的电磁式继电器等。

② 非电量控制电器：依靠外力或某种非电物理量的变化而动作的电器，如刀开关、行程开关、按钮、速度继电器、温度继电器等。

2. 低压电器的主要用途

低压电器广泛用于工厂低压供配电系统和机电设备自动控制系统中，实现电路的通断、保护、控制、检测和转换等，如空气开关、按钮、继电器、接触器等。低压电器包括配电电器和控制电器两大类。低压配电电器如刀开关、熔断器及低压断路器等，通常用于低压配电系统及动力设备中；低压控制电器如接触器、继电器及主令电器等，主要用于电力拖动系统和自动控制设备中。低压电器是构成设备自动化的主要控制器件和保护器件。

对低压配电电器要求是灭弧能力强、分断能力好，热稳定性能好、限流准确等。对低压控制电器，则要求其动作可靠、操作频率高、寿命长并具有一定的负载能力。

常用低压电器主要用途如表 7-1 所示。

表7-1 常用低压电器主要用途

分类名称		主要品种	主要用途
配电电器	断路器	塑料外壳式断路器 框架式断路器 限流式断路器 漏电保护式断路器 直流快速断路器	主要用于电路的过负荷保护、短路、欠电压、漏电压保护,也可用于不频繁接通和断开的电路
	刀开关	开关板用刀开关 负荷开关 熔断器式刀开关	主要用于电路的隔离,有时也能分断负荷
	转换开关	组合开关 换向开关	主要用于电源切换,也可用于负荷通断或电路的切换
	熔断器	有填料熔断器 无填料熔断器 半封闭插入式熔断器 快速熔断器 自复熔断器	主要用于交直流电路短路保护,也用于电路的过载保护
控制电器	接触器	交流接触器 直流接触器	主要用于远距离频繁控制负荷,切断带负荷电路
	启动器	磁力启动器 Y/△启动器 自耦减压启动器	主要用于交流电动机的启动
	控制器	凸轮控制器 平面控制器	主要用于控制回路的切换
	继电器	电流继电器、电压继电器 时间继电器、中间继电器 温度继电器、热继电器	主要用于控制电路中,将被控量转换成控制电路所需电量或开关信号
	主令电器	按钮、限位开关 微动开关、接近开关 万能转换开关	主要用于发布命令或程序控制
	电磁铁	制动电磁铁 起重电磁铁 牵引电磁铁	主要用于起重、牵引、制动等地方

课题2 刀开关和组合开关

刀开关是一种手动配电电器,通常用于将用电设备与电源隔离。在供配电系统和设备自动控制系统中用于电源隔离和不频繁启动的小电流电路或电动机的启动、停止控制。刀开关种类很多,通常将刀开关和熔断器合二为一,组成具有一定接通分断能力和短路分断能力的组合式电器。

1. 胶盖刀开关

开启式复合开关也称为胶壳刀开关,是一种结构简单、应用广泛的手动电器,主要用做电源隔离开关和小容量电动机不频繁启动与停止的控制电器。隔离开关是指将电路与电源隔开，以保证检修人员检修时人身安全的开关。

（1）刀开关结构

刀开关由瓷地板、静触头、触刀、瓷柄、熔体和胶盖等构成，如图 7-1 所示。其结构简单、价格低廉，常用做照明电路的电源开关，也可用来控制 5.5kW 以下异步电动机的启动与停止。因其无专门的灭弧装置，故不宜频繁分、合电路。

对于照明和电热负载，可选用额定电压 220V 或 250V，额定电流大于所有负载额定电流的开关。对于电动机的控制，可选用额定电流大于电动机额定电流 3 倍的开关。

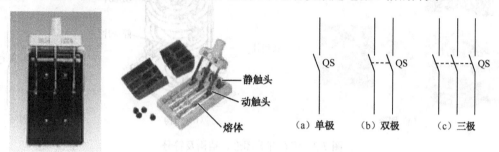

图 7-1 刀开关图形及符号

（2）安装和使用注意事项

电源进线应接在静触头一边的进线端（进线座应在上方），用电设备应接在动触头一边的出线端。这样，当开关断开时，闸刀和熔体均不带电，以保证更换熔体时的安全（上进下出）。安装时，刀开关在合闸状态下手柄应该向上，不能倒装或平装，以防止闸刀松动落下时误合闸。

2. 组合开关

（1）组合开关的作用

组合开关又称转换开关，由分别装在多层绝缘件内的动、静触片组成。动触片装在附有手柄的绝缘方轴上，手柄沿任一方向每转动 90°，触片便轮流接通或分断。为了使开关在切断电路时能迅速灭弧，在开关转轴上装有扭簧储能机构，使开关能快速接通与断开，从而提高了开关的通断能力。

这种开关适用于交流 50Hz、电压 380V 以下和直流电压 220V 以下的电路中，供手动不频繁地接通和断开电源，以及控制 5kW 以下异步电动机的直接启动、停止和正反转。

（2）组合开关的型号及含义

组合开关的型号及含义如下所示。

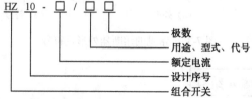

（3）组合开关的图形、结构及符号

组合开关的图形、结构及符号如图 7-2 所示。

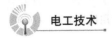
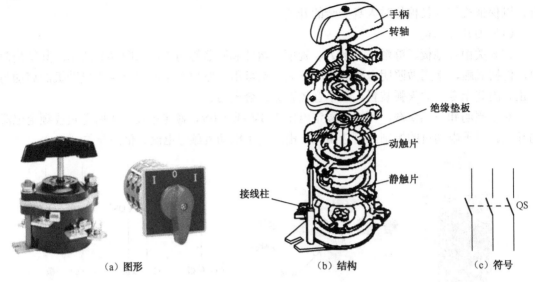

（a）图形　　　　　　　　　　（b）结构　　　　　　（c）符号

图 7-2　组合开关图形、结构及符号

（4）组合开关的选用及安装

组合开关应根据电源种类、电压等级、所需触头、接线方式和负载容量进行选择。用于控制小型异步电动机的运转时，开关的额定电流一般取电动机的 1.5～2.5 倍。

组合开关应安装在控制箱内，其操作手柄最好伸出在控制箱的前面或侧面。开关为断开状态时应使手柄在水平旋转位置。倒顺开关外壳上的接地螺栓必须可靠接地。

若需在箱内操作，开关应装在箱内右上方，并且在它的上方不安装其他电器，否则应采取隔离或绝缘措施。组合开关分断能力较低，不能分断故障电流。

当操作频率过高或负载功率因数低时，应降低开关的容量使用，以延长其使用寿命。

课题 3　熔断器

熔断器广泛应用于低压供配电系统中，当电路发生短路或严重过载时，熔断器中的熔体自动熔断，从而切断电源起到保护作用。

常见的熔断器外形及符号如图 7-3 所示。

（a）外形　　　　　　　　　　（b）符号

图 7-3　常见的熔断器外形及符号

1. 熔断器的分类和基本结构

（1）熔断器分类

熔断器按结构可分为开启式、半封闭式和封闭式。封闭式熔断器又分为有填料、无填料管式和有填料螺旋式等。按用途分为工业用熔断器、保护半导体器件熔断器、具有两段保护特性的快慢动作熔断器、自复式熔断器等。

（2）熔断器作用

熔断器是以低熔点金属导体作为熔体而分断电路的电器，熔断器串联于被保护的电路中，当电路发生短路或严重过载时，过大的电流通过熔体一定时间后，以其自身产生的热量使熔体自动快速熔断，从而切断电路，起到保护作用。熔断器主要由熔体、外壳和支座三部分组成，其中熔体是控制熔断特性的关键和核心部件。

（3）熔断器的构造

熔断器由绝缘底座（支持件）、填料、触头、熔体、接线端等组成。熔体是熔断器的主要工作部分，相当于串联在电路中的一段特殊的导线，当电路发生短路或过载时，电流过大，熔断器因过热而熔化，从而切断电路。熔体常做成丝状、栅状或片状。熔体材料具有相对熔点低，特性稳定、易熔断的特点，一般采用铅锡合金、纯铜片、镀银铜片、铝、锌、银等金属。常见熔断器触头通常有两个，是熔体与电路连接的重要部件，必须有良好的导电性，不应产生明显的安装接触电阻。

2. 熔断器的主要技术参数及型号

选择熔断器时，应考虑以下几个主要技术参数：

（1）额定电压：这是从灭弧角度出发，保证熔断器能长期正常工作的电压。如果熔断器的实际工作电压超过额定电压，则一旦熔体熔断，可能发生电弧不能及时熄灭的现象。

（2）熔体额定电流：指在规定的工作条件下，电流长时间通过熔体而熔体不熔断的最大电流。

（3）熔断器额定电流：指保证熔断器能长期正常工作的电流，是由熔断器各部分长期工作时所允许的温升决定的。该额定电流应不小于所选熔体的额定电流，且在额定电流范围内不同规格的熔体可装入同一熔壳内。

（4）极限分断能力：指熔断器在额定电压下所能分断的最大短路电流值。

（5）熔断器型号：表达方法及意义如下所示。

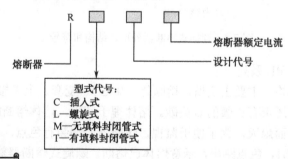

3. 熔断器的选择

由于各种电气设备都有一定的过载能力，允许在一定条件下较长时间运行；而当负载超过允许值时，就要求保护熔体在一定时间内熔断。还有一些设备启动电流很大，但启动时间很短，所以要求这些设备的保护特性要适应设备运行需要，要求熔断器在电机启动时不熔断，在短路电流作用下和超过允许过负荷电流时，能可靠熔断，起到保护作用。熔体额定电流选择偏大，负载在短路或长期过负荷时不能及时熔断；选择过小，可能在正常电流作用下就会熔断，影响正常运行，为保证设备正常运行，必须根据负载性质合理地选择熔体额定电流。

（1）照明电路：熔体额定电流≥被保护电路上所有照明电器工作电流之和。

（2）电动机。

① 单台直接启动电动机：熔体额定电流=（1.5～2.5）×电动机额定电流。

② 多台直接启动电动机：$I_{fN} \geq (1.5 \sim 2.5) I_{Nmax} + \sum I_N$。

式中，I_{Nmax} 为容量最大的一台电动机的额定电流；$\sum I_N$ 为其余电动机额定电流的总和。

4．常用熔断器简介

（1）瓷插式熔断器 RC 系列

常用的瓷插式熔断器为 RC1A 系列，它由瓷盖、瓷底座、静触头、动触头和熔体组成，动触头在瓷盖两端，熔体沿凸起部分跨接在两个动触头上。瓷插式熔断器一般用于交流 50Hz，额定电压 380V 及以下、额定电流 200A 以下的电路末端，用于电气设备的短路保护和照明电路的保护。结构简单，价格低，体积小，带电更换熔体方便，具有较好的保护特性，主要用于中小容量的控制电路和和小容量低压分支电路。瓷插式熔断器外形、结构和符号如图 7-4 所示。

常用的 RC1A 系列，其额定电压为 380V，额定电流有 5A、10A、15A、30A、60A、100A、200A 七个等级。

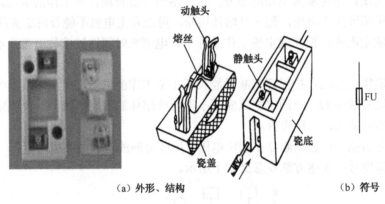

（a）外形、结构　　　　　　　　　　（b）符号

图 7-4　瓷插式熔断器外形、结构和符号

（2）螺旋式熔断器 RL 系列

螺旋式熔断器的结构：主要由瓷帽、熔断体（熔芯）、瓷套、上下接线桩及底座等组成。熔芯内除装有熔丝外，还填有灭弧的石英砂。熔体埋于其中，熔体熔断时，电弧喷向石英砂及其缝隙，可迅速降温而熄灭。为了便于监视，熔断器一端装有色点，不同的颜色表示不同的熔体电流，熔体熔断时，色点跳出，示意熔体已熔断。螺旋式熔断器额定电流为 5～200A，主要用于短路电流大的分支电路或有易燃气体的场所。螺旋式熔断器具有较好的抗振性，灭弧效果和断流能力优于瓷插式熔断器。螺旋式熔断器外形、结构如图 7-5 所示。

RL 系列螺旋式熔断器的特点：

① 一般用于工业控制电路，体积小、带有指示器；

② 熔体是细铜丝或铜薄片；

③ 额定电流小，分断能力不高；

④ 安装连接时应注意进出接线方式。

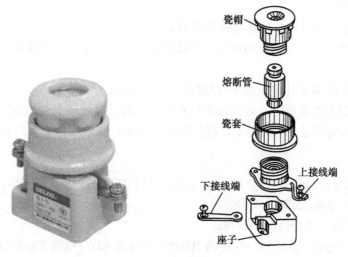

图 7-5　螺旋式熔断器外形、结构

（3）有填料管式熔断器 RT

有填料管式熔断器是一种有限流作用的熔断器，由填有石英砂的瓷熔管、触头和镀银铜栅状熔体组成。填料管式熔断器均装在特别的底座上，如带隔离刀闸的底座或以熔断器为隔离刀的底座上，通过手动机构操作。填料管式熔断器额定电流为 50～1000A，主要用于短路电流大的电路或有易燃气体的场所。有填料管式熔断器如图 7-6 所示。

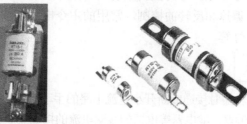

图 7-6　有填料管式熔断器

（4）无填料管式熔断器 RM

无填料管式熔断器的熔丝管由纤维物制成，使用的熔体为变截面的锌合金片。熔体熔断时，纤维熔管的部分纤维物因受热而分解，产生高压气体，使电弧很快熄灭。无填料管式熔断器具有结构简单、保护性能好、使用方便等特点，一般均与刀开关组成熔断器刀开关组合使用。无填料管式熔断器如图 7-7 所示。

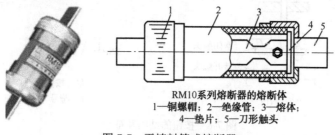

RM10系列熔断器的熔断体
1—铜螺帽；2—绝缘管；3—熔体；
4—垫片；5—刀形触头

图 7-7　无填料管式熔断器

5．熔断器使用维护注意事项

（1）熔断器的插座和插片的接触应保持良好。

（2）熔体烧断后，应首先查明原因，排除故障。更换熔体时，应使新熔体的规格与换下来的一致。

（3）更换熔体或熔管时，必须将电源断开，以防触电。

（4）安装螺旋式熔断器时，电源线应接在瓷底座的下接线座上，负载线应接在螺纹壳的上接线座上。这样可保证更换熔管时，螺纹壳体不带电，保证操作者人身安全。

【课堂练习】

1．算一下教室应该选多大的熔断器？已知：日光灯 40W，8 支；投影仪 250W，一个；风扇 90W，6 个；电脑 350W，一台。

2．为自己家选一款合适的熔断器。

已知家用电器包括：冰箱 150W；空调 2000W；排气扇 40W；电脑 300W+液晶显示器 50W；油烟机 200W；电视 200W；微波炉 1500W；热水器 2000W；电饭锅 750W；电磁炉 2000W；洗衣机 200W；饮水机 100W；浴霸 2000W。

课题 4 主令电器

主令电器是一种频繁切换复杂的多回路控制电路的电器，主要用于电力拖动系统中，按照预定的程序分合触头，向控制系统发出指令，通过接触器达到对电动机及其他控制对象的启动、制动、调速和反转的控制。常用的主令电器有按钮、万能转换开关、位置开关、主令控制器及信号灯等。

1．按钮

按钮是一种短时接通或断开小电流电路的手动电器，常用于控制电路中发出启动或停止等指令，以控制接触器、继电器等电器的线圈电流的接通或断开，再由它们去接通或断开主电路。

（1）按钮的结构、图形符号

按钮由按钮帽、复位弹簧、动触头、常闭静触头和常开静触头、外壳及支持连接部分等组成，如图 7-8 所示。

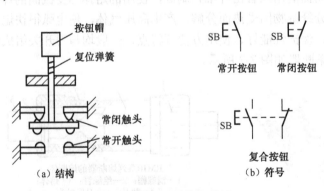

图 7-8 按钮的结构及符号

（2）按钮分类

按用途和触电结构不同可分为启动按钮、停止按钮和复合按钮，为了标明各个按钮的作用，避免误操作，通常将按钮做成不同的颜色，以示区别。其颜色有红、绿、黑、黄、蓝、白等。一般以红色表示停止按钮，绿色表示启动按钮，另有中英文标记供选用。

① 常开按钮：又称为动合按钮。手指未按下时，触头是断开的；当手指按下时，触头接通；手指松开后，在复位弹簧作用下触头又返回原位断开。它常用做启动按钮。

② 常闭按钮：又称为动断按钮。手指未按下时，触头是闭合的；当手指按下时，触头被断开；手指松开后，在复位弹簧作用下触头又返回原位闭合。它常用做停止按钮。

③ 复合按钮：将常开按钮和常闭按钮组合为一体。当手指按下时，其常闭触头先断开，然后常开触头闭合；手指松开后，在复位弹簧作用下触头又返回原位。它常用在控制电路中做电气联锁。

（3）按钮的型号及含义

按钮的型号及含义如下所示。

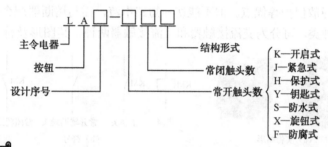

2. 行程开关

行程开关又称限位开关，用于机械设备运动部件的位置检测，是利用生产机械某些运动部件的碰撞来发出控制指令，以控制其运动方向或行程的主令电器。

（1）行程开关的结构

行程开关主要由触头系统、操作机构和外壳组成。行程开关按其结构可分为直动式、滚轮式和微动式三种，图7-9为行程开关的图形及符号，图中的单轮和径向传动杆式行程开关可自动复位，而双轮行程开关则不能自动复位。当移动物体碰撞推杆或滚轮时，通过内部传动机构使微动开关触头动作，即常开、常闭触头状态发生改变，从而实现对电路的控制作用。

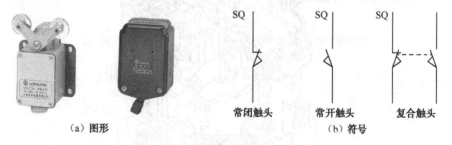

图7-9 行程开关图形、符号

（2）行程开关的作用

它的作用与按钮类似，利用生产机械运动部件的碰压使其触头动作，从而将机械信号转变为电信号，用来控制某些机械部件的运动行程和位置或限位保护。

行程开关主要用于将机械位移转变为电信号，用来控制机械动作或用做程序控制。接近开关具有行程控制和限位保护的作用，是一种非接触型的检测装置。行程开关结构与按钮类似，但其动作要由机械撞击控制。

（3）行程开关的选用

① 根据应用场合及控制对象选择种类：一般用行程开关还是起重用行程开关。

② 根据机械与行程开关的传动力与位移关系选择合适的操作头形式及应答距离。

③ 根据安装环境选择防护形式：开启式还是保护式。

④ 根据控制回路的电压和电流及所要求触头数量选择行程开关的电参数。

课题 5　接触器

接触器是一种用途最广泛的开关类自动控制电器，它利用电磁、气动或液动原理来实现主电路的通断。接触器具有通断能力强、动作迅速、操作安全、可频繁操作、远距离控制、具有欠电压、零电压释放保护等优点。但不能切断短路电流，需与熔断器配合使用。接触器按其主触头通过电流的种类，可分为交流接触器和直流接触器两种。其图形及符号如图 7-10 所示。

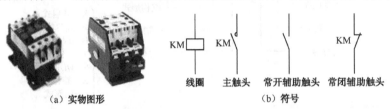

（a）实物图形　　　　　　　　　　　（b）符号

图 7-10　接触器图形及符号

1. 交流接触器的结构和工作原理

交流接触器结构和工作原理如图 7-11 所示。

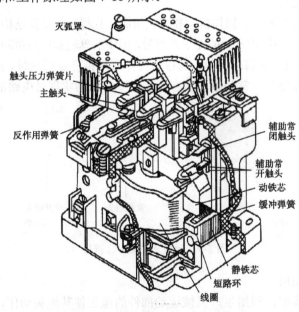

图 7-11　交流接触器结构和工作原理示意图

（1）交流接触器的结构

交流接触器主要由电磁机构、触头系统和灭弧装置三部分组成。其中，电磁机构由线圈、铁芯和衔铁组成。触头系统中的主触头为常开触头，用于控制主电路的通断；辅助触头包括常开、常闭两种，用于控制电路，起电气联锁作用。交流接触器分断大电流电路时，往往会在动、静触头之间产生很强的电弧。电弧的产生，一方面损坏触头，减少触头的使用寿命；另一方面延长电路切断时间，甚至引起弧光短路，造成事故。容量较小（10 A 以下）的交流接触器一般采用双断口电动力灭弧，容量较大（20 A 以上）的交流接触器一般采用灭弧栅灭弧。交流接触器的附件有外壳、传动机构、接线柱、反作用弹簧、复位弹簧、缓冲弹簧和触头压力弹簧等。

（2）交流接触器工作原理

接触器利用电磁吸力与弹簧弹力配合动作，使触头闭合或分断，以控制电路的分断。

交流接触器有两种工作状态：失电状态（释放状态）和得电状态（动作状态）。当吸引线圈得电后，衔铁被吸合，接触器处于得电状态，各个常开触头（动合触头）闭合，常闭触头（动断触头）分断。当吸引线圈失电后，衔铁释放，在恢复弹簧的作用下，衔铁和所有触头都恢复常态，接触器处于失电状态。

交流接触器线圈在其额定电压的 85%～105% 时，能可靠地工作。电压过高，则磁路趋于饱和，线圈电流将显著增大，线圈有被烧坏的危险；电压过低，则吸不牢衔铁，触头跳动，不但影响电路正常工作，而且线圈电流会达到额定电流的十几倍，使线圈过热而烧坏。因此，电压过高或过低都会造成线圈发热而烧毁。

2. 交流接触器的主要用途

交流接触器是一种适用于远距离频繁地接通和分断交流电路的电器。其主要控制对象是电动机，也可用于控制其他负载，如电焊机、电容器组、电热装置及照明设备等。接触器具有操作频率高、使用寿命长、工作可靠、性能稳定及维修简便等优点，是用途广泛的控制电器之一。

3. 交流接触器的型号

交流接触器的型号如下所示。

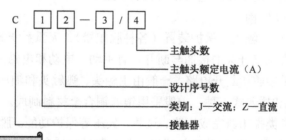

4. 交流接触器的选用

（1）根据负载性质选择接触器类型。

（2）主触头的额定电压应大于主电路的工作电压。

（3）触头的额定电流应大于或等于被控制电路的额定电流。

（4）吸引线圈的额定电压应等于所在控制电路的额定电压。

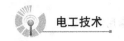

课题6 自动空气开关

自动空气开关又称低压断路器或自动开关，是将开关、接触器、熔断器、继电器等多种电器的功能综合在一起而设计制造的一种综合电器。自动空气开关的作用：当电路发生短路、严重过载及失压等危险故障时，自动空气开关能够自动切断故障电路，有效地保护串接在它后面的电气设备的安全。因此，自动空气开关是低压配电网路中非常重要的一种保护电器。在正常条件下，也用自动空气开关做不太频繁的接通和断开电路及控制电动机。自动空气开关具有操作安全、动作值可调整、分断能力较好、兼顾各种保护功能等优点，在电力系统和电气工程中被广泛应用。空气开关图形、符号如图7-12所示。

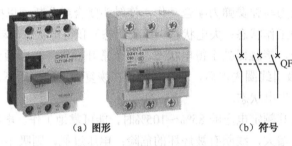

（a）图形　　　　　　　（b）符号

图7-12　空气开关图形、符号

1. 空气开关的分类及结构

（1）空气开关的分类

① 万能式空气开关（或称为框架式空气开关）：做配电网络的保护开关，用在额定电流比较大或有选择性保护要求时。

② 塑料外壳式空气开关：除做配电网络的保护开关外，还可用做电动机、照明电路及电热器的控制开关，用在短路电流不太大的场合。

③ 模块化小型空气开关：用于半导体整流元件和整流装置的保护。

④ 智能化空气开关：用于短路电流相当大的电路中。

（2）空气开关的基本结构

空气开关由操作机构、触头、保护装置（各种脱扣器）、灭弧系统等组成。

① 操作机构：实现空气开关的接通与断开，有手动、电动和电磁铁操作结构等。

② 触头系统：用于接通和断开电路，一般由主触头、弧触头和辅加触头组成。触头的结构形式有桥式、对接式和插入式三种，一般采用银或铜合金材料制成。

③ 保护装置：由各类脱扣器完成短路、过载、失压等保护功能。脱扣器类型按保护功能分为过电流脱扣器、失压脱扣器和热脱扣器等。脱扣器是空气开关的感测元件，用来感测电路特定信号，电路一旦出现非正常信号，相应脱扣器就会动作，通过联动装置使空气开关自动跳闸切断电路。

④ 灭弧系统：用来减小和消除电路接通和分断瞬时产生的电弧，常用灭弧方式有金属栅灭弧和窄缝灭弧。采用栅片灭弧方法时，一般由长短不同的钢片交叉组成灭弧栅，放置在绝缘材料的灭弧室内构成灭弧装置。

2. 空气开关的基本工作原理

空气开关的主触头是靠手动操作或电动合闸的。主触头闭合后，自由脱扣机构将主触头锁在合闸位置上。过电流脱扣器的线圈和热脱扣器的热元件与主电路串联，欠电压脱扣器的线圈和电源并联。

塑料外壳式空气开关原理如图7-13所示。当电路发生短路或严重过载时，过电流脱扣器的衔铁吸合，使自由脱扣机构动作，主触头断开主电路。当电路过载时，热脱扣器的热元件发热使双金属片向上弯曲，推动自由脱扣机构动作。当电路欠电压时，欠电压脱扣器的衔铁释放，也使自由脱扣机构动作。分励脱扣器则作为远距离控制使用，在正常工作时，其线圈是断电的，在需要距离控制时，按下启动按钮，使线圈通电，衔铁带动自由脱扣机构动作，使主触头断开。

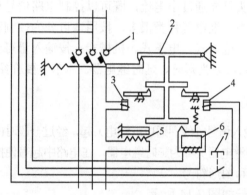

1—主触头；2—自由脱扣器；3—过电流脱扣器；4—分励脱扣器；5—热脱扣器；6—失压脱扣器；7—按钮

图7-13 塑料外壳式空气开关原理图

3. 空气开关的型号、含义、主要技术数据

（1）塑料外壳式空气开关的型号含义如下所示。

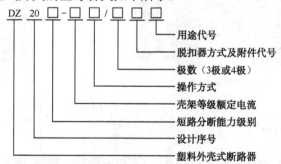

（2）空气开关的主要技术参数包括额定电压、额定电流、极数、脱扣器类型、整定电流范围、分断能力、动作时间等。

4. 空气开关的选用

（1）空气开关额电压大于或等于线路或设备的额定电压。

（2）空气开关额定电流等于或大于线路或设备额定电流。

（3）空气开关的通断能力大于或等于电路的最大短路电流。

（4）欠压脱扣器额定电压等于线路额定电压。

（5）分励脱扣器额定电压等于控制电源电压。

（6）瞬时整定电流：对保护笼型感应电动机的空气开关，瞬时整定电流为 8～15 倍电动机额定电流；对于保护绕线型感应电动机的断路器，瞬时整定电流为 3～6 倍电动机额定电流。

课题 7　时间继电器和热继电器

继电器是一种利用电流、电压、时间、温度等信号的变化来接通或断开所控制的电路，以实现自动控制或完成保护任务的自动电器，主要用于电路的控制、保护或信号的转换。继电器和接触器的工作原理一样，主要区别在于，接触器的主触头可以通过大电流，只能控制电量信号；而继电器的触头只能通过小电流，既可以控制电路信号也可以控制物理量信号。继电器只能用于控制电路中，继电器种类很多，按用途可分为控制和保护继电器；按动作原理可分为电磁式、感应式、电动式、电子式、机械式；按输入量可分为电流、电压、时间、速度、压力等；按动作时间可分为瞬时、延时继电器。本节主要介绍时间继电器和热继电器。

1. 时间继电器

时间继电器是从得到输入信号（线圈通电或断电）起，经过一段时间延时后触头才动作的继电器，适用于定时控制。时间继电器又称为延时继电器，在电路中起着使控制电路延时动作的作用。

（1）时间继电器分类和图形符号

时间继电器图形和符号如图 7-14 所示。

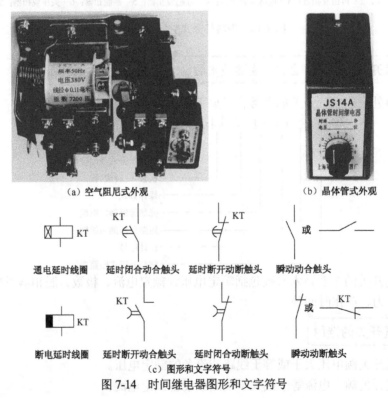

（a）空气阻尼式外观　　　　　（b）晶体管式外观

通电延时线圈　　延时闭合动合触头　　延时断开动断触头　　瞬动动合触头

断电延时线圈　　延时断开动合触头　　延时闭合动断触头　　瞬动动断触头

（c）图形和文字符号

图 7-14　时间继电器图形和文字符号

① 按工作原理分为空气阻尼式、电磁式、电动式、电子式等。

② 按延时方式分通电延时型、断电延时型。

（2）空气阻尼式时间继电器的结构

空气阻尼式时间继电器又称为空气式或气囊式时间继电器，主要由延时机构、电磁机构、触头系统三大部分组成，如图 7-15 所示。电磁机构为直动式双 E 型，触头系统是微动开关，延时机构采用气囊式阻尼器，是靠空气阻尼作用实现延时的。延时范围较宽、结构简单、工作可靠、价格低廉、寿命长。延时时间有 0.4～180s 和 0.4～60s 两种规格。常用型号：JS7-A、JS23 等。

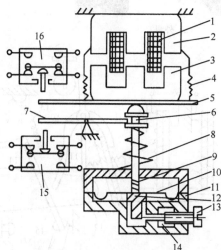

1—线圈；2—静铁芯；3—衔铁；4—反力弹簧；5—推板；6—活塞杆；7—杠杆；8—塔形弹簧；9—弱弹簧；10—橡皮膜；11—空气室壁；12—活塞；13—调节螺钉；14—进气孔；15—微动开关（延时）；16—微动开关（不延时）；17—微动按钮

图 7-15　时间继电器结构图

（3）空气阻尼式时间继电器工作原理

空气阻尼式时间继电器的原理：线圈通电，动静铁芯吸合，活塞杆在塔形弹簧的作用下带动活塞和橡皮膜缓慢向上移动，经过一段时间延时后，杠杆压动延时开关动作，常开触头闭合，常闭触头断开起到通电延时作用。线圈断电，动静铁芯释放，空气通过单向阀迅速排掉，瞬时延时触头系统都迅速复位，不延时。

（4）时间继电器的选用

① 类型选择：凡是对延时要求不高、电源电压波动大的场合，可选用价格较低的电磁式或空气阻尼式时间继电器。一般采用价格较低的 JS-7A 系列时间继电器，对于要求延时范围大、延时准确度较高的场合，应选用电动式或电子式继电器，可采用 JS11、JS20 系列的时间继电器。

② 延时方式的选择：时间继电器有通电延时和断电延时两种，应根据控制线路的要求来选择哪一种方式的时间继电器。

③ 线圈电压的选择：根据控制线路电压来选择时间继电器吸引线圈的电压。

2. 热继电器

热继电器是一种利用电流的热效应来切断电路的保护电器，当电流流过发热元件产生的热量使双金属片受热弯曲而推动触头动作的一种保护电器，如图 7-16 所示。其专门用来对连

续运转的电动机进行过载及断相保护，以防电动机过热而烧毁，也可用于其他电气设备发热状态的保护控制。

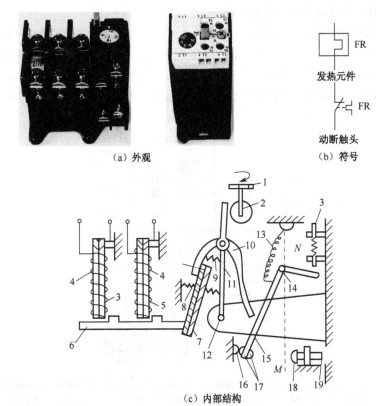

（a）外观　　　　　　　（b）符号

（c）内部结构

1—电流调节旋钮；2—偏心轮；3—复位按钮；4—发热元件；5—双金属片；6—导板；7—温度补偿双金属片；8、9—弹簧；10—推杆；11—支撑杆；12—支点；13—弹簧；14—转轴；15—杠杆；16—动断静触头；17—动触头；18—动合静触头；19—复位调节螺钉

图 7-16　热继电器

（1）热继电器结构：由发热元件、双金属片和触头及动作机构等部分组成。

（2）热继电器的分类。

① 双金属片式：利用双金属片受热弯曲去推动杠杆使触头动作。

② 热敏电阻式：利用 PTC 元件电阻值随温度变化而变化的特性制成的热继电器。

③ 易熔合金式：利用过载电流发热使易熔合金熔化而使继电器动作。

（3）热继电器工作原理。

热继电器主要由发热元件、双金属片和触头三部分组成。双金属片是热继电器的检测机构，由两种线膨胀系数不同的金属片组成。在受热以前，两金属片长度一致。当连接在电气设备中的发热元件有电流流过时，由于电流的热效应使发热元件发热，双金属片伸长弯曲。当电气设备正常工作时，双金属片的弯曲程度不足以使热继电器动作，而在长时间过载时，双金属片的弯曲加大，使触头动作，断开电路起到过载保护的作用。

（4）热继电器主要参数。

① 热继电器额定电流：指可以安装的热元件的最大整定电流。

② 相数。

③ 热元件额定电流：指热元件的最大整定电流。

④ 整定电流：指长期通过热元件而不引起热继电器动作的最大电流。按电动机额定电流整定。

⑤ 调节范围：指手动调节整定电流的范围。

（5）热继电器的型号含义。

热继电器的型号含义如下所示。

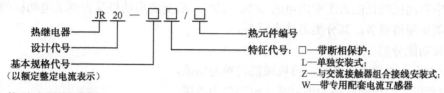

（6）热继电器的选用

① 根据负载性质选择热继电器的类型。

② 热继电器的额定电流应大于或稍大于电动机的额定电流。

③ 热继电器的整定电流应等于 0.95～1.05 倍的电动机额定电流。

④ 对于三角形连接电动机的保护，应采用三相带断相保护的热继电器。

模块 8 三相异步电动机及其控制电路

电机是一种将电能与机械能相互转化的电磁装置，其运行原理基于电磁感应定律。在电能的消耗中电动机的耗能占工业用电的 60%～70%，而交流电动机又占到了电动机的 90%。电机的种类和规格很多，其分类方法也很多。

（1）按功能分类

① 发电机：由原动机拖动，将机械能转换为电能。

② 电动机：将电能转换为机械能，驱动电力机械。

③ 变压器：用于改变交流电压、电流和阻抗。

④ 特殊电机：进行信号的传递和转换，控制系统中的执行、检测或转换元件。

（2）按电流类型分类

① 直流电机：又可以分为他励、串励、并励和复励等四种。直流发电机把其他形式的能转换为直流电能，直流电动机把直流电能转换为机械能。

② 交流电机：又可以分为交流发电机和交流电动机，交流发电机主要是同步电机，当前世界各国的电能主要是由同步发电机产生的。交流电动机把交流电能转换为机械能，主要是异步电动机，异步电动机又可以分为单相异步电动机和三相异步电动机，三相异步电动机又可以分为鼠笼式和绕线型异步电动机。三相异步电动机由三相交流电源供电，三相异步电动机具有结构简单、制造方便、价格低廉、运行可靠等一系列优点；还具有较高的运行效率和较好的工作特性、从空载到满载范围内接近恒速运行，能满足各行各业大多数生产机械的传动要求。三相异步电动机广泛用来驱动各种金属切削机床、冶金机械、起重机械、鼓风机、水泵、纺织机械、农业机械，是工农业生产上使用最多的电动机。

课题 1 三相异步电动机的工作原理

三相异步电动机的定子绕组是一个空间位置对称的三相绕组，如果在定子绕组中通入三相对称的交流电流，就会在电动机内部建立起一个恒速旋转的磁场，称为旋转磁场。旋转磁场切割转子绕组，在转子绕组内产生感应电流，感应电流在旋转磁场作用下，产生电磁力和电磁转矩，从而使转子转动起来，所以旋转磁场的产生是转子转动的先决条件。

1. 旋转磁场

（1）旋转磁场的产生

如图 8-1 所示，三相异步电动机的定子三相绕组对称放置在定子铁芯槽内，三相绕组 U1U1、V1V2、W1W2 空间位置互差 120°，三相绕组连接成星形（Y），即将 U2、V2、W2 接在一起，U1、V1、W1 分别接三相电源，三相定子绕组中有对称的三相交流电流流过，则

$$i_1 = I_m \sin \omega t$$
$$i_2 = I_m \sin(\omega t - 120°)$$
$$i_3 = I_m \sin(\omega t - 240°)$$

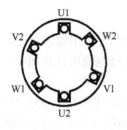

（a）绕组分布示意图

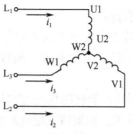

（b）绕组呈星形连接

图 8-1　三相异步电动机结构示意图

　　三相绕组各自通入电流后将分别产生自己的交变磁场，三个交变磁场在定子空间汇合成如图 8-2 所示的一个两极磁场。为了便于分析，设三相对称电流按余弦规律变化，假定电流从绕组首端流入为正，末端流入为负。电流的流入端用符号 ⊗ 表示，流出端用 ⊙ 表示。在图 8-2 中，取 $\omega t = 0$、$\omega t = 120°$、$\omega t = 240°$、$\omega t = 360°$ 四个时刻进行分析。

　　当 $\omega t = 0°$ 时，i_1 为 0，U1U2 绕组此时没有电流；i_2 为负，电流从末端 V2 流入，用 ⊗ 表示，从首端 V1 流出，用 ⊙ 表示；i_3 为正，电流从首端 W1 流入，用 ⊗ 表示，从末端 W2 流出，用 ⊙ 表示。根据右手螺旋定则，可以画出其合成磁场，如图 8-2（a）所示。对定子而言，磁力线从上方流出，故上方相当于 N 极；磁力线流入下方，故下方相当于 S 极。所以绕组产生的是两极磁场，即磁极对数 $p=1$。

　　当 $\omega t = 120°$ 时，i_2 为 0，V1V2 绕组没有电流；i_1 为正，电流从首端 U1 流入，用 ⊗ 表示，从末端 U2 流出，用 ⊙ 表示；i_3 为负，电流从末端 W2 流入，用 ⊗ 表示，从首端 W1 流出，用 ⊙ 表示。合成磁场如图 8-2（b）所示，可见磁场在空间顺时针转了 120°。

　　同理，当 $\omega t = 240°$ 和 $\omega t = 360°$ 时，可分别画出对应的合成磁场如图 8-2（c）和图 8-2（d）所示。

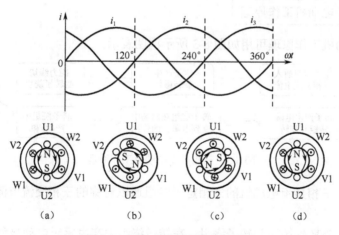

图 8-2　两极定子绕组的旋转磁场

　　由上述分析可以看出，对于图 8-1 所示的定子绕组，通入三相交流电后将产生旋转磁场，且电流变化一个周期时，合成磁场在空间旋转 360°。

　　结论：在三相异步电动机定子铁芯中放置结构完全相同、空间位置互差 120° 的三相定子绕组，通入对称的三相交流电流，则在定子、转子与空气隙之间产生一个沿定子内圆旋转的磁场，这个磁场叫做旋转磁场。

（2）旋转磁场的转向

旋转磁场的旋转方向决定于通入定子绕组中的三相交流电源的相序，且与三相交流电源的相序 U—V—W 一致。只要对调三相异步电动机所接电源的任意两相，就可以改变旋转磁场的方向。

从图 8-2 可以看出，旋转磁场的方向从绕组首端 U1 转到 V1，然后转到 W1，即旋转方向与电流的相序是一致的。如果将三根电源线任意对调两根（如 L_1、L_2 对调），可以证明，旋转磁场改变了原来的方向，即从绕组首端 V1 转到 U1，然后转到 W1。

（3）旋转磁场的转速

根据上面的分析，电流在时间上变化一个周期，两极磁场在空间旋转一圈。若电流每秒变化 f 周，则旋转磁场的转速即为每秒 f 转。若以 n_1 表示旋转磁场的每分钟转速，则可得：

$n_1 = 60f \, (\text{r/min})$

如果设法使定子的磁场为四极（极对数 $p=2$），可以证明，此时电流若变化一个周期，合成磁场在空间只旋转 180°（半圈），其转速为

$$n_1 = 1500 \text{r/min}$$

由此可以推广到具有 p 对磁极的异步电动机，其旋转磁场的转速为

$$n_1 = 60f / p \tag{8-1}$$

所以旋转磁场的转速 n_1（也称为同步转速）取决于电源频率 f 和电动机的磁极对数 p。我国的电源频率为 50Hz，因此不同磁极对数所对应的旋转磁场转速见表 8-1。

表 8-1　不同极对数时的旋转磁场转速

p	1	2	3	4	5	6
$n_1/(\text{r/min})$	3000	1500	1000	750	600	500

2. 三相异步电动机工作原理

三相异步电动机工作原理可用如图 8-3 所示框图表示。

图 8-3　三相异步电动机工作原理

（1）电生磁：三相异步电动机的三相定子绕组通以对称的三相交流电流，在定子周围产生旋转磁场。

（2）磁生电：旋转磁场切割转子绕组，在转子绕组中产生感应电动势和感应电流。

（3）电磁生力：转子绕组中产生的感应电流又受到旋转磁场的作用产生电磁力和电磁力矩，从而使转子转动。

异步电动机的旋转方向始终与旋转磁场的旋转方向一致，而旋转磁场的方向又取决于异步电动机的三相电流相序。因此三相异步电动机的转向与电流的相序一致。要改变转向，只需改变电流的相序即可，即任意对调电动机定子绕组三根相线中的两根电源线，就可使电动机反转。

设转子的转速（即电动机转速）为 n，若 n 上升到同步转速（即旋转磁场转速）n_1 时，则转子与旋转磁场之间没有相对运动，转子导体中也就没有感应电动势产生，当然也就没有转子电流，可见 $n<n_1$。由于电动机转速 n 与旋转磁场转速 n_1 不同步，电动机转子转速略低于旋转磁场的同步转速，所以这种电动机称为异步电动机；又因为转子导体的电流是由旋转磁场感应而来的（转子并不接电源），所以又称感应电动机。

3. 转差率

通常，我们将同步转速 n_1 与转子转速 n 的差值与同步转速 n_1 的比值称为异步电动机的转差率，用 s 表示，即

$$s = \frac{n_1 - n}{n_1} \qquad (0 < s \leq 1)$$

转差率 s 是异步电动机的一个基本物理量，它反映异步电动机的各种运行情况。

电动机启动瞬间：$n = 0$，$s = 1$，转差率最大；空载运行时：转子转速最高，转差率 s 最小；额定负载运行时，转子转速较空载要低，故转差率较空载时大。

一般情况下，额定转差率 $s_N = 0.01 \sim 0.06$，即异步电动机的转速很接近同步转速。

例 A1　测评目标：三相异步电动机转差率计算。

一台三相异步电动机，其额定转速 $n_N = 975\text{r/min}$，电源频率 $f_1 = 50\text{Hz}$。试求电动机的极对数和额定负载下的转差率。

【解】 根据异步电动机转子转速与旋转磁场同步转速的关系可知：因为 $n_N = 975\text{r/min}$，所以 $n_1 = 1000\text{r/min}$，即 $p = 3$。

$$s = \frac{n_1 - n}{n_1} \times 100\% = \frac{1000 - 975}{1000} \times 100\% = 2.5\%$$

例 A2　测评目标：三相异步电动机额定转速。

某台三相异步电动机的额定转速 $n_N = 720\text{r/min}$，试求该机的极对数和额定转差率；另一台 4 极三相异步电动机的额定转差率 $s_N = 0.05$，试求该机的额定转速。

【解】 对 $n_N = 720\text{r/min}$ 的电动机，因异步电动机额定转速 n_N 略低但很接近于对应的同步转速，因此同步转速为 750r/min。其极对数为 $p = \dfrac{60f}{n_1} = \dfrac{60 \times 50}{750} = 4$。

其额定转差率 $s_N = \dfrac{n_1 - n_N}{n_1} = \dfrac{750 - 720}{750} = 0.04$。

对 4 极（$p = 2$）$s_N = 0.05$ 的电动机：$n_1 = \dfrac{60f}{p} = \dfrac{60 \times 50}{2} = 1500\text{r/min}$。

额定转速：$n_N = n_1(1 - s) = 1500 \times (1 - 0.05)\text{r/min} = 1425\text{r/min}$。

【课堂练习】

A2-1 三相异步电动机的额定转速为 2940r/min，其旋转磁场的同步转速是多少？

课题2 三相异步电动机的基本结构

　　三相异步电动机种类繁多，按其外壳防护方式的不同可分为开启式、防护式、封闭式三类。由于封闭式结构能防止异物进入电动机内部，并能防止人与物触及电动机带电部位与运动部分，运行中安全性能好，因而成为目前使用最广泛的结构形式。三相异步电动机结构简单、运行可靠、坚固耐用、维护方便、价格便宜、效率较高，但其启动性能和调速性能较差。随着晶闸管元器件及交流调速系统的发展，调速性能已大大改善。功率因数低，运行时从电网中吸收感性无功功率，以建立旋转磁场，使电网功率因素下降；受电网电压波动影响较大。三相鼠笼异步电动机组成如图8-4所示，常见三相交流异步电动机如图8-5所示。

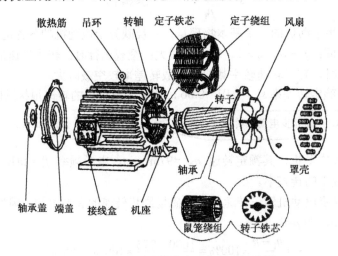

图8-4　三相鼠笼异步电动机组成部件图

图8-5　常见三相交流异步电动机

　　三相异步电动机主要由定子和转子两部分组成。

1. 定子

　　定子是电动机固定不动的部分，主要由定子铁芯、定子绕组、机座和端盖等构成。其作用是产生旋转磁场，如图8-6所示。

　　（1）定子铁芯

　　定子铁芯是电动机磁路部分，还要放置定子绕组。为了提高铁芯导磁性能和减少铁芯磁滞损耗和涡流，故采用片间绝缘的0.5mm厚的硅钢片叠压而成。为了放置定子绕组，在铁芯内圆开有槽。铁芯内圆开槽的形状有半闭口槽、半开口槽和开口槽等。它们分别对应放置小型、中型和大、中型的三相异步电动机的定子绕组。

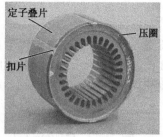

图 8-6 定子、定子铁芯和定子绕组

（2）定子绕组

定子绕组是电动机的电路部分，小型异步电动机定子绕组一般采用高强度漆包圆铜线绕制，大中型异步电动机则用漆包扁铜线或玻璃丝包扁铜线绕制。其作用是产生定子旋转磁场。三相定子绕组的每相由许多线圈按一定的规律嵌放在定子铁芯槽内，三相绕组的六个接线端（U1、V1、W1，U2、V2、W2）都引至接线盒上。为了接线方便，这六个出线端在接线板上的排列如图 8-7 所示，根据需要可连接成星形或三角形。三相定子绕组数量、规格一样，每相绕组轴线在空间互差 120°。

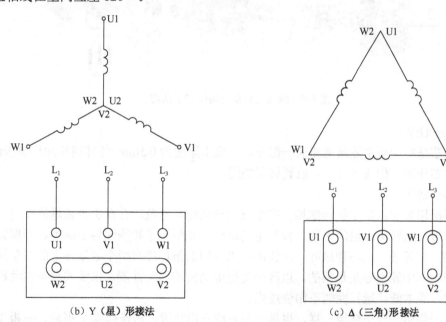

图 8-7 三相异步电动机接线端

（3）机座和端盖

机座起固定和机械支撑作用，不作为磁路。在中小型电动机中，端盖兼有轴承座的作用，机座还要支撑电动机的转子部分，故机座要有足够的机械强度和刚度。中小型电动机一般采用铸铁机座。

封闭式中小型异步电动机其机座表面有散热筋片以增加散热面积，使紧贴在机座内壁上

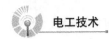

的定子铁芯中的定子铁耗和铜耗产生的热量，通过机座表面加快散发到周围空气中，防止电动机过热损坏。

2. 转子

三相异步电动机转子的作用是感应电流并产生电磁转矩。转子由转子铁芯、转子绕组、转轴、轴承和风扇等组成，如图8-8、图8-9所示。三相异步电动机按转子绕组结构分类有笼型异步电动机和绕线转子异步电动机两类。

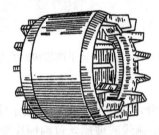

图 8-8　鼠笼式异步电动机转子

图 8-9　绕线式异步电动机转子结构

（1）转子铁芯

转子铁芯是电动机主磁通磁路的一部分，一般由厚度为 0.5mm 的硅钢片冲片叠压而成。转子铁芯作用：构成主磁路，放置转子绕组。

（2）转子绕组

转子绕组用来切割定子旋转磁场，产生感应电动势和电流，并在旋转磁场的作用下受力而使转子旋转。按转子绕组的不同，异步电动机分为笼型转子和绕线转子两类。笼型转子一般采用铸铝，将导条、端环和风叶一次铸出；也有用铜条焊接在两个铜端环上的铜条笼型绕组。在生产实际中笼型导条是斜的，以改善笼型电动机的启动性能。鼠笼式异步电动机结构简单，坚固，成本低，运行性能不如绕线式。

绕线转子绕组与定子绕组一样，也是一个对称三相绕组。它连接成 Y 形后，三根引出线分别接到轴上的三个集电环，再经电刷引出而与外部电路接通。可以通过集电环与电刷而在转子回路中串入外接的附加电阻或其他控制装置，以便改善三相异步电动机的启动性能及调速性能。

（3）转轴

转轴是支撑转子铁芯和输出转矩的部件，它必须具有足够的刚度和强度。转轴一般用中碳钢车削加工而成，轴伸端铣有键槽，用来固定皮带轮或联轴器。

3. 三相异步电动机的铭牌

三相异步电动机的铭牌上标出了该电动机的型号及主要技术数据，是正确合理选用电动机的依据。

（1）型号

三相异步电动机的型号如下所示。

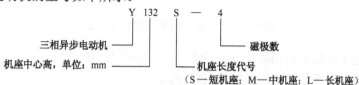

（2）额定功率 P_N：在额定工作状态下运行时，允许输出的机械功率。

$$P_{1N} = \sqrt{3} U_N I_N \cos\varphi_N, \quad P_N = \eta_N P_{1N}$$

（3）额定电压 U_N：在额定工作状态下运行时，定子电路所加的线电压。

（4）额定电流 I_N：在额定工作状态下运行时，定子电路输入的线电流。

（5）额定转速 n_N：在额定工作状态下运行时的转子转速。

（6）额定频率 f_N：电动机使用交流电源的频率。我国标准工频为 50Hz。

（7）接法：定子三相绕组与交流电源的连接方法。国家标准规定，3kW 及以下的 Y2 系列电动机均采用星形连接，4kW 及以上采用三角形连接。

（8）额定功率因数 $\cos\varphi$：在额定工作状态下运行时的功率因数。异步电动机 $\cos\varphi$ 随负载的变化而变化，满载时 $\cos\varphi$ 约为 0.7～0.9，轻载时 $\cos\varphi$ 较低，空载时只有 0.2～0.3。实际使用时要根据负载的大小来合理选择电动机容量，避免出现"大马拉小车"。

课题3 三相异步电动机的工作特性

1. 三相异步电动机的启动特点

启动指电动机接通电源后由静止状态加速到稳定运行状态的过程，启动时转子绕组中的感应电流很大，启动功率因数低，启动转矩并不大。

（1）启动电流大的原因

启动时，$n=0$，$s=1$，转子切割磁场的相对转速最大，转子产生感应电动势大，使转子电流大，根据磁动势平衡关系，定子电流必然增大。

（2）启动转矩不大的原因

从公式分析，电动机的启动转矩 $T_{st} = T_{em} = C_T \Phi_0 I_2' \cos\varphi_2$，虽然启动电流大，但是功率因数很低，转子漏抗很大，$\cos\varphi_2$ 很低，所以启动转矩不大。因此，三相异步电动机在启动时的特点是启动电流大，启动功率因数低，启动转矩并不大。对电动机的启动性能要求：启动电流小，启动转矩大，启动设备简单，经济可靠。

2. 三相异步电动机的功率和转矩

（1）功率和效率

如图 8-10 所示，三相异步电动机在运行中的功率损耗包括：

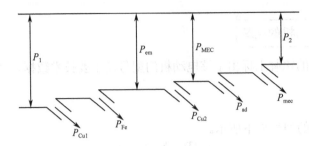

图 8-10 三相异步电动机功率损耗图

① 电流在定子绕组上的铜损耗 P_{Cu1} 及转子上的铜损耗 P_{Cu2}。

② 交变磁通在定子铁芯中产生的铁损耗 P_{Fe}。

③ 机械损耗 P_t。

从而可得三相异步电动机运行时的功率关系如下。

$$P_2=P_1-P_{Cu1}-P_{Cu2}-P_{Fe}-P_t$$

电源输入电功率除去定子铜损耗和铁损耗，转子铜损和机械损耗后，即为电动机输出功率。

输入功率：$P_1 = \sqrt{3}U_1 I_1 \cos\varphi_1 = 3U_P I_P \cos\varphi_1$。

电动机的效率等于输出功率 P_2 与输入功率 P_1 之比。

效率：$\eta = \dfrac{P_2}{P_1} = \dfrac{P_1 - \sum P}{P_1} = 1 - \dfrac{\sum P}{P_1}$。

功率平衡方程式：$P_1 = P_2 + \sum P$。

总损耗：$\sum P = P_{Cu1} + P_{Cu2} + P_{Fe} + P_{ad} + P_{mec}$。

（2）功率和转矩关系

当电动机稳定运行时，作用在电动机转子上的转矩有三个：

① 使电动机旋转的电磁转矩 T_{em}。

② 由机械损耗和附加损耗所引起的空载制动转矩 T_0。

③ 由电动机所拖动的负载的反作用转矩 T_2。

显然 $T_{em} = T_2 + T_0$。

电磁转矩：$T_{em} = 9.55 \dfrac{P_{em}}{n_1}$。

负载转矩：$T_2 = 9.55 \dfrac{P_2}{n}$。

空载转矩：$T_0 = 9.55 \dfrac{P_0}{n}$。

输出功率相同的异步电动机如极数多，则转速就低，输出转矩就大；极数少，则转速就高，输出转矩就小；在选用异步电动机时，必须清楚这个概念。

3. 三相异步电动机的机械特性

（1）三相异步电动机的机械特性曲线

在一定条件下三相异步电动机的转矩 T 与转速 n 之间的关系，称为异步电动机的机械特性曲线，如图 8-11 所示。

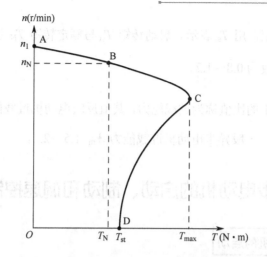

图8-11　三相异步电动机的机械特性曲线

（2）机械特性的三种表达式

① 物理表达式。

$$T_{em} = C_T \Phi_0 I_2' \cos\varphi_2 \quad （C_T \text{ 为转矩常数}）$$

上式表明：三相异步电动机的电磁转矩是由主磁通与转子电流的有功分量 $I_2' \cos\varphi_2$ 相互作用产生的。

② 参数表达式。

实际计算和分析感应电动机的各种运行状态时，需要知道电磁转矩与电动机参数之间的关系，即参数表达式。

$$T_{em} \approx \frac{C s R_2 U_1^2}{f_1 \left[R_2^2 + (s X_{20})^2 \right]}$$

上式表明了电磁转矩 T_{em} 与转差率 s 之间的关系，转矩与电源参数（U_1、f_1）、结构参数（R、X、m、p）和运行参数（s）有关。当加在电动机上的电压 U_1 不变时，异步电动机的转矩 T 仅与异步电动机的转差率 s（亦即转速 n）有关。

③ 实用表达式。

$$T_{em} = \frac{2T_m}{{s}/{s_m} + {s_m}/{s}}$$

工程上常根据电机的额定功率、额定转速、过载能力来求出实用表达式。

4. 三相异步电动机的运行特性

（1）启动状态：异步电动机的启动转矩 T_{st} 必须大于电动机轴上的负载阻力矩 T_2，电动机才能启动。

（2）运行状态：电动机的转速 $0 < n < n_1$。

（3）额定转速状态：电动机产生额定转矩 T_N 时的转速，称为电动机额定转速。

（4）临界转速状态：产生最大转矩 T_m 时的转速，称为电动机临界转速。

（5）启动转矩倍数：启动瞬间 $n=0$ 或 $s=1$ 时，电动机相当于堵转，这一时刻的电磁转矩

称为启动转矩或堵转转矩，用 T_{st} 表示。启动转矩 T_{st} 与额定转矩 T_N 之比 $\lambda_{st} = \dfrac{T_{st}}{T_N}$，一般普通异步电动机启动转矩倍数为 $0.8 \sim 1.2$。

（6）过载能力 λ_m。

最大转矩与额定转矩的比值称为过载能力，其值反映电动机过载能力。最大转矩 T_m 与额定转矩 T_N 之比 $\lambda_m = \dfrac{T_m}{T_N}$，一般异步电动机过载能力 $\lambda_m = 1.5 \sim 2.2$。

课题 4　三相异步电动机的启动、制动和调速控制

1. 三相异步电动机的启动

（1）启动概述

启动指电动机接通电源后由静止状态加速到稳定运行状态的过程，电动机的启动过程中启动电流很大，而功率因数低，启动转矩并不大，这是我们不希望的。过大的启动电流会引起电网电压明显降低，而且还影响接在同一电网的其他用电设备的正常运行。频繁启动不仅使电动机温度升高，还会产生过大的电磁冲击，影响电动机的寿命。

（2）对启动的要求

① 电动机应有足够大的启动转矩。

② 在保证有足够大的启动转矩的前提下启动电流应尽量小。

③ 启动控制设备简单、经济，操作及维护方便。

④ 启动过程中的电能损耗小。

（3）启动方法

① 直接启动。

用闸刀开关或接触器把电动机的定子绕组直接接在交流电源上，电动机在额定电压下直接启动，如图 8-12 所示。在变压器容量允许的情况下，鼠笼式异步电动机应该尽可能采用全电压直接启动。优点：控制线路简单，既可以提高控制线路的可靠性，又可以减少电器的维修工作量。缺点：直接启动的启动电流一般可达额定电流的 4~7 倍，过大的启动电流会降低电动机寿命，还会引起电源电压波动，影响同一供电网中其他设备的正常工作。一般异步电机的功率小于 7.5kW 时允许直接启动。

② 降压启动。

降压启动是指启动时降低加在定子绕组上的电压，启动结束后加额定电压运行的启动方式，如图 8-13 所示。降压启动虽然降低了启动电流，但同时使启动转矩按电压的平方下降很多，故降压启动只适合轻载或空载启动。

常用的降压启动方法：软启动器启动、星形/三角形降压启动、串电阻降压启动、自耦变压器降压启动。

（a）软启动器启动：软启动器 SMC 启动是利用晶闸管交流调压装置，控制其内部晶闸管的导通角，使电机输入电压从零按预设函数关系逐渐上升，降低启动时电动机定子绕组上的电压以限制电动机的启动电流，减少其对电网的冲击，直至启动结束，赋予电机全电压，即为软启动。在软启动过程中，电机启动转矩逐渐增加，转速也逐渐增加。

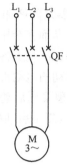

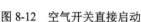

图 8-12　空气开关直接启动　　　　图 8-13　软启动器降压启动

软启动主要有三种启动方式：液阻软启动、磁阻软启动、晶闸管软启动。从启动时间、控制方式、节能效果等方面比较，晶闸管软启动技术最优，代表了软启动发展方向。

软启动优点：使三相异步电动机平滑启动，平滑停转或自由停转。启动电流、启动时间可按负载灵活调节，性能稳定、操作简便、显示直观、体积小、保护功能齐全。

（b）星形/三角形转换降压启动：对于正常运行时电动机额定电压等于电源线电压，定子绕组为三角形连接方式的三相交流异步电动机，可以采用星形/三角形降压启动，如图 8-14 所示。它是指启动时将电动机定子绕组接成星形，待电动机的转速上升到一定值后，再换成三角形连接。这样，电动机启动时每相绕组的工作电压为正常时绕组电压的 $1/\sqrt{3}$，启动电流为三角形直接启动时的 1/3，因而启动特性好，线路较简单，投资少。缺点是启动转矩也下降为三角形接法的 1/3，转矩特性差，适用于轻载或空载启动的场合。

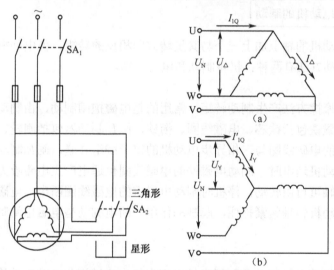

图 8-14　星形/三角形转换降压启动

（c）定子串电阻（电抗）降压启动：二相异步电动机定子绕组串电阻或电抗启动时，启动电流在电阻或电抗器上产生电压降，使加在电动机定子绕组上的电压低于电源电压，从而使启动电流减小。待电动机转速接近稳定转速时，再将电阻或电抗器短接，使电机在额定电压下运行。如图 8-15 所示。调节电阻 R_{st} 的大小可以将启动电流限制在允许的范围内。其优点是启动平稳、工作可靠、功率因数高。但电阻上有能量损耗，使电阻发热，启动转矩也大为减小，为减小损耗，可用电抗器代替，适用于空载和轻载启动。

（d）自耦变压器降压启动：电动机启动时利用自耦变压器来降低加在电动机定子绕组上的启动电压，待电动机启动后，使电动机与自耦变压器脱离，从而在全压下正常运行。其特点是在相同的启动电流下电动机的启动转矩较高。自耦变压器的二次侧上备有几个不同的电压抽头，以供用户选择不同的启动电压，适合于星形连接带负载启动的电动机。自耦变压器的优点是可按允许的启动电流和所需启动转矩来选择不同的抽头，实现降压启动。缺点是体积大、重量大，价格较高，维修麻烦，且不允许频繁移动。自耦变压器降压启动如图 8-16 所示。

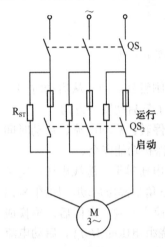

图 8-15　定子串电阻降压启动图

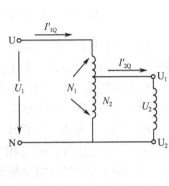

图 8-16　自耦变压器降压启动

2．三相异步电动机的制动

制动是指在电动机的轴上加上一个与其旋转方向相反的转矩，使电动机减速或停转。三相异步电动机的制动方法有两种：机械制动和电气制动。

（1）机械制动

机械制动是靠摩擦方法产生制动转矩，常用的是电磁抱闸制动，由制动电磁铁和闸瓦制动器组成。制动电磁铁包括铁芯、电磁线圈、衔铁，闸瓦制动器包括闸轮、闸瓦、杠杆和弹簧等。制动电磁铁的电磁线圈与三相异步电动机的定子绕组并联，闸瓦制动器的转轴与电动机的转轴相连。电动机通电时，制动电磁铁的电磁线圈也通电产生电磁吸力，通过杠杆将闸瓦拉开，电动机转轴可自由转动，停机时制动电磁铁的电磁线圈断电，电磁吸力消失，在弹簧作用下闸瓦将电动机转轴紧紧抱住，起制动作用。断电制动型电磁抱闸制动器控制线路如图 8-17 所示。

（2）电气制动

三相异步电动机的电气制动是利用电动机产生的电磁转矩与电动机的旋转方向相反来实现的，有反接制动、能耗制动和再生制动三种方式。

① 反接制动。

电源反接制动：将三相异步电动机的任意两相定子绕组的电源进行对调，由于定子绕组两相对调，旋转磁场反向，即 n_1 变为负。适用于反抗性负载快速停车和快速反向，对需要快速停车的反抗性负载，应快速切断电源，否则电动机会反向旋转。其优点是制动转矩即使在转速降至很小时仍较大，因此制动迅速。缺点是既要从电网吸收电能，又要从轴上吸收机械能，因此能耗大，经济性较差。电源反接制动如图 8-18 所示。

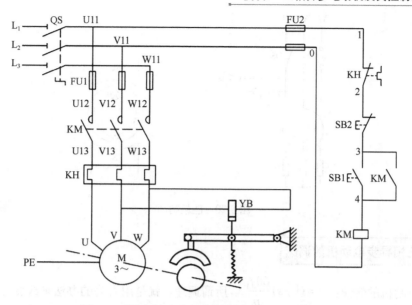

图 8-17 断电制动型电磁抱闸制动器控制线路图

倒拉反接制动：保持定子磁场的转向不变，而转子在位能性负载作用下进入倒拉反转，这种方式的制动称为倒拉反接制动。适用于将重物均匀低速下放，只能适用于绕线式异步电动机。其优点是能以任意低的转速下放重物，安全性好，能使位能负载在 $n < n_1$ 下稳定下放。缺点是不仅从电网吸收电能，而且从轴上吸收机械能，能耗大，经济性差。倒拉反接制动如图 8-19 所示。

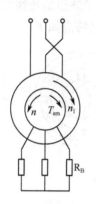

图 8-18 电源反接制动

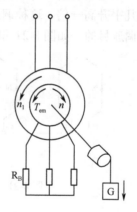

图 8-19 倒拉反接制动

② 能耗制动。

能耗制动是将定子绕组从三相交流电源上断开后，立即加上直流励磁，产生一个静止的磁场，而转子由于惯性继续按原方向在静止磁场中转动，切割磁力线在转子绕组中感应电动势（由右手定则判断），产生电流。产生的电磁转矩 T（左手定则）是制动性质的，系统减速。将转子动能转化为电能，消耗在电阻上，所以称为能耗制动。其特点是制动平稳、便于实现准确停车，但制动较慢，需要一套直流电源，如图 8-20 所示。

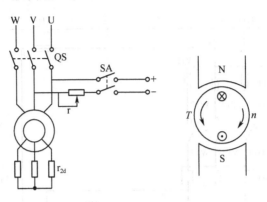

图 8-20　能耗制动

3. 三相异步电动机的调速

异步电动机的转速：$n = (1-s)\dfrac{60f_1}{p}$。所谓调速，就是用人为的办法来改变异步电动机的转速。根据三相异步电动机的转速公式可以看出，异步电动机的调速可通过以下方法来实现。

（1）变极调速

改变电动机定子绕组的磁极对数 p，以改变电动机的同步转速 n_1；在电源频率不变的条件下，改变电动机的定子绕组的磁极对数，电动机的同步转速就会发生变化，从而改变电动机的转速。三相笼型异步电动机改变定子极数时，只要将每相绕组的半相绕组电流方向改变，即把半相绕组反向，则电动机的极对数便成倍变化。若极对数减少一半，同步转速就提高一倍，电动机转速也几乎升高一倍。这种调速方法用改变定子绕组的接线方式来改变笼型电动机定子极对数达到调速目的，如图 8-21 和图 8-22 所示。其特点如下。

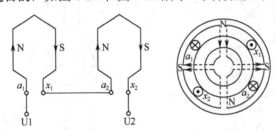

图 8-21　绕组顺串 4 极磁场

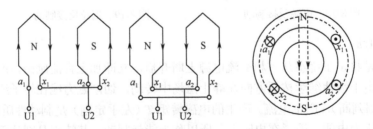

图 8-22　绕组反串或反并 2 极磁场

① 具有较硬的机械特性，稳定性良好；

② 无转差损耗，效率高；

③ 接线简单、控制方便、价格低；

④ 有级调速，级差较大，不能获得平滑调速；

⑤ 可以与调压调速、电磁转差离合器配合使用，获得较高效率的平滑调速特性。

本方法适用于不需要无级调速的生产机械，如金属切削机床、升降机、起重设备、风机、水泵等。

（2）变频调速

变频调速是改变电动机定子电源的频率，从而改变其同步转速的调速方法，如图 8-23 所示。变频调速系统主要设备是提供变频电源的变频器，变频器可分成交流－直流－交流变频器和交流－交流变频器两大类，目前国内大都使用交－直－交变频器。其特点如下：

① 效率高，调速过程中没有附加损耗。

② 应用范围广，可用于笼型异步电动机。

③ 调速范围大，特性硬，精度高，调速平滑性好，实现无级调速。

④ 技术复杂，造价高，维护检修困难。

本方法适用于要求精度高、调速性能较好场合。

图 8-23 变频调速框图

（3）改变转差率 s 调速

保持同步转速 n_1 不变，改变转差率的方法有变压调速、串变阻器调速及串极调速等。

课题 5 基于实际任务的综合技能训练

（1）电气控制线路的绘制

电气控制线路是由各种有触点的接触器、继电器、按钮、开关熔断器等组成的控制线路，其作用是实现对电力拖动系统的启动、反向、制动和调速等运行性能的控制。为了表示电气控制线路的组成、工作原理及安装、调试、维修等技术要求，需要用统一的工程语言，即用工程图的形式表示，这种图就是电气控制系统图。常用的电气控制系统图有电气原理图、电气布置图与电气安装接线图。

① 电气控制系统图中的图形符号：指用于图样或其他文件表示一个设备或概念的图形、标记或字符。

② 电气控制系统图中的文字符号：用于标明电气设备、装置和元器件的名称、功能、状态和特征，可在电气设备、装置和元器件上使用，以表示电气设备、装置和元器件种类的字母代码和功能字母代码。

③ 接线端子标记：电路中元器件的接线都集中安装在接线端子排，电气原理图中的所有元器件的图形、文字符号和接线端子标记必须采用国家规定的统一标准标注。

（2）电气原理图

电气原理图是用图形符号和文字符号表示电路中各电气元件中导电部件的连接关系和工作原理的图。绘制原则：

① 电气原理图中电气元件图形符号、文字符号及标号必须采用最新国家标准。

② 电器元件展开图画法：同一电器元件的各导电部件（如线圈和触点），按电路连接关系画出，可以不画在一起，但必须用同一文字符号标明。

③ 电器元件触头画法：均按"平常"状态绘出。

④ 分为主电路和辅助电路。

主电路是从电源到电动机的电路，绘在图面左侧或上方，辅助电路包括控制电路、照明电路、信号电路、保护电路等，绘在图面右侧或下方。

⑤ 电气原理图绘制要布局合理、层次分明、排列均匀、图面清晰、便于读图。

（3）电气安装图

电气安装图用来表示电气控制系统中各电气元件的实际安装位置和接线情况。电器元件的布置应注意以下几方面：

① 体积大和较重的电器元件应安装在安装板的下方，而发热元件应安装在安装板的上面。

② 强电、弱电应分开，弱电应屏蔽，防止外界干扰。

③ 需要经常维护、检修、调整的电器元件安装位置不宜过高或过低。

④ 电器元件的布置应考虑整齐、美观、对称。外形尺寸与结构类似的电器安装在一起，以利于安装和配线。

⑤ 电器元件布置不宜过密，应留有一定间距。如用走线槽，应加大各排电器间距，以利于布线和维修。

⑥ 按电器元件外形尺寸绘出，并标明元件间距。

（4）电气安装接线图

电气安装接线图主要用于电器的安装接线、线路检查、线路维修和故障处理，通常接线图与电气原理图和元件布置图一起使用。

电气接线图的绘制原则：

① 同一电气元件的各部件画在一起，所占图面按实际尺寸以统一比例绘制。各部件的位置尽量符合实际情况。

② 各电气元件的图形符号、文字符号和回路标记，均应以原理图为准，并且要保持一致。

③ 不在同一控制箱内或不是同一块配电屏上的各电气元件之间的连接，必须通过接线端子板进行连接。

④ 应详细地标明配线用的各种导线的型号、规格、截面积及连接导线的根数。

⑤ 绘制安装接线图时，走向相同的相邻导线可以绘成一股线。

任务1 室内照明电路的安装

1. 项目描述

在日常生活中，经常会遇到需要两个开关异地控制同一盏灯的场合，例如在客厅和卧室设置灯控开关，控制客厅内的同一盏灯，进门时打开客厅的灯，进卧室后可以关闭客厅的灯。再如在楼梯、通道间的照明电路设计时，也常会用到此控制电路。本任务为"安装电度表、空气开关及双控开关控制一盏白炽灯"，即2个异地开关控制1盏照明灯，以及安装日光灯照明电路。

2. 实训目的

（1）掌握控制电路导线、器件的识别及参数，能根据要求选择导线、器件。

（2）掌握尖嘴钳、螺钉旋具、验电器、剥线钳等电工工具的使用方法，能正确使用。

（3）掌握电度表、断路器、开关、插座连接规范，掌握室内照明电路布线规范，能正确安装室内照明电路。

（4）养成科学严谨、认真细致的职业素养。

3. 实训器材

（1）亚龙 YL-DG1 型电工技能实训考核工作台。

（2）实训组合挂板 SW001、SW003（空气开关、熔断器、双控开关、日光灯）。

（3）电工工具（螺丝刀、电工钳、剥线钳、尖嘴钳等）。

（4）指针式万用表（MF-47 型）一只，单相电度表一只。

（5）单股铜导线，香蕉线。

4. 实训电路原理图

（1）日光灯电路图及工作原理

日光灯由灯管、启辉器与镇流器等三个部件组成。

日光灯电路原理如图 8-24 所示。该图的工作原理：在接通交流电源 220V 的一瞬间，电路中电流没有通路，线路压降全部加在起辉器 V 两端，起辉器产生辉光放电，其产生的热量使起辉器中的双金属片变形弯曲而与静触片接触成通路，这时有较大的电流通过镇流器 L 与灯丝。灯丝被加热而发射电子并使灯管内汞蒸发。在起辉器电极接通后，辉光放电消失。电极温度迅速下降，使双金属片因温度下降而恢复到原来状态。在双金属片脱离接触器的一瞬间电路呈开路状态，镇流器两端产生一个在数值上比线路电压高的电压脉冲，使灯管 E 点燃，灯点燃后，灯两端的电压仅在 100V 左右，因达不到起辉器放电电压而使起辉器停止工作。此时镇流器与灯管串联，起限制灯管工作电流作用。

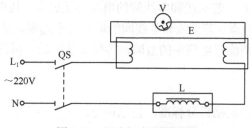

图 8-24 日光灯电路原理图

（2）电度表、空气开关、双控开关控制白炽灯照明电路

双控开关控制白炽灯电路如图 8-25 所示。

5. 实训任务

（1）掌握几种常见的导线的接线方法和接线规范。

（2）读懂日光灯电路原理图，了解启辉器和镇流器在电路中的作用。

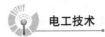

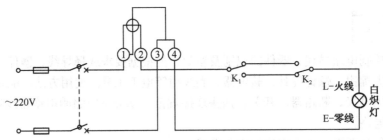

图 8-25　双控开关控制白炽灯电路图

（3）正确识读白炽灯照明电路中的电气元件图形符号。

（4）读懂双控电路原理图。

（5）能按日光灯电路原理图正确熟练安装电路。

（6）能按双控开关控制白炽灯电路图正确熟练安装电路。

（7）会用万用电表检查和维修电路的原理和方法。

（8）会排除电路中的短路和断路故障。

6. 电路安装与注意事项

（1）镇流器与灯管串联，启辉器与灯管并联。

（2）导线尽量横平竖直，避免交叉，布线合理，美观。

（3）单相电度表有四个接线桩，从左至右编号分别是 1、2、3、4。1、3 接进线（1 接相线，3 接零线），2、4 接出线（2 接相线，4 接零线）。

（4）安装漏电保护器时，要依据标示的电源端和负载端接线，不能接反；使用前应操作实验按钮，看是否正常工作。

（5）元器件布置合理、匀称、安装可靠，便于走线。

（6）按原理图接线，接线规范正确，走线合理，无接点松动。

（7）避免露铜、过长、反圈、压绝缘层等现象。

（8）对电路进行静态测试：将万用表欧姆挡打到 R×1k 挡，测量火线和零线间的电阻，正常情况下，电阻约为 1kΩ。若火线和零线间的电阻为无穷大，说明电路中出现断路现象，对电路检查后，再测试其静态。若火线和零线间的电阻几乎为零，说明电路中出现短路现象，此时绝对不能通电，应立刻检查电路中的故障，等排除故障后，再通电检查。

7. 实训成绩评定

（1）通电试车正常的，根据评分标准，自己评分。

（2）与相邻的同学进行交流，相互评分。

（3）教师检查评分。

任务 2　三相异步电动机点动/连续运转控制电路的安装

1. 项目描述

在实际生产中，有时需要人工短时间控制电动机的运转，如机床工作台的快速移动和电钻钻孔过程，这样短时间工作的电动机需要采用点动控制。有时又需要较长时间控制电动机的运转，如车床加工零件等，这样长时间工作的电动机要采用连续运转控制。电动机的点动/连续控制的实质就是通过一个按钮开关控制接触器的线圈通断电时间，从而控制电动机的工作过程。

2．实训目的

（1）会识读三相异步电动机接触器—按钮点动/连续运转控制电路图。

（2）了解自锁触头的作用及实现自锁控制的方法。

（3）会分析三相异步电动机接触器—按钮点动/连续运转控制电路的工作过程。

（4）会根据电动机接触器—按钮点动/连续运转控制电气原理图画出安装接线图。

（5）会选用电路所用的电器，正确安装电器元件，正确布线接线。

（6）会用万用表进行简单检测，会调试通车和故障排除。

3．实训器材

（1）亚龙 YL-DG1 型电工技能实训考核工作台。

（2）实训组合挂板 SW001、SW002（三相空气开关、熔断器、按钮、热继电器、交流接触器）。

（3）电工工具（螺丝刀、电工钳、剥线钳、尖嘴钳等）。

（4）指针式万用表（MF-47 型）一只，数字式万用表一只。

（5）三相异步电动机。

（6）单股铜导线，香蕉线。

4．实训电路原理图

（1）三相异步电动机点动控制电路原理图如图 8-26 所示。

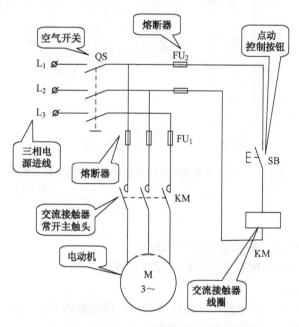

图 8-26　三相异步电动机点动控制电路原理图

（2）三相异步电动机连续运转控制电路原理图如图 8-27 所示。

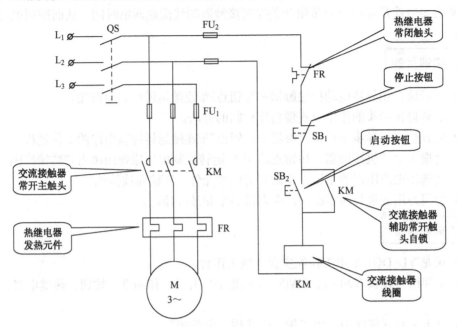

图 8-27　三相异步电动机连续运转控制电路原理图

（3）三相异步电动机接触器—按钮点动和连续运转控制电路原理如图 8-28 所示。

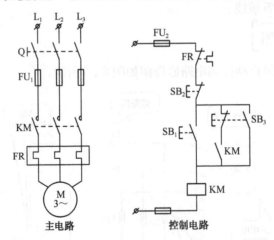

图 8-28　三相异步电动机点动和连续运转控制电路原理图

5. 实训任务

（1）读懂电动机点动、连续运转控制电路图。

（2）分析电路的工作原理和工作过程，画出接线图。

（3）列写元器件表。

（4）认识按钮的常开、常闭触头及接线要求，认识接触器的主、辅触头及线圈接线方法。

（5）用万用表检测各元件通断情况和质量。

6. 电路安装与注意事项

（1）先接主电路，再接控制线路。

（2）布线遵循"横平竖直、上进下出、右进左出，分布均匀、避免交叉、导线转角成90°"的原则。按接线图进行板上明线布线。

（3）线长适当，铜线不要裸露在外，接线牢固。

（4）按照电动机点动控制电路原理图和接线图安装点动控制电路。

（5）按照电动机续运转控制电路原理图和接线图安装电动机连续运转控制电路。

（6）用万用表Ω挡将配电板整体检查一遍，看有无接错、开路，相、零线有无颠倒，有无短路。

（7）同学间相互检查线路，确保电路连接无误。

（8）通电试车：检测都正常的，经教师同意后接上电动机，通电试车。观察电动机运行状况，体会电路操作过程（注意：操作次数不宜过多、过于频繁，因为大的启动电流容易损坏电器和电机）。检测发现问题的，经过排除故障，且经教师检查后方可通电试车。

（9）体会和比较电动机点动和连续运转的区别。

7. 实训成绩评定

（1）自评与互评。

① 通电试车正常的，根据评分标准，自己评分。

② 与相邻的同学进行交流，相互评分。

③ 教师检查评分。

（2）教师讲评并小结。

（3）学生拆除导线等，整理工作台。

对于动手能力强的学生可以进一步进行能力拓展，将点动和连续运转控制电路合二为一，在连续运转控制基础上增加一个复合按钮，安装即可以点动，又可以连续运转的控制电路，经检查无误后通电试车，并分析图 8-28 点动与连续运转控制电路中 SB_2 和 SB_3 哪一个是点动控制，哪一个是连续运转控制。如果按下 SB_2 和 SB_3 都是点动，判断故障出在哪一部分。

任务3 三相异步电动机正反转控制电路的安装

1. 项目描述

电动机正反转控制电路是最常见最典型的控制电路，在机床工作台、电梯、起重机等设备中广泛使用。用两个接触器分别控制电动机的正转和反转，由于接触器的主触点接线的相序不同，所以当两个接触器分别单独工作时电动机的旋转方向相反。由于线路要求接触器的线圈不能同时通电，因此，在正转和反转控制电路中分别交叉串联了 KM_1、KM_2 的常闭触点，实现电气互锁控制，防止电路发生短路事故。

2. 实训目的

（1）会识读三相异步电动机接触器互锁正反转控制线路图。

（2）了解互锁电路及作用。

（3）会分析三相异步电动机接触器互锁正反转控制线路的工作过程。

（4）会将电动机接触器联锁正反转控制电气原理图画成安装接线图。

（5）会选用线路所用的电器，正确安装电器、布线连线。

（6）会用万用表简单检测，调试通车和故障排除。

3. 实训器材

（1）亚龙 YL-DG1 型电工技能实训考核工作台。

（2）实训组合挂板 SW001、SW002（三相空气开关、熔断器、按钮、热继电器、交流接触器）。

（3）电工工具（螺丝刀、电工钳、剥线钳、尖嘴钳等）。

（4）指针式万用表（MF-47 型）一只，数字式万用表一只。

（5）三相异步电动机。

（6）单股铜导线，香蕉线。

4. 实训电路原理图

三相异步电动机接触器互锁正反转控制电路原理图如图 8-29 所示。

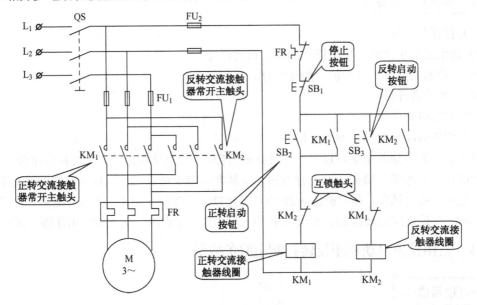

图 8-29　三相异步电动机接触器互锁正反转控制电路

5. 实训任务

（1）主电路的分析

① 怎样才能使电动机反转？

② 阅读接触器互锁正反转控制线路的主电路图，分析电路的工作原理并回答问题：主电路中有哪些电器元件？各起什么作用？

（2）控制电路的分析

① KM$_1$、KM$_2$ 两只接触器若同时吸合，会造成什么后果？该线路是怎样避免这一后果

的？

② 教师结合学生回答的问题讲解 "互锁"与"双重联锁"的概念。

③ 合上 QS，按正转启动按钮，控制线路是怎样实施电动机正转控制的？

④ 若使电动机反转，能否在电动机正转时直接按反转启动铵钮，为什么？并说出当电动机正转时，控制反转的工作过程。

⑤ 该线路有哪些保护功能？分别由哪些电器实施？

（3）问题讨论

① 如果在安装时不慎将 KM_1 的自锁触头误接为 KM_1 的常闭触头，则按正转启动按钮，会出现何现象？

② 如果控制电路中的将 KM_1 的互锁触头误接为 KM_2 的常开触头，则按反转启动按钮，又会出现何现象？

6. 电路安装与注意事项

（1）安装要求

① 根据电路原理图选择所需要的电器元件，并检验它们的质量。

② 将电路图采用电路编号法，即对电路中的各个接点用数字或字母编号，并画成位置布置图和接线图。

③ 在控制板上按位置布置图用铜导线安装连接所有的电器元件。

④ 布线遵循"横平竖直、上进下出、右进左出，分布均匀、避免交叉、导线转角成90°"的原则。按接线图进行板上明线布线。

⑤ 根据电路图察看控制板的布线是否正确。

（2）主电路的检查

① 将万用表转换开关拨至适当的电阻挡，检查主电路各相间是否短路。

② 用万用表检查主电路各相进线（熔断器上挡线座）与出线（端子排），当手动按下接触器可动部分（使接触器的动触头闭合）时，线路是否导通。

（3）控制电路的检查

① 检测 SB_1、SB_2、SB_3：万用表转换开关拨至适当的电阻挡，将两表笔分别与控制电路的熔断器上的接线座相连，分别按下 SB_1、SB_2、SB_3，看电路通断情况是否正常。

② 分别检测接触器 KM_1、KM_2 的辅助触点：万用表的电阻挡和两表笔的连接同上，按住反转按钮 $SB3$（不要释放），手动按下接触器 KM_1 的可动部分，检查电路通断情况。

（4）通电试车

检测都正常的，经教师同意后接上电动机，通电试车。检测发现问题的，经过排除故障，且经教师检查后接上电动机，通电试车。

7. 实训成绩评定

（1）自评与互评。

① 通电试车正常的，根据评分标准，自己评分。

② 与相邻的同学进行交流，相互评分。

③ 教师检查评分。

（2）教师讲评并小结。

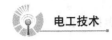

（3）学生拆除导线等，整理工作台。

对于动手能力强的学生可以进一步进行能力拓展，安装具有接触器和按钮双重互锁的电动机正反转控制电路（见图8-30），经检查后通电试车，并与接触器互锁控制电路比较有什么不同。

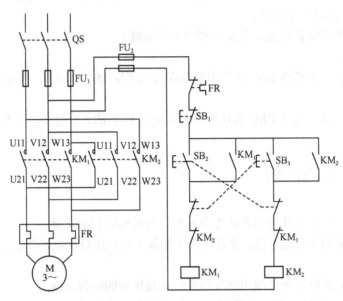

图 8-30　三相异步电动机接触器按钮双重互锁正反转控制电路

任务 4　三相异步电动机 Y/Δ 转换降压启动控制电路的安装

1. 项目描述

三相异步电动机的启动电流可以达到其额定电流的 4～7 倍，对于大容量的电动机，过大的启动电流会对电动机产生很强的机械冲击，降低电动机的使用寿命，影响同一电网上其他设备的正常工作，故大容量电动机都要采用降压启动来减小启动电流。最常用的方法就是用星/三角形转换降压启动。在启动时将电动机定子绕组接成星形，每相绕组承受的电压为电源的相电压（220V），减小了启动电流对电网的影响。而在其启动后期则按预先整定的时间转换为三角形接法，每相绕组承受的电压为电源的线电压（380V）。

2. 实训目的

（1）会识读三相异步电动机 Y/Δ 转换降压启动控制电路图。

（2）了解时间继电器作用和工作原理。

（3）会分析三相异步电动机 Y/Δ 转换降压启动控制线路的工作过程。

（4）会将电动机 Y/Δ 转换降压启动控制电气原理图画成安装接线图。

（5）会选用线路所用的电器，正确安装控制电路、布线连线。

（6）会用万用表简单检测，调试通车和故障排除。

3. 实训器材

（1）亚龙 YL-DG1 型电工技能实训考核工作台。

（2）实训组合挂板 SW001、SW002（三相空气开关、熔断器、按钮、热继电器、交流接触器、时间继电器）。

（3）电工工具（螺丝刀、电工钳、剥线钳、尖嘴钳等）。

（4）指针式万用表（MF-47 型）一只，数字式万用表一只。

（5）三相异步电动机。

（6）单股铜导线，香蕉线。

4. 实训电路原理图

三相异步电动机 Y/Δ 转换降压启动控制电路原理图如图 8-31 所示。该线路由三个接触器、一个热继电器、一个时间继电器和两个按钮组成。接触器 KM_1 做引入电源用，接触器 KM_2 和 KM_3 分别做 Y 形降压启动和 Δ 运行用，时间继电器 KT 用做控制 Y 形降压启动时间和完成 Y/Δ 自动切换。SB_1 是停止按钮，SB_2 是启动按钮，FU_1 做主电路的短路保护，FU_2 做控制电路的短路保护，FR 做过载保护。

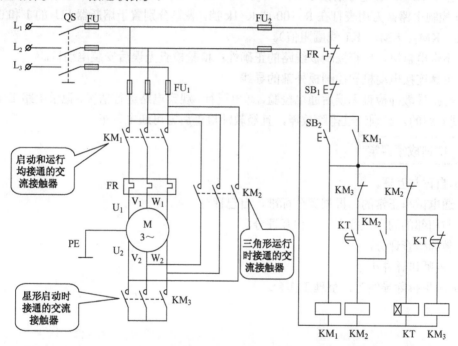

图 8-31 三相异步电动机 Y/Δ 转换降压启动控制电路原理图

5. 实训任务

（1）读懂电路图，分析电路的工作原理和工作过程，画出接线草图。

（2）列写元器件表。

（3）用万用表检测各元件质量。

（4）时间继电器的结构调整和时间整定。

（5）接线要求。

① 注意 KT 延时断开和延时闭合触头的辨别和接线。

② 电动机的接线端与接线排上出线端的连接。接线时，要保证电动机 Δ 形接法的正确性，即接触器 KM_3 主触头闭合时，应保证定子绕组的 U_1 与 W_2、V_1 与 U_2、W_1 与 V_2 相连接。

③ KM_1、KM_2、KM_3 主触头的接线：注意要分清进线端和出线端，防止产生三相电源短路事故。

（6）布线遵循"横平竖直、上进下出、右进左出，分布均匀、避免交叉、导线转角成 90°"的原则。按接线图进行板上明线布线。

（7）根据电路图察看控制板的布线是否正确。

6. 电路安装与注意事项

按照电路图和要求安装完成后进行自检。

（1）主电路：万用表打在 R×100 挡，闭合 QS 开关。

① 按下 KM_1，表笔分别接在 $L_1—U_1$、$L_2—V_1$、$L_3—W_1$，这时表针右偏指零。

② 按下 KM_2，表笔接在 $W_2—U_2$、$U_2—V_2$、$V_2—W_2$，这时表针也右偏指零。

③ 按下 KM_3，表笔分别接在 $U_1—W_2$、$V_1—U_2$、$W_1—V_2$，这时表针右偏指零。

（2）控制电路：万用表打在 R×100 或 R×1k 挡，表笔分别置于熔断器 FU_2 的 1 和 0 位置。（测 KM_1、KM_2、KM_3、KT 线圈阻值）。

① 不带电自检，检查控制板线路的正确性；检验检查无误后安装电动机。

② 可靠连接电动机和控制板外部的导线。

③ 经指导教师检查无误后通电校验，通电运行，观察电路运行情况，记录电路工作过程。检测发现问题的，必须经过排除故障，且经教师检查后方可通电试车。

7. 实训成绩评定

（1）自评与互评。

① 通电试车正常的，根据评分标准，自己评分。

② 与相邻的同学进行交流，相互评分。

③ 教师检查评分。

（2）教师讲评并小结。

（3）学生拆除导线等，整理工作台。

模块 9　安全用电知识

课题 1　安全用电基础知识

电能具有易于转换、易于控制、易于传输和分配、环保、清洁高效等其他能源无法比拟的优点，现代社会没有一样可以离开电能，电能在工农业生产、交通运输、科学技术、信息传输、国防建设及日常生活等各个领域得到广泛应用。随着电能应用的不断发展，各种电气设备造成的安全事故也不断发生，给人民生命和国家财产造成重大损失。电能造福人类，但是如果使用不当，也会造成人身、财产的损失。所以，对于电和安全用电知识人人都应了解和掌握。不懂得安全用电知识就容易造成触电身亡、电气火灾、电器损坏等意外事故，所以，安全用电性命攸关。

电气危害有两个方面：一方面是对系统自身的危害，如短路、过电压、绝缘老化等；另一方面是对用电设备、环境和人员的危害，如触电、电气火灾、电压异常升高造成用电设备损坏等。其中尤以触电和电气火灾危害最为严重，触电可直接导致人员伤残、死亡。

高压警示标志如图 9-1 所示。

高压危险

小心触电

图 9-1　高压警示标志

1. 触电及触电的危害

触电：指人体触及带电体后电流通过人体达到一定量时对人体造成的伤害事故，包括电伤和电击。

（1）电伤：指电流的热效应、化学效应、机械效应作用对人体造成的局部伤害，它可以是电流通过人体直接引起，也可以是电弧或电火花引起的。包括电弧烧伤、烫伤、电烙印、皮肤金属化、电气机械性伤害、电光眼等不同形式的伤害（电工高空作业不小心跌下造成的骨折或跌伤也算电伤），其临床表现为头晕、心跳加剧、出冷汗或恶心、呕吐，此外皮肤烧伤处疼痛。

（2）电击：指电流通过人体时，破坏人的心脏、神经系统、肺部等的正常工作而造成的伤害。它可以使肌肉抽搐，内部组织损伤，造成发热发麻、神经麻痹等，甚至引起昏迷、窒息、心脏停止跳动而死亡。触电死亡大部分事例是由电击造成的。人体触及带电的导线、漏电设备的外壳或其他带电体，以及由于雷击或电容放电，都可能导致电击。在触电事故中，电击和电伤常会同时发生。

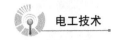

2. 影响触电危险程度的因素

电流是造成电击伤害的主要因素，人体对电的承受能力与以下因素有关：

（1）电流的种类和频率

工频交流电的危害性大于直流电，因为交流电主要是麻痹破坏神经系统，往往难以自主摆脱。一般认为 40～60Hz 的交流电对人最危险。随着频率的增加，危险性将降低。当电源频率大于 2000Hz 时，所产生的损害明显减小，不会引起触电致死，仅会引起并不严重的电击；但高压高频电流对人体仍然是十分危险的。

（2）电流的大小

通过人体的电流越大，人体的生理反应就越明显，感应就越强烈，引起心室颤动所需的时间就越短，致命的危害就越大。按照通过人体电流的大小和人体所呈现的不同状态，工频交流电大致分为下列三种：①感觉电流：指引起人的感觉的最小电流（1～3mA）。②摆脱电流：指人体触电后能自主摆脱电源的最大电流，成年男性为 16mA ，成年女性为 10mA。③致命电流：指在较短的时间内危及生命的最小电流（50mA）。

（3）触电时间

人体触电，当通过电流的时间越长，越易造成心室颤动，生命危险性就越大。据统计，触电 1～5min 内急救，90%有良好的效果，10min 内有 60%救生率，超过 15min 希望甚微。

（4）通过人体电流路径

电流通过头部可使人昏迷；通过脊髓可能导致瘫痪；通过心脏会造成心跳停止，血液循环中断；通过呼吸系统会造成窒息。因此，从左手到胸部是最危险的电流路径；从手到手、从手到脚也是很危险的电流路径；从脚到脚是危险性相对较小的电流路径。

（5）电压的高低

人体触电的本质是电流通过人体产生了有害效应，然而触电的形式通常都是人体的两部分同时触及了带电体，而且这两个带电体之间存在着电位差。因此在电击防护措施中，要将流过人体的电流限制在无危险范围内，也就是将人体能触及的电压限制在安全的范围内，即所谓的安全电压，通常指人体不戴任何防护设备时，触及带电体不受电击或电伤。人体能承受的最高安全电压为 36V。

（6）人体电阻和身体状况

人体电阻是不确定的电阻，一般在 100k～几百 Ω，各部位组织中以皮肤的电阻为最大，当人体皮肤处于干燥、洁净和无伤痕的情况下，人体的电阻可高 100kΩ左右。若皮肤处于潮湿状态，人体的电阻会大幅度降低到 1kΩ左右。若皮肤损伤，则人体的电阻将下降到 600～800Ω；人体不同，对电流的敏感程度也不一样。一般地说，儿童较成年人敏感，女性较男性敏感，患有心脏病者，触电后的死亡可能性就更大。

3. 人体触电的几种方式

人体触电主要有几种方式：

（1）直接接触触电

① 单相触电：一只手接触火线，身体的其他部位接触大地，电流从人体流过，造成触电。当人站在地面上或其他接地体上，人体的某一部位触及一相带电体时，电流通过人体流入大地（或中性线），称为单相触电，如图 9-2 所示。图 9-2（a）为电源中性点直接接地运行方式

时单相触电。图 9-2（b）为中性点不直接接地的单相触电情况。一般情况下，接地电网里的单相触电比不接地电网里的触电危险性大。

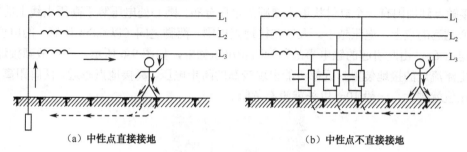

（a）中性点直接接地　　　　　　（b）中性点不直接接地

图 9-2　单相触电

② 两相触电：两个相线之间的触电，指人体两处同时触及同一电源的两相带电体，以及在高压系统中，人体距离高压带电体小于规定的安全距离，造成电弧放电时，电流从一相导体流入另一相导体的触电方式，如图 9-3 所示。两相触电加在人体上的电压为线电压，因此不论电网的中性点接地与否，其触电的危险性都最大。

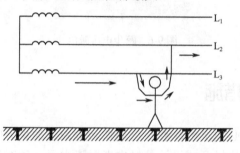

图 9-3　两相触电

③ 接触电压触电：触摸而导致的触电，如图 9-4 所示。

④ 家庭电路中的触电：人误与火线接触。

（a）火线的绝缘皮破坏，其裸露处直接接触了人体，或接触了其他导体，间接接触了人体。

（b）潮湿的空气导电、不纯的水导电——湿手接触开关或浴室触电。

（c）电器外壳未按要求接地，其内部火线外皮破坏接触了外壳。

思考：如图 9-5 所示，人体接触 220V 裸线触电，而鸟儿两脚站在高压裸电线上却相安无事，这是为什么？

A. 鸟儿电阻小

B. 鸟儿干燥不导电

C. 鸟儿两只脚在同一根线上

图 9-4　接触电压触电

图 9-5　小鸟直接接触电线

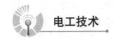

（2）间接触电

跨步电压触电：在高压线接触的地面附近，产生了环形的电场，即以高压线触地点为圆心，从接触点到周围有一个放射状电压递减的电压分布。圆心处电压等于高压电线上的电压，离开圆心越远的点上，电压越小。人站在接地点周围，两脚之间（以 0.8m 计算）的电位差称为跨步电压 U_k，由此引起的触电事故称为跨步电压触电，如图 9-6 所示。高压故障接地处，或有大电流流过的接地装置附近都可能出现较高的跨步电压。离接地点越近、两脚距离越大，跨步电压值就越大。一般 10m 以外就没有危险。

图 9-6　跨步电压触电

课题 2　触电急救措施

当发现有人触电时，必须沉着冷静，迅速切断电源。如果一时拉不开电闸，就找绝缘物体或干燥的木棍，将电线挑开或设法使触电者脱离电源，同时还应防止触电者在断电后跌伤，使触电者迅速脱离电源。在未切断电源或触电者未脱离电源时，切不可触摸触电者。一般人体触电后采取的具体措施有以下几种：拉、切、挑、拽、垫及现场简易处理和人工呼吸。

1．迅速脱离电源

"切"：指用带有可靠绝缘柄的电工钳、锹、镐、刀、斧等利器将电源切断，切断时应注意防止带电导线断落碰触周围人。

"挑"：如果导线搭落在触电者身上或压在身下，可用干燥的木棒、竹竿将导线挑开。

"拽"：指用救护人戴的手套或在手上包缠干燥的衣物等绝缘物品拖拽触电者脱离电源。

"垫"：指如果触电人由于痉挛手指紧握导线或导线绕在身上，这时可先用干燥的木板或橡胶绝缘垫塞进触电人身下使其与大地绝缘，隔断电源的通路。

"拉"：就近拉下电源开关，使电源断开。

2．现场简易诊断处理

（1）将触电者放在通风平坦的地面，松开领结裤带。

（2）触电者神智尚清醒，但感觉头晕、心悸、出冷汗、恶心、呕吐等，应让其静卧休息，减轻心脏负担。

（3）触电者神智有时清醒，有时昏迷，应静卧休息，并请医生救治。

（4）触电者无知觉，有呼吸、心跳，在请医生的同时，应施行人工呼吸。

3. 采取人工呼吸急救

触电者呼吸停止，但心跳尚存，应施行口对口人工呼吸或人工胸外挤压心脏。

口对口人工呼吸方法（如图9-7所示）：

（1）先使触电者仰卧，解开衣领、围巾、紧身衣服等，除去口腔中的黏液、血液、食物、假牙等杂物。

（2）将触电者头部尽量后仰，鼻孔朝天，颈部伸直。救护人一只手捏紧触电者的鼻孔，另一只手掰开触电者的嘴巴。

（3）救护人深吸气后，紧贴着触电者的嘴巴大口吹气，使其胸部膨胀；之后救护人换气，放松触电者的嘴鼻，使其自动呼气。如此反复进行，吹气2秒，放松3秒，大约5秒钟一个循环。吹气时要捏紧鼻孔，紧贴嘴巴，不能漏气，放松时应能使触电者自动呼气。

（4）如触电者牙关紧闭，无法撬开，可采取口对鼻吹气的方法。对体弱者和儿童吹气时用力应稍轻，以免肺泡破裂。

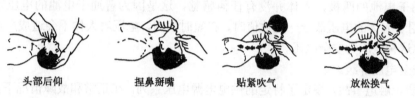

头部后仰　　　　捏鼻掰嘴　　　　贴紧吹气　　　　放松换气

图9-7　人工呼吸方法

4. 采取人工胸外挤压心脏急救

如心跳停止，呼吸尚存，应采取人工胸外挤压心脏法，如图9-8所示。

（1）解开触电人的衣裤，清除口腔内异物，使其胸部能自由扩张。

（2）使触电人仰卧，姿势与口对口吹气法相同，但背部着地处的地面必须牢固。

（3）救护人员位于触电人一边，最好是跨跪在触电人的腰部，将一只手的掌根放在心窝稍高一点的地方（掌根放在胸骨的下三分之一部位），中指指尖对准锁骨间凹陷处边缘，如图9-8所示，另一只手压在那只手上，呈两手交叠状（对儿童可用一只手）。

（4）救护人员找到触电人的正确压点，自上而下，垂直均衡地用力挤压，压出心脏里面的血液，注意用力适当。

（5）挤压后，掌根迅速放松（但手掌不要离开胸部），使触电人胸部自动复原，心脏扩张，血液又回到心脏。口诀：掌根下压不冲击，突然放松手不离；手腕略弯压一寸，一秒一次较适宜。

（6）若呼吸及心跳均停止者则两种方法同时应用，先胸外挤压心脏4～6次，然后口对口呼吸2～3次，再挤压心脏，反复循环进行操作，就地迅速对触电者进行抢救，并坚持不懈，同时拨打急救电话。

图 9-8　人工胸外挤压心脏法

课题 3　安全用电技术

1. 主要安全技术指标

（1）人体允许电流：人体所承受的极限电流（交流 30mA，直流 80mA）。当电源不能自行切去时以摆脱电流（交流 6mA，直流 50mA）作为允许电流。

（2）安全电压：当人体电阻一定时，人体接触的电压越高，通过人体的电流就越大，对人体的损害也就越严重。但并不是人一接触电源就会对人体产生伤害。在日常生活中我们用手触摸普通干电池的两极，人体并没有任何感觉，这是因为普通干电池的电压较低（直流 1.5V）。作用于人体的电压低于一定数值时，在短时间内，电压对人体不会造成严重的伤害事故，我们称这种电压为安全电压。

（3）安全电压等级。

① 为防止触电事故，规定了特定的供电电源电压系列，在正常和故障情况下，任何两个导体间或导体与地之间的电压上限，不得超过交流电压 50V。

② 安全电压的等级分为 42、36、24、12、6V。当电源设备采用 36V 以下的安全电压时，必须采取防止可能直接接触带电体的保护措施。因为尽管是在安全电压下工作，一旦触电虽然不会导致死亡，但是如果不及时摆脱，时间长了也会产生严重后果。另外，触电的刺激还可能引起人员坠落、摔伤等二次性伤亡事故。

（4）安全距离。

间距是保证人体与带电体之间的安全距离，防止人体无意接触或过分接近带电体。安全距离的大小由电压高低决定，如表 9-1 所示。

间距除用来防止触及或过分接近带电体外，还能起到防止火灾、防止混线、方便操作的作用。在低压工作中，最小检修距离不应小于 0.1 米。

表 9-1　人体遮拦和绝缘板与带电体间的最小距离

电压等级/kV	安全距离/m	
	无遮拦	有遮拦
1 及以下	0.10	—
10	0.70	0.35
35	1.00	0.60
110	1.50	1.50
220	3.00	3.00

2．防止触电的技术措施

（1）绝缘法

绝缘是用不导电物体把带电体封闭起来，如普通电线、电缆等，绝缘材料的电阻一般在 $10^9\Omega$ 以上。常用的绝缘材料有陶瓷、橡胶、塑料、云母、玻璃、木材、布、纸、矿物油，以及某些高分子合成材料等。加强绝缘就是采用双重绝缘或另加总体绝缘，即保护绝缘体以防止通常绝缘损坏后的触电，如电力电缆等。

（2）屏护法

屏护就是采用遮拦、护罩、护盖箱闸等把带电体同外界隔绝，有永久性与临时性装置、固定式与移动式装置，应与警示标志及联锁装置配合使用。注意：高压设备不论是否有绝缘，均应采取屏护。

（3）安全电压法

① 喷涂作业或粉尘环境应使用手提照明灯时应采用 36V 或以下安全电压。

② 电击危险环境中手持和局部照明灯采用 36V 或 24V 安全电压。

③ 金属容器、隧道、潮湿环境中手持照明灯采用 12V 安全电压。

④ 水下作业应采用 6V 安全电压。

（4）装设漏电保护装置

漏电保护器是利用漏电时线路上的电压或电流异常，自动切断故障部分的电源。保证在故障情况下人身和设备的安全。它是电流动作保护器，其作用主要是防止由于漏电引起的人身触电，其次是防止由于漏电引起设备火灾，以及监视、切除电源一相接地故障。

（5）接地、接零保护

供电系统中，中性线与保护线是分开的，中性线作为通过单相回路和三相不平衡电流用。保护线是保障人身安全、防止发生触电事故用的接地线，专门通过单相短路电流和漏电电流。采用三相五线制供电方式，能有效隔离三相四线制供电方式所造成的危险电压，使用电设备外壳上电位始终处在"地"电位，从而消除了设备产生危险电压的隐患。

三相五线制配电系统用彩色做标记，三根相线（L_1、L_2、L_3）分别用黄、绿、红三种颜色表示，零线（N）用蓝色表示，保护线（PE）用黄、绿双色表示。不允许保护接地和保护接零同时使用。

① 接地保护：将用电设备的金属外壳或构架、电缆的接线盒、导线和电缆的金属外皮等，用接地装置与大地可靠地连接，如图 9-9 所示。

由于绝缘破坏或其他原因而可能呈现危险电压的金属部分，都应采取保护接地措施。如电机、变压器、开关设备、照明器具及其他电气设备的金属外壳都应予以接地。一般低压系统中，保护接电电阻值应小于 4Ω。

② 保护接零：把电气设备的金属外壳用导线与零线（中性线）紧密相连接，防止触电事故，如图 9-10 所示。

在电源为三相四线制变压器中性点直接接地的电力系统中，应采用保护接零。在中性点直接接地的系统中，如果用电设备不采取任何安全措施，则一旦设备漏电，触及设备的人体将承受近 220V 的电压，是很危险的，采取保护接零就可以消除这一危险。

采用保护接零的低压供电系统，均是三相五线制供电的应用范围。国家有关部门已做出规定，对新建、扩建、企事业、商业、居民住宅、智能建筑、基建施工现场及临时线路，实行三相五线制供电方式，做到保护零线和工作零线单独敷设。对现有企业，应逐步将三相四线制改为三相五线制供电。

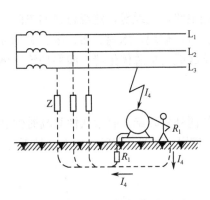

图 9-9　接地保护

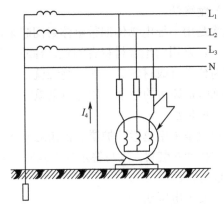

图 9-10　保护接零

（6）防雷保护

避雷针主要用来保护露天变配电设备、建筑物和构筑物；避雷线主要用来保护电力线路；避雷网和避雷带主要用来保护建筑物；避雷器主要用来保护设备。

雷雨天不宜停留在空旷地带、山顶、山脊或建（构）筑物顶部，不宜停留在铁栅栏、金属晒衣绳、架空金属体以及铁路轨道附近，不宜停留在游泳池、湖泊、海滨或孤立的树下。

3. 安全用电的原则

（1）电器设备安装要符合技术要求，有金属外壳的家用电器，外壳一定要可靠接地或接零。

（2）不接触高于 36V 的带电体，不靠近高压电电体。

（3）不弄湿用电器，切勿用湿手拔、插电源插头，不要用湿布擦拭带电的灯头、开关、插座等。

（4）不损坏电器设备中的绝缘体，防止本来绝缘的物体带电。

（5）电加热设备上不能烘烤衣物。

（6）要爱护电力设施，不要在架空电线和配电变压器周围玩耍。

（7）不在电线上晾晒衣物。

反侵权盗版声明

电子工业出版社依法对本作品享有专有出版权。任何未经权利人书面许可，复制、销售或通过信息网络传播本作品的行为，歪曲、篡改、剽窃本作品的行为，均违反《中华人民共和国著作权法》，其行为人应承担相应的民事责任和行政责任，构成犯罪的，将被依法追究刑事责任。

为了维护市场秩序，保护权利人的合法权益，我社将依法查处和打击侵权盗版的单位和个人。欢迎社会各界人士积极举报侵权盗版行为，本社将奖励举报有功人员，并保证举报人的信息不被泄露。

举报电话：（010）88254396；（010）88258888

传　　真：（010）88254397

E-mail：　dbqq@phei.com.cn

通信地址：北京市海淀区万寿路 173 信箱

　　　　　电子工业出版社总编办公室

邮　　编：100036